殯葬管理與
殯葬產業發展

楊國柱

自 序

　　1999 年南華大學前身南華管理學院生死學研究所開設「殯葬管理」課程，為殯葬課程在臺灣的研究所開設之濫觴，同年該學院宗教文化中心與中華往生文化協會合作開辦臺灣最早的殯葬管理研習班。然而課程內容應涵蓋哪些專業知識或技能，因屬萌芽階段，主事者對於實務操作與發展需求認知未深，以至東鱗西爪，且教且修。縱使內政部為配合禮儀師考照制度，於 2013 年發布取得禮儀師必選修殯葬相關專業課程，其中「殯葬服務與管理」科目之基本核心內容係殯葬禮儀服務或組織體經營相關管理知能，竟未涵蓋殯葬設施之服務與管理，不符殯葬管理條例對於「殯葬服務業」之定義。至於經營殯葬服務業所需之產業與市場分析之相關知識則納入「殯葬經濟學」科目中，殊不知經濟學主要目的在探求資源有效利用或分配，產業分析則目的在探討產業的競爭力、經營策略與發展趨勢，兩者關心重點有所差異。

　　筆者於 2004 年 8 月任教興國管理學院資產管理科學系，研究範圍著重在殯葬制度與殯葬產業，論文主題包括殯葬用地區位、殯葬設施鄰避衝突、殯葬立法、葬俗改革、殯葬產業發展、寵物殯葬、禮儀師養成教育等。另協同政治大學顏愛靜教授、賴宗裕教授主持國土規劃與農地管理之相關研究，發表國土規劃利用、農地管理誘因機制、農地管理組織、農地管理政策等議題論文。2009 年 2 月因轉任南華大學生死學系，負責生死殯葬服務與

殯葬設施規劃管理相關教學，特別加強鑽研殯葬管理、殯葬經濟與殯葬產業議題，頗有心得。近五年的研究成果，已發表、出版或完成之論文著作，包括期刊論文 13 篇（含 TSSCI 期刊 1 篇）、專書及專書論文 5 篇、研討會論文 13 篇、技術報告 12 篇（含主持國科會研究計畫 3 篇）。本書各章即是上述研究成果的一部分，筆者並將這些研究成果作為南華大學生死學系碩士班及碩士專班開授「殯葬管理專題」及「殯葬產業專題」課程之教材，歷經五年之教學相長，乃得以發現研究成果之訛誤或缺漏，進而加以修正或補充。

　　本書共分三篇，計 12 章。第 1、4、6、7、8、9、10 及第 12 章屬於五年內的研究成果，其他第 2、3、5 及第 11 章研究成果雖已超過五年，但為求內容與架構之完整性，俾利讀者循序漸進，完整了解殯葬規劃、管理與殯葬產業之各個課題，爰經過部分資料更新後仍搜錄於本書。再者，就本書各章發表情形來看，第 2 章曾發表於土地經濟年刊，第 4 章曾發表於屏東文獻，第 7、9 及第 10 章曾發表於生死學研究，第 3、5、8 及 11 章曾發表於學術研討會，第 12 章發表於顏愛靜教授六秩松壽地政學術研討會後出版之「永續國土發展論文集」，其餘第 1 及第 6 章則尚未發表。本書內容雖偏重公部門之選擇，但各篇章議題正可指引當前殯葬管理與殯葬產業發展的問題方向及可能解決方案。

　　本書能順利出版，首先要感謝筆者的博士論文指導教授政治大學地政系顏愛靜教授、淡江大學亞洲研究所陳鴻瑜教授及南華大學生死學系蔡昌雄主任，他們的指導與鼓勵引發本書出版動力與構想。此外還要感謝奧雅設計集團廖仲仁博士、擁恆文創李自強總經理、南華大學生死學系李慧仁助理教授、溫州大學葉修文博士、世新大學簡博秀助理教授、臺北大學吳貞儀博士候選人、

顏吟純小姐、李上好小姐及詹育芬小姐等人，他們或擔任筆者主持研究案之協同主持、研究員或研究助理，對於本書部分內容，貢獻良多。最後對於秀威資訊科技公司重視殯葬課題出版之遠見，深感敬佩，沒有該公司的精心策劃與編排，本書難以付梓，藉此一併致謝。

目次

表目次

圖目次

導 言

　　管理包括企業管理（Enterprise Management）及公共管理
（Public Management），一般企業管理所謂管理是對資源的規
劃、組織、引導及控制，以期有效果且有效率地達到組織的目標
（G. R. Jones & J. M. George & C. W. L. Hill, 2000:5）。而公共管理
定義則為政府將新思路、新理念和新技術運用實踐於公共領域
上，簡言之，也就是政府於施政中，將科學管理理念、功能、組
織、手段運用於公共事務（吳定等人，2007）。

　　歐文・E・休斯進一步闡釋，公共管理是以政府為核心的公共
部門整合社會的各種力量，廣泛運用政治的、經濟的、管理的、法
律的方法，強化政府的治理能力，提升政府績效和公共服務品質，
從而實現公共的福祉與公共利益。公共管理作為公共行政和公共事
務廣大領域的一個組成部分，其重點在於將公共行政視為一門職
業，將公共管理者視為這一職業的實踐者。（歐文・E・休斯，2007）

　　本書所指管理注重在公共管理。至於殯葬管理之內涵，由殯
葬管理條例各章區分，包括第二章殯葬設施之設置管理、第三章
殯葬設施之經營管理、第四章殯葬服務業之管理及輔導、第五章
殯葬行為之管理等。可見殯葬管理條例之規範管理對象包括殯葬
設施之設置與經營、殯葬服務業之許可與經營以及殯葬服務業者
與民眾治喪行為之管理。再者何謂「殯葬設施」？依民國101年
7月1日修正殯葬管理條例第二條第一款規定：「殯葬設施：指公

墓、殯儀館、禮廳及靈堂、火化場及骨灰（骸）存放設施。」就個別事業體而言，這些設施在設置前須先進行用地選擇及用地與建築規劃，惟由於殯葬設施性質屬於嫌惡性設施，難免引發當地社區居民反對與抗爭，即西方學界所謂「鄰避衝突（NIMBY conflictions）」，而能否妥善處理抗爭，往往是殯葬設施設置成功與否之關鍵。就公部門之角色而言，政府應了解整個國家的殯葬設施空間分布並掌握人口變化與殯葬產業動態，進而預測未來若干年期間殯葬設施之供需狀況，以提供國土規劃部門合理有效調配殯葬設施資源及主管機關審奪殯葬設施設置申請案之參考，此論述於本書第一章。

其次，殯葬設施之鄰避衝突問題雖背景因素很多，可能牽涉經濟、政治、文化及心理等層面，但追究直接原因是防範衝突的制度供給不足，以致上述因素有潛伏發酵的機會。惟欲設置足夠之殯葬設施，首先需突破鄰避衝突之障礙，而突破障礙之關鍵在於掌握抗爭交易成本所隱含的制度問題癥結，此論述於本書第二章。有關鄰避設施與社區間衝突之解決對策，一般被採用的政策工具有風險減輕、補償回饋及民眾參與等方案。惟殯葬設施涉及複雜之民俗習慣與忌諱心理，正反意見之間常摻雜主觀非理性因素，實務上評估個案土地是否適合規劃開發殯儀館、火化場，政府、業者與居民之間往往看法相持不下。因此若能揚棄上述傳統政策工具之觀點，而試圖從多數民眾相信的風水文化觀點著手，探討並歸納風水理論有關殯葬設施選址之原則，進而據以檢視個案土地規劃開發作為殯儀館火化場之可行性，或許是研究殯葬鄰避衝突議題的另一個視野，此論述於本書第三章。

按殯葬管理條例第三十一條規定，公立殯葬設施有不敷使用、遭遇天然災害致全部或一部無法使用、全部或一部地形變更

等情形之一者，得擬具更新、遷移計畫，報經直轄市、縣（市）主管機關核准後辦理更新、遷移；私立殯葬設施符合第一項各款規定情形之一，其更新或遷移計畫，應報請直轄市、縣（市）主管機關核准。墾丁國家公園區域內現存十八處公立公墓並無妥善規劃使用，在民眾對於殯葬設施的忌諱與嫌惡尚未去除之前，老舊公墓之存在，確實會妨礙視覺觀瞻，影響觀光遊憩品質及生態資源發展，因此，公墓更新處理之課題益顯重要。而評估公墓如何更新，首先須決定景觀評估因子，接續進行景觀評估模式，再輔以實地訪談，按景觀衝擊程度不同而研提公墓環境改善構想，此論述於本書第四章，與前三章性質類似，屬於殯葬管理任務之前的規劃作為，因此同列於規劃篇。

　　至於管理者為何需要規劃？從企業經營角度來看，規劃（planning）是一種經理人用以辨認及選擇適當目標與行動課題的過程。其過程包括三個步驟：1.決定組織追求之目標。2.決定達成目標所採取的行動課題。3.決定如何分配組織資源以達成目標（G. R. Jones, J. M. George, C. W. L. Hill，2000:8）。規劃之目的則在追求：1.是管理功能的主要部分，且為其他管理功能的基礎。2.可以建立協調一致的努力。3.能減低企業所面臨的不確定性。4.能減少重疊及浪費的活動。5.建立的目標與標準可作為控制之用（林孟彥、林均姸譯，2011：162）。

　　就都市規劃角度觀察，規劃是一個建議未來行動方向的過程，藉由制定行動之次序關係來達成既定之目標。Doror（1963）為「規劃」一詞所下的定義如下：「計畫係擬訂一組（a set）決策，決定未來行動，指導以最適當方法實現目標，並從其結果學習新的可能決策及新（追求）目標之過程。」（辛晚教，1984：25）另也有從環境規劃觀點切入觀察者，陳坤宏列舉規劃之目的有

五，即 1.追求效率；2.改進或取代市場的機能；3.擴大決策的選擇範圍；4.平衡私利與公益的衝突；5.有助於人類的成長。綜合對於環境、規劃、專業以及規劃專業與社會、公共事務之間關係等層面的探討，陳坤宏提出一個以「人本發展」為基礎的環境規劃理念，稱之為「人本環境規劃」（Human Environmental Planning）（陳坤宏，1994：96-101）。可見規劃意即進行比較全面的長遠的發展計畫，是對未來整體性、長期性、基本性問題的思考、考量和設計未來整套行動方案。而為實現規劃目的，需持續進行管理，換言之，規劃是階段性的，管理是永續的。

　　長年以來，臺灣不僅公部門在殯葬建設及管理制度的建立有待加強，而且私部門缺乏人才與企業經營理念，導致殯葬服務市場資訊封閉，混亂失序與惡性競爭，喪家就在訊息不完全、不對稱，缺乏判斷能力的情形下，任由業者巧立名目、藉機索價、大敲竹槓，甚至媒介至公墓外違法濫葬，或導引採行有違善良風俗及妨害公共安寧與秩序的殯儀方式。此可能歸因於規範殯葬行為的墳墓設置管理條例自 1983 年 11 月 11 日制定公布，施行期間長達二十年，不僅條文規定過於簡略，多所闕漏，且當時立法係以農業社會保守民風為基礎，與都市化、現代化的發展，多所扞格。又該條例僅以殯葬設施硬體的設置及管理為規範對象，至於殯葬服務業者的軟體配備及殯葬行為的規範完全付諸闕如，根本無法符合現代社會的實際需要。

　　此外，為因應國際經濟自由化、全球化所帶來的外國殯葬業經營理念的衝擊，過去政府部門唯圖行政管理方便的防弊心態與傳統由上而下的威權式管理思維，不能不求變求新，徹底改弦更張。而臺灣積極爭取加入世界貿易組織 WTO，跨國殯葬企業的併購策略及跨國保險業附帶死亡服務的經營方式，恐將威脅臺灣

傳統殯葬市場，公辦殯葬設施如何加速提昇效率或民營化，傳統小型殯葬業如何加速專業化或企業化，強化競爭力，乃促動2002年「墳墓設置管理條例」的廢止與殯葬管理條例之立法施行，其間涉及制度供給遲滯的問題。為此，有必要針對政府於 2002 年廢止殯葬舊法，另立新法之政策思維與立法過程作一探討，並提出回顧與展望，以利日後繼續修法之參考，此論述於本書第五章。其施行成效則併於產業篇中（第十二章）分析討論。

殯葬管理新法雖已公布施行，但所謂「徒法不能以自行」，欲使殯葬法律施行有效，仍須有賴主管機關之監督與執行。私立公墓經核准設置啟用後，原為管理人（設置者）與經營者屬於同一主體，惟於經營期間，墓園因債務關係，發生部分產權移轉，致衍生同一管理人名義之下，有多個經營體之情形。這種案例在大台北地區並不少見，甚至台南地區還發生同一座骨灰骸存放設施而有兩個經營單位之案例。在此情形下，允許新經營體分割另行設置，是否對消費者權益及公墓整體永續經營造成影響？過去政府針對此類申請案，均持反對態度，理由是允許新經營體分割另行設置，會損及消費者權益及妨礙公墓整體永續經營，但業者卻不以為然。本文嘗試採個案分析，討論公墓附設納骨塔脫離原公墓管理人獨立經營後，其利弊得失如何？以提供政府處理此問題決策之參考，此論述於本書第六章。

臺灣地區於公墓暫行條例階段先投入資源對公墓與火葬場進行改善，並實施公墓公園化，更新增建納骨堂塔，以達墓地循環利用。墳墓設置管理條例時期則對火化或撿骨後之骨灰（骸）進塔給予減免收費，對於火化土葬基本上不鼓勵，最後到殯葬管理條例則增加允許火化土葬及自然葬多元葬法。大陸地區則於重要領導人倡導階段先「推行火葬、改革土葬」為主要內容，對火

葬場的設備進行改善，要求公墓盡可能設在荒山瘠地，縮小墓穴面積，但在文革時大陸地區一度強迫火化、平毀公墓，文革後則又回到推行火葬，改革土葬，到國務院關於殯葬管理的暫行規定階段開始推行劃分火葬地區與允許屍體土葬地區，呈現半強制性的推行火化，最後到殯葬管理條例劃分為「應當實行火葬，與允許土葬地區」對火葬區的用語更為強烈，今於火葬區則強制火葬、提倡骨灰寄存並推廣綠色殯葬。可見兩岸政府過去進行火葬改革，頗有成效，惟在制度設計上是否已兼顧到文化、制度、資源、技術四面向的改變，使火葬政策能確實落實。此有待對兩岸過去的火葬制度變遷過程深入瞭解，並對變遷的影響因素確實掌握，方能找出兩岸未來火葬制度的發展模式，以及殯葬產業競爭與合作之道。本文依循制度變遷之理論基礎，藉由文獻分析法、比較研究法及實地訪談法，進行兩岸火葬改革之比較分析，此論述於本書第七章。

所謂濫葬，顧名思義，乃違反法令規定任意埋葬之謂。依發生時間不同，適用不同法律而有不同之涵義。發生在民國 72 年 11 月 11 日墳墓設置管理條例頒行之前者，係指違反公墓暫行條例第十七條規定而設置之私人墳墓，即於市縣政府已設置公墓區域而為自由營葬之墳墓；發生在後者，係指未依墳墓設置管理條例第十四條規定請准設置私人墳墓而擅自設置埋葬屍體者。至於民國 91 年 7 月 19 日之後凡於公墓外設置之私人墳墓，按新制定殯葬管理條例第二十二條第一項規定，均屬濫葬。此外，違規設置之骨灰（骸）存放設施，如屬於家族自用者，依照立法意旨，宜按殯葬管理條例第五十六條第一項規定處罰；如屬於經營性質者，按殯葬管理條例第五十五條規定處罰，至於殯葬管理條例公布施行前違規設置者，墳墓設置管理條例等特別法並無處罰規

定，而係依都市計畫法、區域計畫法、森林法以及水土保持法等相關法令處理，皆納入本文研究對象。

臺灣在清朝統治時期，官府採放任政策，凡官有荒埔之地均認由人民營葬。日治時期雖曾指定共同墓地，嚴加管制公墓外埋葬行為，但到了光復之後，國民政府卻又無暇顧及，以致濫葬問題積弊難返，甚至民國72年公布施行「墳墓設置管理條例」，民國91年公布實施殯葬管理條例，濫葬問題仍無法解決。臺灣由南至北濫葬集中地不少，其中觀音山最具代表性。長期以來，觀音山地區被視為風水寶地，但因政府管理不善，以致濫葬情形相當嚴重，不但破壞水土保持，妨礙視覺觀瞻，且導致土地資源配置失序，利用效率難以提升。因此，如何對區內的濫葬行為加以取締，以遏止新設墳墓或骨灰骸存放設施，並且將墓地進行清除與善後，以還原觀音山之美麗風貌，實乃當務之急。本文依循競租理論（bid rent theory）及福瑞斯特（Forester）之溝通式規劃觀點，透過文獻分析法、實地訪談法以找出濫葬原因，並研提處理策略，供政府訂定管理決策之參考，此論述於本書第八章。以上第五章至第八章涉及殯葬立法、核准事項變更之准駁、管理制度變遷及公墓外違規埋葬之議題，歸類為管理篇。

最後就殯葬產業觀點來看。產業指一個經濟體中，有效運用資金與勞力從事生產經濟物品（不論是物品還是服務）的各種行業。至於「殯葬產業」，可由幾個面向來觀察。首先，就行政管理而言，民國101年7月1日修正前殯葬管理條例第三十七條規定：「殯葬服務業分殯葬設施經營業及殯葬禮儀服務業。」殯葬管理條例施行細則第二十三條更進一步解釋：「本條例第三十七條所稱殯葬設施經營業，指以經營公墓、殯儀館、火化場、骨灰（骸）存放設施為業者；殯葬禮儀服務業，指以承攬處理殯葬事

宜為業者。」（101 年 7 月 1 日修正之後，原第三十七條改列第二條第十三款，原施行細則第二十三條改列母法第二條第十三款及第十四款）

　　行政院主計處對於殯葬產業的定義，為「從事殯葬業、火葬場及墓地（納骨堂、塔）服務之行業」。由其行業定義標準與分類，殯葬服務業歸類於「個人服務業」之「其他個人服務業」[1]，此定義顯然較殯葬管理條例的定義來得狹窄。直到民國 95 年，行政院主計處修訂殯葬產業的定義，將殯葬禮儀服務亦納入，只要從事屍體之埋葬、火化、殯葬禮儀服務等行業都歸入此業，其他像是墓地租售及維護亦歸入本類[2]。其次，殯葬產業範疇的結構若以供給的內容來分析，可依消費發生時序的供給項目表示，項目中其行業區分，若以「人」、「地」、「物」等特性來做區別，更可細分為喪葬用品製造流通業、喪儀專業人力服務業、喪奠埋葬設施經營業、殯葬綜合儀禮顧問業等[3]。儘管前述解讀殯葬產業涵義有廣狹之分，惟本文所謂殯葬產業主要係指行政管理角度的殯葬設施經營業及殯葬禮儀服務業。

　　至於探究產業發展必先了解產業成長。產業成長（Industry Growth）乃產業發展過程中的一個階段，因此討論產業成長，有助於了解產業發展。所謂「產業成長」指單個產業經歷其生命周

---

[1]　李自強（2002），臺灣地區殯葬服務之消費行為分析，中央大學高階主管企管碩士班碩士論文。

[2]　行政院主計處，「中華民國行業分類標準」，民國 95 年 5 月第八次修訂，http://www.stat.gov.tw/ct.asp?xItem=16333&ctNode=1309。

[3]　李自強文獻同註 1，第 31 頁至 35 頁，此外，亦可參考吳昭儀撰，殯葬服務業現況與發展趨勢，內政部全國殯葬資訊入口網，http://mort.moi.gov.tw/frontsite/cms/downAction.do?method=viewDownLoadList&siteId=MTAx&subMenuId=603。

期的一種過程。外在地表現為從弱小到強大、從不成熟到成熟。內在地則包括三個方面的變化：產業規模、產業技術和產業組織[4]。至於產業發展（Development of the Broadcasting Industry）是指產業的產生、成長和進化過程，既包括單個產業的進化過程，又包括產業總體，即整個國民經濟的進化過程。而進化過程既包括某一產業中企業數量、產品或者服務產量等數量上的變化，也包括產業結構的調整、變化、更替和產業主導位置等質量上的變化，而且主要以結構變化為核心，以產業結構優化為發展方向。因此，產業發展包括量的增加和質的飛躍，包括絕對的增長和相對的增長[5]。

　　新古典經濟學指出，企業生產的投入要素包括土地、勞力、資本及企業家（經營管理能力）等，生產函數（Production Function）是指在一定時期內，在技術水準不變的情況下，生產中所使用的各種生產要素的數量與所能生產的最大產量之間的關係。古典經濟學家亞當史密斯主張技術進步與勞動力增加及馬歇爾主張因技術進步及資本累積可以讓經濟成長持續下去。新古典成長理論，即索洛經濟成長模型（Solow Growth Model）則認為人均產出（Y/L）的增長來源於人均資本存量和技術進步，但只有技術進步才能夠導致人均產出的永久性增長。本書謹就殯葬勞力（禮儀師）、資本、技術及殯葬業競爭等面向提出探討。

　　首先，為使有志投入喪禮服務的人員了解喪禮服務工作之情境與特性，並提供職訓中心或業者規劃教育模組課程時設計情

---

[4] 參見 MBA 智庫百科，產業成長，http://wiki.mbalib.com/zh-tw/%E4%BA%A7%E4%B8%9A%E6%88%90%E9%95%BF。

[5] 參見 MBA 智庫百科，產業發展，http://wiki.mbalib.com/zh-tw/%E4%BA%A7%E4%B8%9A%E5%8F%91%E5%B1%95。

境、安排教學順序與內容比重的參考，有必要探究殯葬禮儀師在工作情境中被期待的執業能力。研究分兩階段進行，第一階段採參與觀察法、訪談法和文獻回顧，進行德懷術第一回合問卷的編製，第二階段施行德懷術之專家問卷調查，此論述於本書第九章。其次，近幾年台灣新設殯葬公司、商號，大幅成長，致使殯葬業服務能量過剩，競爭漸趨激烈，因此部分業者開始尋求到與台灣殯葬文化系出同源的大陸發展。因此，台灣業者若將服務市場範圍擴大到大陸的殯葬市場，在技術領先且在規模經濟下得以研發創新殯葬產品的生產技術，將可回饋並提升台灣人民治喪的權益。要達成這樣的理想目標，就必須從台灣殯葬產業對大陸的資本技術流動以及殯葬業對大陸投入的資源重點等層面來進行分析研究，此論述於本書第十章。

再者，台灣多數產業因遭逢全球經濟不景氣及投資環境看壞之影響，而陷入蕭條或紛紛外移大陸之際，殯葬產業也面臨嚴重的生存與發展考驗。正當 21 世紀初葉，殯葬市場即將進入戰國時代前夕，了解先進國家殯葬業之發展，並掌握台灣殯葬業未來發展趨勢，進而謀求因應策略，已成為殯葬業者必須面對的首要課題。美國國際殯葬服務集團 SCI 從發跡到成為全球最大的殯葬業者，到面臨財務壓力後之企業轉型經歷，為時將近八十年，其發展歷程與發展策略，值得台灣殯葬產業借鏡。乃採個案研究及歷史分析法加以探討，此論述於本書第十一章。

最後殯葬管理條例作為殯葬管理制度之一環，屬於落實殯葬政策目標之管理手段或工具。審視殯葬管理條例內容，雖有保留因地制宜彈性、硬體管理與軟體管理並重等等優點，但施行多年結果，發現仍存在不少規定與實務需求上的落差，且以管理為導向轉變為以輔導及服務為導向亦轉變的不夠徹底，引導殯葬業邁

向專業化服務或鼓勵殯葬業培訓人才、從事研發創新之誘因亦嫌不足等缺點。到底殯葬管理條例之施行對殯葬業發展之具體影響為何？如有不良影響，能否調整改善？有必要從制度變遷理論觀點切入，藉由文獻、政府統計資料及研究者之田野經驗之分析，以印證殯葬資源、殯葬技術、殯葬業結構、殯葬經營行為、殯葬產出或產值及環保永續等方面發展之影響，最後得出結論與建議，以利政府調整政策及修正法律之參考，此論述於本書第十二章，算是對殯葬管理與殯葬產業發展的總結。以上第九至第十二章歸類為產業篇。

1 規劃篇

殯葬設施分布及供需推估

現行法令對殯葬設施之設置地點距離雖有規定，但區域內各項殯葬設施供需充不充足之問題並未納入明確規範，以供審查考量。又「台灣北部區域殯葬設施綱要計畫」中雖有提出殯葬服務圈之概念，但並無全國性的殯葬服務規劃。如何規劃適當的殯葬服務區域、判斷新建殯葬設施之必要性與區位、決定補助地方政府改善殯葬設施之項目與額度等，皆亟需詳細的供需調查，以作為政府施政的參考。

壹、緒論

養生送死乃人生之大事，而「慎終追遠」更為我國傳統美德，故為維繫傳統之文化倫理，安死者之靈，撫生者之心，適當的土地供死者安息，實乃無可厚非。由於台灣地區地狹人稠，故墳墓用地極為有限，隨著經濟快速發展，人口急遽增加，死亡人數亦相對增加，衍生死人與活人爭地的現象。蓋殯儀館、火化場、公墓、骨灰（骸）存放設施等殯葬設施均屬嫌惡設施，用地取得極為不易，又國人關於身後事深受安土重遷及風水之民俗觀念所影響，使得殯葬設施常產生過度集中於風水福地。用地不足與過度集中遂造成殯葬設施嚴重供需失衡問題。

此外，公私部門開發設置殯葬設施，或由於民情抗爭阻力程度差異，或因經營資訊缺乏，也往往造成各地殯葬設施供給過剩或不足。惟現行法令對殯葬設施之設置地點距離雖有規定，但區域性各項殯葬設施供需足與不足之問題並未納入審查考量明確規範，如何規劃適當的殯葬服務區域、新建殯葬設施之必要性與區位選擇、補助地方政府改善殯葬設施之項目與額度，皆需要詳細的供需調查研究，以作為政府施政的參考。此外，殯葬設施乃「自搖籃到墳墓」的福利觀念最後階段，惟政府區域計畫內容尚無具體殯葬服務之規劃，因此如何分析各項殯葬設施之合理服務範圍、並劃分各項設施供需區域，並推估供需情形以謀求改善殯葬資源利用效率，滿足民眾治喪需求，乃殯葬管理之迫切課題。

從政府的政策與法令所所導引之治喪流程來看，人的過世由殮、殯到葬的整個儀式可能必須使用殯儀館、火化場、公墓或納

骨設施（如圖 1）。有鑑於此，本案依據殯葬管理條例第一章第二條第一項規定殯葬設施之定義，研究範圍對象包括：（一）公墓、（二）骨灰（骸）存放設施、（三）殯儀館與（四）火化場等設施[1]。根據前述研究動機與研究對象，本研究預期能達到下列目標：一、了解各區域內各項殯葬設施使用現況及分布情形；二、界定各殯葬設施合理服務範圍；三、完成各項殯葬設施供需區域劃分；四、推估各區域內各項設施之供需情形；五、研提未來各項殯葬設施建設（或廢止）之方向與建議。

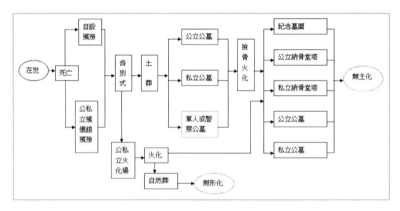

圖 1　殯葬行為流程圖

資料來源：本研究繪製

---

[1]　按公墓係指供公眾營葬屍體、埋藏骨灰或供樹葬之設施（殯葬管理條例
　　第一章第二條第二項）；骨灰（骸）存放設施指供存放骨灰（骸）之納
　　骨堂（塔）、納骨牆或其它形式之存放設施（殯葬管理條例第一章第二
　　條第五項）；殯儀館指醫院以外，供屍體處理及舉行殮、殯、奠、祭儀
　　式之設施（殯葬管理條例第一章第二條第三項）；火化場指供火化屍體
　　及骨骸之場所（殯葬管理條例第一章第二條第四項）。

貳、文獻回顧

一、有關殯葬設施服務範圍之研究評述

　　國內有關殯葬設施服務範圍之論著為數不多。內政部營建署（1985）於《台灣北部區域喪葬問題調查報告》中指出台灣北部區域對公墓使用有兩個現象：

（一）各鄉鎮內各村里使用轄區內公立公墓具有集中的特性

　　全區內有 26.99% 之地方性集中式公墓，佔使用中公墓 44.35%，服務人數佔總數 85.74%，分布於 64 個市鄉鎮，佔全部行政單位 92.75%，可見絕大部份鄉鎮內村里使用公墓具有集中於某一公墓的特性，此一部份公墓服務性特別強。

（二）區域內各市鄉鎮聯合使用轄區外公立公墓現象相當普遍

　　北部區域內有超過一半的市鄉鎮提供別的市鄉鎮居民使用轄區內公墓，鄉鎮間聯合使用公墓之現象相當普遍，主要原因在於部份市鄉鎮公墓供給不足，新墓地難求或受當地傳統使用習性影響。

　　《台灣北部區域喪葬問題調查報告》定義所謂「服務範圍」係指某一公墓所服務主要市鄉鎮分布狀況，藉此說明該一公墓在民眾使用上重要性與影響範圍。調查報告中發現北部區域公墓的服務範圍有下列三點特性：

　　1. 公墓服務範圍相當廣泛。
　　2. 公墓服務範圍，大致與地方生活圈一致。
　　3. 公墓服務範圍一般在 10～25 公里距離內。

《台灣北部區域喪葬問題調查報告》定義所謂「使用半徑」係指某一市鎮其使用本地及外地主要公墓分布情形，藉此說明該市鎮民眾使用公墓的習慣與限制。調查報告中發現下列幾點特性：

1. 台北中心都市使用公立公墓半徑，一般是 15～20 公里。
2. 基隆地方中心使用公墓半徑一般在 1～15 公里。
3. 桃園地方中心使用公墓半徑一般在 5～15 公里。
4. 新竹地方中心使用公墓半徑一般在 1～15 公里。
5. 宜蘭、羅東地方中心使用公墓半徑一般在 3～15 公里。

　　此外，《台灣北部區域喪葬問題調查報告》也提出「喪葬設施服務圈構想」。喪葬設施服務體系之構成，是以喪葬設施服務圈為經，以喪葬設施本身為緯，而後者又以火化與停棺祭祀設施為核心，以納骨與埋葬設施為外環。綜合形成一個民眾使用便利又不影響生活環境品質的區域性喪葬設施服務體系。如圖 2 所示，該報告建議將北部區域劃分成八個喪葬設施服務圈，分述如下：

(1) 北淡服務圈：以台北市士林、北投兩區及三重、新莊等 9 個市鄉鎮民眾為主要服務對象。

(2) 北基服務圈：以台北市大同、中山、南港、內湖等 7 個區、基隆市、及新北市汐止、金山等 6 個鄉鎮民眾為主要服務對象。

(3) 北新服務圈：以台北市大安、古亭、景美、木柵等 7 個區，及新北市新店、石碇等 6 個市鄉鎮民眾為主要服務對象。

(4) 海山服務圈：主要範圍包括新北市板橋、永和、中和等 6 個市鄉鎮。

(5) 桃園服務圈：主要範圍包括桃園縣桃園、龜山、大溪等 7 個市鄉鎮，以及新北市林口、鶯歌等 2 個鄉鎮。

(6) 中壢服務圈：主要範圍包括中壢市及附近平鎮、龍潭等 6 個市鄉鎮。

(7) 新竹服務圈：主要範圍含括新竹市，及新竹縣全部 13 個鄉鎮。

(8) 宜蘭服務圈：主要範圍包括宜蘭縣全部 12 個市鄉鎮。

蘇哲毅定義喪葬圈為：以其服務的功能為前提，喪葬圈就是一個墓地所能服務的最大範圍；也就是以墓地當做服務中心，而一墓地其腹地所構成的最大範圍即為該墓地之「喪葬圈」（蘇哲毅，1974）。其研究發現，規模越大的公墓，喪葬圈也越大。

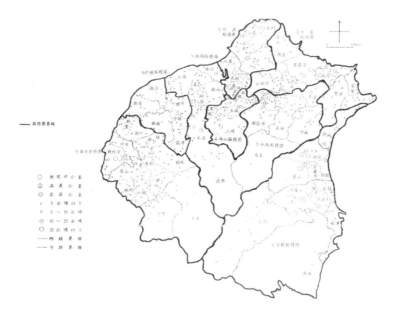

圖 2　北部區域八個喪葬設施服務圈分布圖

資料來源：內政部《台灣北部區域喪葬問題調查報告》

綜觀上述文獻得知，公墓使用有集中現象，容易造成供需不均衡；研究也發現，民眾跨行政轄區使用之情形普遍，而公墓服務範圍之距離特性與喪葬設施服務圈之劃分建議，均可提供本研究界定合理服務範圍之參考。惟上列研究只涉及公墓設施，並未研究其他殯葬設施，且僅以北部區域為研究範圍，其它設施及區域，則有待本研究之補充與檢討。

二、有關殯葬設施需求預測方法之研究評述

（一）內政部《北部區域喪葬設施綱要計畫》

在內政部（1986）《北部區域喪葬設施綱要計畫》中對殯葬設施作供給需求預測時，先作死亡人口預估、調查火化率、設定洗骨比例與火化設施與殯儀館設施使用率，其後再以火化率的高低為推估基礎，以8個殯葬服務圈為單位推估各項殯葬設施需求。

《北部區域喪葬設施綱要計畫》對死亡人口預估作以下假設：

1. 至民國85年各市鄉鎮死亡率變化幅度不大。
2. 各市鄉鎮死亡率因個別都市化的程度而異。
3. 各市鄉鎮的死亡人口與其人口規模正相關。
4. 各市鄉鎮的死亡人口亦與年齡結構 65 歲以上所佔的比例有關。
5. 死亡人口和市鄉鎮的都市發展程度而呈現不同的型態。

依上述假設，該計畫統計出各鄉的平均死亡率以及平均 65 歲以上人口所佔總人口的比率兩項，再利用北部區域計畫的都市化程度及計畫各年人口數資料，將北部區域內 70 個鄉鎮分為 7 種不同的等級。不同等級的市鄉鎮其死亡人口比率也不同，約在

3.5‰至 10‰。綜合比較後，鄉鎮市之都市化程度越高，65 歲以上人口所佔比例越低，其死亡率也越低。

　　火化率也會影響殯葬設施的需求，雖然遺體火化後民眾不一定選擇存放於骨灰（骸）存放設施，可能會選擇將骨灰（骸）土葬。一般來說高火化率的市鄉鎮土葬率也較低。因此，在《北部區域喪葬設施綱要計畫》中，依火化率不同將北部區域劃分為三種類型。

　　台灣地區崇尚洗骨（撿骨）改葬的風俗，因洗骨後可能再土葬或火化後改存放於骨（灰）骸存放設施，是以洗骨比率也會影響殯葬設施的需求。在《北部區域喪葬設施綱要計畫》調查發現，北部區域民眾在洗骨火化後改葬至骨（灰）骸存放設施的比率約為 75%～100%。

　　綜合上述資料後作出各服務圈各項殯葬設施供給與需求預測，並計算出差額，即得北部區域殯葬設施供給與需求情形。

（二）郭繼宗《公墓用地供給與需求的研究》

　　郭繼宗（1981）所提出之墓地供給與需求預測步驟如下：

1. 決定預測年期、範圍

預測年期定為 20 年。

2. 估計人口和死亡率

使用世代生存法預測未來的人口結構，並提出各年齡組的死亡人口數。

3. 返鄉歸葬的情形

利用死亡人數和埋葬人數的差額，配以戶籍所在人口的資料來修正，設定遷入埋葬比、遷出埋葬比、風水遷葬比等。

4. 土葬的百分比

考慮鼓勵火葬所採行的政策措施造成的影響,並藉由偏好分析,採用無異線分析法,求價格變動影響土葬百分比。

5. 每個墓基佔用面積預測

使用坪數增加時,收取價格以累進方式,以價制量。其設定土葬墓基面積為 4 坪,火化後裝箱入土為 2 坪,合葬節省的墓基為 2 坪。

6. 未來墓地需求量計算

由人口死亡率得出死亡人數,透過返鄉歸葬因素調整後,和土葬百分比,以及每墓基佔用面積相乘,累積各年需用面積即得之。

7. 新設墓地估測

由以上未來墓地需求量,加上未來遷葬墓地,減去目前未滿葬面積得之。

(三)吳樹欉《台灣地區墓地規劃與管理之研究》

吳樹欉(1989)所提出之墓地需求預測步驟如下:

1. 決定預測年期、範圍

預測年期為 13 年。

2. 估計預測年總死亡人口

以迴歸方式推估各年死亡人口與死亡率。

3. 設定火土葬比例

以各縣(市)火土葬人數之逐年趨勢,設定火葬百分比。

4. 設定每人使用墓地面積(含墓園之公共設施面積)

參酌台灣推行公墓公園化面積使用分配,設定每人使用墓地面積(含墓基及公共設施)為 32 平方公尺。

5. 墓基循環使用年限

參酌各地撿骨習俗、台灣推行公墓公園化的經驗及其研究實證資料，設定墓基使用年限為十年，期限屆滿後需撿骨奉祀納骨設施，而騰空之墓基可繼續再供埋葬使用。

6. 計算未來墓地需求量

由預測期間推算之死亡人數與設定之土葬比例、每人墓地使用面積求得台灣地區民國 90 年公墓及納骨設施之總需求量。

7. 求取未來墓地增加量

以各縣（市）現有公私立公墓未使用容量與未來公墓需求量求得各縣（市）在預測期間需增加之公墓面積數量。

（四）《宜蘭縣北區區域公墓計畫》

由宜蘭縣政府委託台灣大學建築與城鄉研究所規劃室（1992）規劃之《宜蘭縣北區區域公墓計畫》中所提出之各殯葬設施需求預測步驟如下：

1. 死亡人數預估

採用「宜蘭縣環境品質研究案」之人口預估值，線性推估預測年期之人口總數。再以行政院經建會人力規劃處之「中華民國台灣地區民國 79 年至 125 年人口推計」中之死亡率為依據，並考慮宜蘭地區以往之人口死亡率，取其高推估值。

2. 殯儀館設施需求量預估

假設預測年期之最大使用率、一年出殯之吉日佔全年 40%、平均停棺時間為 10 日、冷凍時間為 1 個月、停棺與冷凍之選擇比，推估停棺、冷凍、及出殯空間需求量。

3. 墓位數量

考慮基地之地形條件及整體地景，決定僅開發部分坡度 40% 以下之土地，故實際作為墓葬用地約為其中之 60%。

4. 火葬場及納骨設施需求量推估

假設預測年期之最高火葬使用率、一年出殯之吉日佔全年 40%、火化爐每一使用日之火化人數為 8 人、7 年後撿骨，推得 火葬場需求量。以此需求量及未來墓區的撿骨數量，推得納骨設 施需求量。

（五）邊泰明、賴宗裕《台北都會區殯葬設施供需分析與課題對策 之探討》

邊泰明、賴宗裕於民國 88 年殯葬文化與設施用地永續發展 學術研討會所提出《台北都會區殯葬設施供需分析與課題對策之 探討》（邊泰明、賴宗裕，1999），其對台北都會區殯葬設施供需 分析步驟如下：

1. 死亡人數與埋葬方式推估

以台北都會區近 15 年來的人口增加率及行政院經建會人力 規劃處（1996）所做出之未來 40 年台灣地區人口推估增加率為 依據，求其平均數，作為其研究推估台北都會區每年人口增加率 的基礎。再以台北都會區近 15 年來的人口死亡率作為推估未來 死亡人口的基礎，依行政院經建會人力規劃處之報告，台灣人口 高齡化，人口死亡率每年將增加 0.005%予以調整。最後再以新 北市殯葬管理處統計資料及台灣北部區域喪葬設施十年計畫確 定火葬為主的喪葬政策，土葬人數每年降低比例以 1%估計，推 估預測年期的火葬人數比。

2.殯葬設施需求推估

以出殯禮堂、冷凍櫃和停棺室作為推估對象。有關出殯禮堂的需求，將預測年期間的使用率以等差級數計算，並假設每年出殯吉日約佔全年的 40%，推估殯儀館禮堂最大日使用人數。遺體冷凍櫃之需求推估假設每年冷陳人數為該年殯儀館禮堂使用人數的 80%，假設遺體冷凍約 10 天，推估冷凍櫃最大日需求人數。停棺室之未來需求推估假設年停棺人數為殯儀館使用人數的 90%、停棺時間為 3 天，求得最大日停棺人數。

3.火葬需求人數推估

以每年火葬人數，假設每年出殯吉日約佔全年的 40%，推算出未來火葬場最大日使用人數。

4.墓地需求推估

由先前推出之火葬與土葬比，並假設火葬入土的比例為火葬人數的 30%，土葬墓基為 16 平方公尺，火葬入土者的墓基為 5 平方公尺，墓基面積為墓地總面積 60%，計算出各年墓基需求面積。

5.納骨罈位需求推估

由火葬入塔人數推估而得。

6.計算台北都會區殯儀設施供需差異

由現有殯儀設施未使用量，與前述推估值比較出台北都會區殯儀設施供需差異。

7.作殯葬政策殯葬設施需求模擬

利用前述之推估方法，對各項政策對假設參數之變動，模擬未來各項殯葬政策對殯葬設施需求的影響。

綜觀上述，需求推估所需基本元素大抵上有：死亡人口預估、火葬率等，而其中以邊泰明、賴宗裕之研究與《北部區域喪

葬設施綱要計畫》之方法與模式較接近本模式之需求，是為本研究主要參考對象。

三、地理區位選擇之研究評述

（一）楊國柱《台灣殯葬用地區位之研究——土地使用競租模型的新制度觀點》

楊國柱（2003）藉由交易成本理論觀點，探析殯葬用地區位管理政策之結果，發現我國之政策設計主要系基於確保公共衛生及避免妨害生活環境，於主要法規規範設置地點及距離，而忽略抗爭交易成本之制度因素存在。至於相關法規規範土地使用分區，其禁止設置的分區較多，容許設置的分區較少，有待調整改進。其研究並提出改進構想，包括賦予抗爭與反抗爭之間更多自主協商空間；強化殯葬設施規劃之人間性與文化性；改革不合時宜之殯葬禮儀文化；以及地方政府應慎選適當地點劃設專用區，供設置經營殯葬設施使用等，如欲落實至應用層面，有待制定法律將改進構想納入其中。

（二）郭繼宗《公墓用地供給與需求的研究》

郭繼宗（1981）指出，墓地區位的配置，因受公共利益、公共衛生、以及對周圍土地利用的限制。如以變更土地分區使用，新闢公墓，必遭受莫大壓力，故宜從都會區域規劃著手，作綜合性土地利用思慮，編定公墓用地，預留公墓保留地。

在選定公墓區位時，其實質條件包括：地目、土地利用、交通、土地權屬、地方意願、土地面積（規模）等條件。

（三）蔡穗《墓園選址與規劃之研究——以高雄市軍人示範公墓為分析案例》

蔡穗（1996）在研究中指出墓園選址時，其首要考量條件為土地能否合法取得，其次考量景觀及風水希求、地價、區位與交通、自然環境、政治環境、社會環境，以及服務範圍與營葬需求。其中建議，對於公立公墓用地之取得，應該儘量避免徵收私有土地，聯外道路之開闢，也應避免通過私有土地，倘若務必使用私有土地，對於地方的利益，應該多加考量，如此才能避免或減輕地方人士之抗爭。

（四）內政部營建署《台灣北部區域喪葬問題調查報告》

內政部營建署（1985）調查報告中分析各殯葬服務圈內公墓集中地區之特性，發現這些公墓集中地區所位於的區位，在土地使用、都市發展、自然景觀、環境品質與公共衛生方面都不是促進作用而是有相當的限制。而這些限制不外由於大部份集中區的公墓位於都市計畫範圍內、都會區發展地帶上、公園遊憩區周圍或密集的住宅區所包圍，更有一部份公墓是處於河川水庫（水源保護區），對公共衛生造成很大的威脅，其次由於這些集區的公墓，大部份設置在日據時代，久遠的年代使得墓地的使用大抵多呈滿葬狀況，而必要的公共設施都相當有限，可說是陰森髒亂。尤其是數目過多而面積過小造成許多管理上的不便。

台灣地狹人稠，為避免土葬太多造成死人與活人爭地的場面，務必採墓地區位之選擇、規劃、設計和以價制量的方式引導民眾逐漸採用火葬實是當務之急。

（五）台北市殯葬管理處《台北市未來殯葬設施之整體規劃》

台北市殯葬管理處委託中華地理資訊學會（1997）所作之《台北市未來殯葬設施之整體規劃》中提出，為達成台北市永續發展的目標，從環境保護、經濟效率及社會公平等層面考量對喪葬設施區位選址的標準。其各目標、標的及原則的關係分述如下：

1. 環境保護：在喪葬設施的區位選擇上，除必須配合相關法令的規定外，還須能符合「永續發展」所要求的循環使用及資源環保育等觀念，在此標的下有三原則：與周圍土地使用性質相配合、避免高強度的土地使用、合乎區位考量之既有喪葬設施循環使用。

2. 經濟效率：在旅行成本最小化與設施服務範圍極大化之間作衡量，以增加公共設施設置之經濟效率，有以下三原則：交通便利性、設施服務範圍極大化、提供相關服務性設施。

3. 社會公平：在未來喪葬設施區位選址時，除要考慮相關的回饋措施外，亦要兼顧設施分散設立的原則，故有以下兩原則：提供回饋或補償措施、風險平均分擔。

（六）內政部《台閩地區殯葬消費行為調查研究》

此調查研究採抽樣調查方式選擇在二年內曾經有過殯葬消費行為的家戶中，實際主導該殯葬行為的家屬接受訪員實地面訪。經調查結果發現，台閩地區民眾選擇殯葬地點如下：

1. 遺體存放地點，以家中佔比率最高，在中部地區、東部地區及離島地區都超過 70%以上。在殯儀館的使用比率則以北部地區及南部地區最高。

2. 過世親人奠禮儀式地點，仍以家中佔比率最高，尤其是東部地區佔 72%以上。在殯儀館的使用比率則以北部地區、南部地區、離島地區則高於中部地區及東部地區。

3. 過世親人的安葬方式，火化後送納骨堂塔在北部地區、中部地區、南部地區、東部地區的比率佔絕大部分；而離島地區對於土葬的選擇將近 70%，是唯一選擇土葬之比率高於火化後送納骨堂塔比率的地區。

4. 安葬地點，各個區域均有 60%至 80%的比率選擇公私立納骨堂塔（或公墓），而東部地區有高達 20%的比率選擇寺廟或教會之附設骨（灰）骸存放設施或墓園，明顯高於其他地區。

　　上述發現涉及殯葬消費需求面，主要從區域觀點比較殯葬地點之差異性，可作為本研究供需推估結果分析之參酌調整依據，俾利推估結果更能反映實際現象。

　　由上述文獻可知，殯葬設施之區位分布並非全然以法令和經濟因素為考量，而尚有宗教信仰或風俗習慣等因素，甚至於政治因素介入的抗爭阻力也會影響到殯葬設施的合理分布，所以將來本研究在分析樣本殯葬設施使用者之居住地時，如何視影響因素的可能變化趨勢，來調整建立其他地區同類殯葬設施可適用之合理服務範圍，有待本研究之進一步探討。

參、研究方法與研究設計

一、研究方法

（一）服務範圍分析方法

1. 方法介紹

　　現有文獻中對服務範圍的界定，皆以其設施實際使用之民眾分布作為其服務範圍。考量到不同的殯葬設施由於其使用特性的

不同，其服務範圍也不盡相同，如殯儀館與公墓的使用特性與服務範圍顯然有很大的不同；同一種殯葬設施，公立與私立的不同，其服務範圍也可能有很大的差異，如私立納骨堂（塔）比公立更多跨區服務的情形；此外，不同地區的殯葬設施，因民眾使用習慣的不同也會有不同的差異，如台灣北部地區的火葬比率較南部高，對骨（灰）骸存放設施與對公墓的需求有不同。因此，本研究擬將台灣分為北、中、南、東四區，依公私立的不同，分別分析各殯葬設施的服務範圍。

在規劃殯葬合理服務圈前，先蒐集北、中、南、東各類代表性殯葬設施，分析其喪家之居住地（戶籍地）資料，以了解其實際服務範圍。再就實際服務範圍與地方生活圈[2]，考量相關計畫、法令、自然地理環境、風俗習慣等因素，來劃分供需區域。然而以此方式規劃之供需區域並不一定與行政區域相符，受限於法律與區域計畫，在政策執行上會有許多困擾與限制。是以在規劃殯

---

[2] 地方生活圈的意義是，每一家庭或個人，都可在一適當區域內，獲得包括工作、交通、居住、文化、教育、醫療和娛樂等基本生活需求的滿足。此區域內的大小都市，就是為生活圈提供不同等級服務的中地，使居民的各種需要均不需外求，人口也就不會外流。因此加強生活圈內各級都市中地的機能，是達成全國各區域均衡發展的有效政策。1970 年代以後，臺灣在陸續公布的區域計畫及綜合開發計畫中，都曾具體揭櫫建設地方生活圈的構想。1982-1984 年發布實施的區域發展計畫，曾依據居民生活週期為基準，劃設「地方生活圈體系」，內政部亦曾參考地方實際發展狀況，將臺灣劃分為 40 個地方生活圈。「六年國建計畫」則以縣市為基礎，重新劃分為 18 個地方生活圈，並依其性質區分為都會生活圈和一般生活圈兩類。1996 年的「國土綜合開發計畫」則重新劃定 20 個生活圈，並分為都會地區、一般地區及離島地區三大類。各個生活圈有其發展重點，旨在縮小區域間與區域內生活環境品質的差異，促進人口、產業的合理分布及發展，縮小城鄉生活差距，增進國土有效利用。以上參見台灣大百科全書網頁，2010.9.8 檢索，網址：http://taiwanpedia.culture.tw/web/fprint?ID=1670。

葬供需區域時，建議以推估之供需區域為基礎，配合行政區域以及區域計畫內容來調整，以規劃最適當的供需區域，其規劃方法如圖3所示。

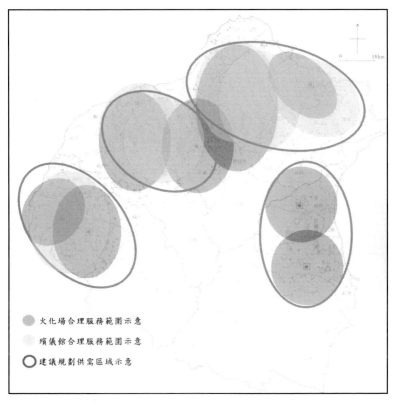

圖3　以設施服務範圍規劃適當供需區域示意模擬圖

資料來源：本文自行繪製。

2. 資料蒐集項目

分別就台灣北部、中部、南部、東部各項公立殯葬設施進行抽樣調查，其調查內容包含：地址、設施內各項附屬設施容量（或最大服務量）、設施使用年期、使用民眾分布之行政區。

（二）需求預測推估方法

1. 方法介紹

殯葬設施需求預測的流程如下：

（1）決定預測年期、範圍

預測年期原依委託要求定為 30 年，惟因配合採用行政院經濟建設委員會之人口推估年限為 96 年至 140 年，因此修正預測年期為 45 年[3]。

（2）估計死亡人口數

文獻中用於估計死亡人口數的方法繁多，使用世代生存法來估計各年齡層死亡人口較接近真實狀況，惟使用此法所需調查的資料眾多，本研究估計範圍涵蓋整個台灣地區，使用此法可能耗力費時。另外，若使用迴歸方式其優點在於使用方便，且當資料數量越多，其誤差範圍也越小，使用時可配合政府已統計出之人口資料作迴歸，增加精確性。本研究為了接近真實狀況與精確度，因此，各縣市死亡人數的估算是依據行政院經濟建設委員會人力規劃處，所規劃之「中華民國台灣 96 年至 140 年人口推計」結果，估計各縣市死亡人口數。

---

[3]　參見行政院經濟建設委員會網頁，1998.5.25 檢索，網址：http://www.cepd. gov.tw/m1.aspx?sNo=0000455。

（3）估計火化率、殯儀設施使用率

由調查所得資料估計出預測年期內火化率與殯儀設施使用率，作為估計火化場與殯儀館需求量之基礎資料。

（4）估計土葬率、火化後入塔比率及撿骨率

由行政院經濟建設委員會人力規劃處所作之「中華民國台灣96年至140年人口推計」推計結果與96年統計要覽為基礎，以權重方式分配各縣市，予以預測未來各供需區域內民眾死亡後之土葬率及火化後入骨灰（堂）塔比率。並估計民眾撿骨率以及撿骨後再土葬及火化入骨灰（堂）塔比率，作為估計公墓需求與骨灰（骸）存放設施需求之基礎資料。

（5）估計各項殯葬設施需求量

公墓需求量：以各年估計死亡人口數、各年土葬比、民眾撿骨率及撿骨後再土葬率計算各年公墓需求量。

骨灰（骸）存放設施需求量：以各年估計死亡人口數、各年火化後入骨灰(堂)塔比率、民眾撿骨率及撿骨後火化入骨灰(堂)塔比率計算各年骨灰（骸）存放設施需求量。

殯儀館需求量：以各年估計死亡人口數及各年殯儀館設施使用率計算各年殯儀館需求量。

火化場需求量：以各年估計死亡人口數及各年火化率計算各年火化場需求量。

（6）繪製各供需區域內各項殯葬設施需求圖

計算求得各項殯葬設施需求量後，依各供需區域之各項殯葬設施需求量繪製成圖以作比較。

2.計算推估工作項目

推估各年死亡人口數、火化率、民眾死亡後土葬率及火化後入骨灰（堂）塔比率、民眾撿骨率、撿骨後再土葬及火化入骨灰（堂）塔比率、殯儀設施使用率等。

計算各年公墓需求量、骨灰（骸）存放設施需求量、殯儀館需求量、火化場需求量。

（三）供需分析方法

1.方法介紹

殯葬設施供需分析的流程如下：

（1）決定分析年期、範圍

分析年期定為 45 年。

（2）計算現況各供需區域各項設施總供給量

根據前述所蒐集之各項殯葬設施基本資料，配合本研究已規劃好的供需區域，計算各供需區域內各項設施總供給量。

（3）供需分析

根據需求預測推估結果，配合前述計算所得之供給量，評估分析各供需區域內各項設施供需平衡與否，判斷何年可能發生供需失衡情形，並繪製各供需區域內各項殯葬設施供需圖像，如圖 4 所示。

2.供需差異之計算

計算各殯葬服務圈內各項殯葬設施總供給量、計算各年各供需區域內各項殯葬設施供需差異。其各年度計算結果如表 1。

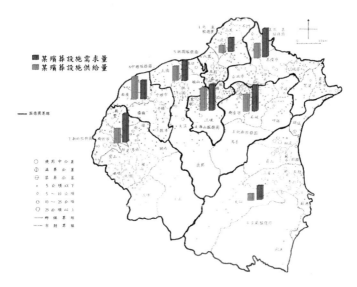

圖 4　各殯葬設施分區供需比較模擬圖

資料來源：本文自行繪製。

表 1　各供需區域（殯葬服務圈）內各項殯葬設施供需差異比較表

設施	服務圈	北淡	北基	北新	海山	桃園	中壢	新竹	宜蘭	合計
火化場（人次）	供給	0	1050	3500	1225	0	700	525	700	7700
	需求	2397	3056	2253	1989	1499	1249	1124	798	14365
	差額	-2397	-2006	1247	-764	-1499	-549	-599	-98	-6665
殯儀館（人次）	供給	0	3360	3080	2800	840	840	280	0	11200
	需求	3306	3680	2420	2197	1963	1571	2122	1815	19074
	差額	-3306	-320	660	603	-420	-731	-1842	-1815	-7874
設施 骨灰（骸）存放（人次）	供給	11231	16000	574	22919	10868	0	4511	17603	83706
	需求	21596	26248	16892	17572	16797	12544	15074	6265	132988
	差額	-10365	-10248	-16318	5347	-5929	-12544	-10563	11338	-49282
公墓（公頃）	供給	18.47	92.73	126.6	42.56	23.15	6.81	74.13	93.02	477.47
	需求	50.66	69.12	44.92	43.84	37.58	32.03	42.14	40.48	360.76
	差額	-32.19	23.61	81.68	-1.28	-14.43	-25.22	31.99	52.54	116.71

資料來源：內政部《台灣北部區域喪葬問題調查報告》

二、研究設計

（一）殯葬設施現況調查設計

1. 調查方法設計

為求殯葬設施未來推估數據之真實性與可信度，本研究調查全台各縣市（鄉鎮市）殯葬設施之現況，詳細調查各種殯葬設施之規模資料，調查表格如表 2～表 5。並請求委託單位協助發文至各設施列管單位協助資料提供。

蒐集鄉鎮市甚至村里單位之殯葬設施資料，主要原因乃由於公墓及骨灰（骸）存放設施屬性原則係以鄉鎮市為合理服務範圍，且圖資轉檔及呈現亦須取得以村里為單位之殯葬設施位置，方能順利有效達成。

表 2　殯葬設施現況調查表格——殯儀館

直轄市縣市別	編號	殯儀館名稱	公私立別	禮廳數（間）	冷凍庫最大容量（屜）	全年殯殮數（具）	所在地地址（村里）	核准啓用日期	跨區是否加收費用

表 3　殯葬設施現況調查表格——火化場

直轄市縣市別	編號	火化場名稱	公私立別	火化爐數（座）	每日可火化數（具）	全年屍體火化數（具）	所在地地址（村里）	核准啓用日期	跨區是否加收費用

表 4　殯葬設施現況調查表格——骨（灰）骸存放設施

直轄市縣市別	編號	鄉鎮市別	公私立別	納骨堂（塔）名稱	骨灰－最大容量（位）	骨骸－最大容量（位）	骨灰－已使用量（位）	骨骸－已使用量（位）	所在地地址（村里）	跨區是否加收費用

表 5　殯葬設施現況調查表格──公墓

直轄市縣市別	編號	鄉鎮市別	公私立別	公墓名稱	可使用土地面積（M²）	已使用土地面積(M²)	可使用墓基數（座）	已使用墓基數(座)	使用狀態	所在地址（村里）	跨區是否加收費用

註：使用狀態請以禁葬、滿葬或使用中之文字表達。

2. 調查結果及遭遇困難

　　本案研究於資料取得過程中，一開始即遭遇到許多困難，各縣市及鄉鎮單位或因擔心資料提供有違保密義務，或因業務繁忙等理由，無法即時提供，雖經委託單位內政部承辦單位幫忙協調並多次發文與本研究團隊親訪或電洽努力克服，仍有研究樣本尚未取得或樣本資料不全無法使用，或資料雖已取得，但經彙整後發現提供殯葬設施數量之統計數據跟內政部統計年報未盡相符及殯葬設施欠缺詳細設施規模資料，尚須檢核確認，有關待蒐集資料及確認情形如表 6 及表 7。

　　有鑑於本研究現況調查取得之殯葬設施資料數量不夠完整，因此除依據本研究現況調查取得殯葬設施資料進行供需推估之外，另使用內政部之 95 年殯葬設施統計年報資料進行推估，相互印證比較。至於本研究調查取得之殯葬設施現況具體空間分佈資料，對於本案研提政策建議仍具有相當之參考價值。

（二）實際服務範圍調查設計

1. 現有殯葬設施選樣原則

(1) 將全國依照北部區域、中部區域、南部區域、東部區域劃分，劃分為 4 個區域。

表6　殯葬設施（殯儀館及火化場）現況資料取得情形彙整表

縣市	殯儀館據差異（處）				火化場數據差異（處）				未能達成進度之原因
	統計年報	研究彙總	差值		統計年報	研究彙總	差值		
			處	%			處	%	
台北市	2	2	0	0	1	1	0	0	
基隆市	1	1	0	0	1	1	0	0	
新北市	1	—	—	—	1	—	—	—	資料格式不完整無法使用。
宜蘭縣	1	1	0	0	4	3	-1	-25	
桃園縣	2	2	0	0	2	2	0	0	
新竹市	1	1	0	0	1	1	0	0	
新竹縣	—	—	—	—	1	1	0	0	
苗栗縣	—	—	—	—	1	1	0	0	
台中市	1	1	0	0	1	1	0	0	
台中縣	1	1	0	0	1	1	0	0	
彰化縣	5	2	-3	-60	—	—	—	—	
南投縣	2	1	-1	-50	—	—	—	—	
雲林縣	6	5	-1	-16.67	1	1	0	0	
嘉義市	1	1	0	0	1	1	0	0	
嘉義縣	3	2	-1	-33.33	—	1	—	—	
台南市	1	1	0	0	1	2	1	100	
臺南縣	1	1	0	0	1	1	0	0	
高雄市	1	1	0	0	1	1	0	0	
高雄縣	1	1	0	0	1	1	0	0	
屏東縣	1	2	1	100	3	3	0	0	
花蓮縣	1	—	—	—	4	—	—	—	資料格式不完整無法使用。
台東縣	2	—	—	—	2	—	—	—	資料格式不完整無法使用。

註1：以上各縣市殯葬設施數量均以公立設施為主。
註2：統計年報為民國95年底之殯儀館與火化場統計年報。

表7 殯葬設施（骨（灰）骸存放設施及公墓）現況資料取得情形彙整表

縣市	骨（灰）骸存放設施數據差異（處）				公墓數據差異（處）				未提供或未能達成進度之因
	統計年報	研究彙總	差值		統計年報	研究彙總	差值		
			處	%			處	%	
台北市	2	2	0	0	45	2	-43	-95.56	
基隆市	1	1	0	0	2	2	0	0	
新北市	15	—	—	—	203	—	—	—	資料格式不完整無法使用。
宜蘭縣	10	8	-2	-20	60	62	2	3.33	
桃園縣	11	11	0	0	119	124	5	4.2	
新竹市	3	1	-2	-66.67	13	13	0	0	
新竹縣	4	5	1	25	118	127	9	7.63	
苗栗縣	7	7	0	0	203	203	0	0	
台中市	5	7	0	40	14	14	0	0	
台中縣	18	17	-1	-5.56	171	180	9	5.23	
彰化縣	48	33	-15	-31.25	257	199	-58	-22.57	
南投縣	20	19	-1	-5	206	191	-15	-7.28	
雲林縣	41	41	0	0	253	203	-50	-19.76	
嘉義市	2	1	-1	-50	1	1	0	0	
嘉義縣	20	23	3	15	283	285	2	0.71	
台南市	2	2	0	0	21	1	-20	-95.24	
臺南縣	19	24	5	26.32	338	274	-64	-18.93	
高雄市	8	8	0	0	4	3	-1	-25	
高雄縣	16	18	2	12.5	209	143	-66	-31.58	
屏東縣	21	20	-1	-4.76	308	308	0	0	
花蓮縣	11	—	—	—	84	—	—	—	資料格式不完整無法使用。
台東縣	13	—	—	—	119	—	—	—	資料格式不完整無法使用。

註1：以上各縣市殯葬設施數量均以公立設施為主。

註2：統計年報為民國95年底之公墓與骨（灰）骸存放設施統計年報。

(2) 再依照區域裡各縣市人口數之高低來選擇作為殯葬設施問卷調查之地點。

(3) 殯儀館與火化場則是以縣市人口之最高作為選擇之對象。

(4) 骨（灰）骸存放設施與公墓，因分布數較多，因此第一選擇條件以縣市人口，縣市決定後，第二選擇條件以鄉鎮市人口，或遇到鄉鎮市裡有 2 個以上之骨（灰）骸存放設施或公墓，則以規模最大之骨（灰）骸存放設施或是公墓為主。

(5) 公墓若是已禁葬，則不列入此次選擇範圍裡。

另因台北市與高雄市為直轄市亦屬為都會區，是故其殯葬設施在使用程度及服務範圍，是否會與其都市層級相關，亦為此次研究之要點之一，因此在殯葬設施的選樣上，亦將台北市立第一殯儀館、台北市立第二殯儀館及高雄市殯葬管理所納入探討。

其篩選出各區域四種殯葬設施如表 8 所示：

表 8　殯葬設施選樣名單

區域	縣市	殯葬設施種類	名稱	備註
北部	台北市	殯儀館	台北市立第一殯儀館	
	新北市	殯儀館	新北市立殯儀館	
	台北市	火化場	台北市立第二殯儀館火化場	
	新北市	火化場	新北市立殯儀館附設火化場	
	新北市	骨（灰）骸存放設施	中和市骨（灰）骸存放設施	
	新北市	公墓	中和市第五公墓	
中部	台中縣	殯儀館	台中縣大甲鎮立殯儀館	
	台中縣	火化場	台中縣大甲鎮第一公墓火化場	
	台中縣	骨（灰）骸存放設施	豐原市第十二公墓納骨堂	
	台中縣	公墓	豐原市第八公墓	
南部	高雄市	殯儀館	高雄市政府民政局殯葬管理所	
	高雄縣	殯儀館	仁武鄉立殯儀館	
	高雄縣	火化場	仁武鄉火化場	
	高雄縣	骨（灰）骸存放設施	鳳山市立拷潭示範公墓	
	高雄縣	公墓	鳳山市立拷潭示範公墓	

東部	花蓮縣	殯儀館	花蓮市立殯儀館	未取得資料
	花蓮縣	火化場	吉安鄉慈雲山火葬場	
	花蓮縣	骨（灰）骸存放設施	慈雲山骨（灰）骸存放設施	
	花蓮縣	公墓	佐倉公墓	

資料來源：本研究整理。

2. 樣本抽樣原則

就選出殯葬設施請其列管單位提供以民國 96 年 9 月為基準，往前推 1000 筆之使用者（亡者）資料，使用者之資料為使用者之戶籍所在區域，如表 9。

表 9　葬設施喪家基本資料格式

編號	使用者	使用者（亡者）所在區域（戶籍地）	使用日期
1	陳×	臺北市文山區	960930
2	曾吳××	臺北市大安區	960930
3	蔣江××	臺北市中正區	960930

資料來源：本研究整理。

3. 圖資呈現原則

若 1000 筆資料全部呈現，圖面會過於複雜，因此分布區域人數少於 5 人，僅以表格呈現，圖面則以五人以上之區域呈現。

（三）合理服務範圍及供需區域劃分與供需推估設計

1. 合理服務範圍界定

按行政院經濟建設委員會之構想，台灣地區共劃分為十八個生活圈，其中與本案研究殯葬設施樣本有關之生活圈涵蓋行政區域如下：

表 10　樣本生活圈行政範圍

生活圈	行政範圍
台北生活圈	台北市、板橋、三重、新莊、永和、中和、汐止、土城、樹林、鶯歌、蘆洲、五股、林口、新店、烏來、坪林、八里、淡水、泰山、深坑、三峽、石碇、三芝、石門
台中生活圈	台中市、豐原、東勢、大甲、清水、沙鹿、梧棲、后里、神岡、潭子、大雅、新社、石岡、外埔、大安、烏日、大肚、龍井、霧峰、太平、大里、和平
高雄生活圈	鳳山、大寮、林園、鳥松、仁武、大社、大樹、岡山、燕巢、彌陀、永安、路竹、橋頭、梓官、阿蓮、田寮、旗山鎮、美濃、湖內、茄萣
花蓮生活圈	花蓮市、秀林、新城、吉安、壽豐、鳳林、豐濱、萬榮、光復、瑞穗、玉里、富里、卓溪

資料來源：本研究整理。

　　生活圈之構想乃行政院經濟建設委員會考量外圍鄉鎮市居民對於中心都市在通勤、購物、娛樂及產業活動等各方面之相互依賴程度而劃分，而上述互賴程度涉及交通運輸、人口聚集及自然地理等條件，尤其交通條件最為重要，此與民眾使用殯葬設施條件需求大致相同，因此界定殯葬設施合理服務範圍，有必要檢視實際服務範圍與生活圈之空間相關性。

　　經本研究將樣本設施實際服務範圍與生活圈套疊結果，發現殯儀館及火化場之樣本設施使用者人次較多者，其居住地（戶籍地）皆分布在生活圈範圍內，換言之，殯葬設施實際服務範圍與生活圈範圍相當一致，儘管生活圈內少部分鄉鎮市未被服務，或被服務者為其它生活圈之居民，例如台北生活圈有烏來鄉、石門鄉、樹林市等地區無人使用殯儀館設施，惟同時台北生活圈內的殯儀館卻服務了桃園市、蘆竹鄉及大溪鎮等地之居民，不過此乃非合理現象，就生活圈之機能而言，由於殯葬設施屬於嫌惡性設施，同一生活圈裡應能自給自足，而不宜依賴跨區使用，因此界

定生活圈為殯儀館及火化場之合理服務範圍，尚屬允當。至於骨灰（骸）存放設施與公墓設施之實際範圍與鄉鎮市行政轄區範圍亦頗為一致。

跨區使用雖非合理，卻是難以完全避免之現象，蓋除了交通地理條件之外，民眾偶而會因為選擇吉時，申請不到禮廳、火化爐等因素而跨區使用殯儀館、火化場，或因選擇吉地及服務品質而跨區使用公墓及骨灰（骸）存放設施，不過從調查資料來看，這些跨區使用人次，多占不到千分之十的比率，似可略而不計。

2.劃分供需區域

承前第一節之分析，殯儀館及火化場之實際服務範圍與生活圈相當一致，且按殯葬管理條例第五條規定，殯儀館及火化場之設置主要為縣市主管機關之職權，因此，本研究以生活圈為殯儀館及火化場之供需區域。

至於公墓及骨灰（骸）存放設施主要屬於鄉（鎮、市）主管機關職權，且如第四章之分析在抽取的設施樣本中，公墓部分以新北市中和市第五公墓之實際服務範圍與中和市行政轄區完全一致，其次高雄縣鳳山市拷潭公墓之使用者跨行政區域之情形較多，蓋因有國道 88 快速道路通過，跨區使用者所屬行政轄區或公墓已滿葬或轄區內無公墓之故，屬於特殊案例。

此外，骨灰（骸）存放設施部分，新北市中和市骨灰（骸）存放設施實際服務範圍與行政區完全一致，台中縣豐原市第十二公墓骨灰（骸）存放設施實際服務範圍與行政轄區亦頗為一致，跨區域使用者為數不多，至於高雄縣鳳山市拷潭公墓骨灰（骸）存放設施之跨區服務情形較多，其原因和該公墓部分一樣，亦屬特殊案例。綜上所述，本研究以鄉（鎮、市）轄區作為骨灰（骸）存放設施及公墓之供需區域。

3. 供需推估設計

本節主要目的在說明兩個部分：一是設計需求量的推估，包括殯儀館、火化場、骨灰（骸）存放設施和公墓等四項設施在 96-140 年的需求量估計方法的說明，二是針對上述合理服務範圍的界定與供需推估分析，說明推算該設施供給量供需平衡對應年的求算方式，這個對應年在研究中被定義為「邊際年」。

本研究殯葬設施供需推估方式，主要是以經建會中 96-140 年人口推計資料為基礎，估算各縣市死亡人數。由內政部公布殯葬消費行為調查結果指出，民國 95 年火化率已提升至 85.6%，顯示民眾喪葬觀念隨時代已有大幅改變，因此，本研究假設各縣市火化率達 90%，推估各殯葬設施之需求數量，據以計算供需平衡的「邊際年」。

透過分析合理服務範圍及劃分供需區域得知，殯儀館與火化場設施使用者，其實際服務範圍與生活圈服務範圍一致，而骨灰（骸）存放設施和公墓設施使用者則屬鄉鎮市轄區，因此，下述各單項設施供需推估殯儀館與火化場設施服務範圍以生活圈為主，骨灰（骸）存放設施和公墓設施則以鄉鎮市為主，惟各鄉鎮市死亡人數係依據 95 年各縣市分配權重為基礎所求得，各殯葬設施計算推估流程說明如下（詳如圖 5 與圖 6）：

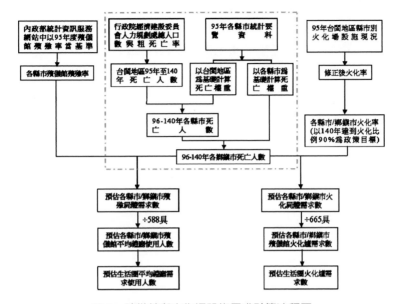

圖5　殯儀館與火化場設施需求計算流程圖

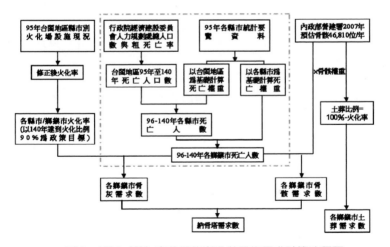

圖6　骨灰（骸）存放設施與公墓設施需求計算流程圖

（1）殯儀館設施

A.推估 96-140 年各縣市死亡人數與死亡權重分配率

  a. 依行政院經濟建設委員會人力規劃處採人口要素合成法
（The Cohort Component Method）所作「中華民國台灣
96 年至 140 年人口推計」中推計結果，估算各縣市死亡
人數之依據。（參見表 11）

  b. 依據 95 年各縣市統計要覽資料為基礎，推估 96-140 年
各縣市死亡人數權重分配比例。

  c. 經由上述推估 96-140 年台閩地區死亡人數預估表，乘
以各縣市死亡人數權重分配比例，以求得 96-140 年各
縣市死亡人數。

B.推估各縣市殯儀館殯殮率

經由 95 年度各縣市之殯儀館殯殮率當作基準，並假設 96-140
年間各縣市殯殮率與 95 年相同，以求得 96-140 年各縣市殯殮率，
未設置殯儀館的縣市，則以 95 年平均使用殯殮率 36.78%作為基準。

C.推估各縣市 96-140 年殯殮屍體需求數

以 96-140 年不同縣市死亡人數，乘以各縣市殯儀館殯殮率，
估計各縣市 96-140 年殯殮屍體需求數。

D.以生活圈為基準，推估殯儀館平均每禮廳使用人數

每年禮廳使用數係參考台北市殯葬管理處之使用時間。吉日
每日每堂以舉辦三場（上午 8-10 時、中午 11-1 時、下午 2-4 時）
計算，一般日以舉辦二場計算。以「台北市殯儀館 97 年禮廳使
用費率表」計算，吉日（加價日）有 160 天，一般日（原價日）
有 108 天，惟因考量禮廳維修時，無法使用及非都會地區禮廳使
用頻率較低，因此，估計每年禮廳可使用數為 588 具（內政部營
建署，2007：67）。

依上述結果，求得各縣市 96-140 年禮廳需求數，再據以求得現有 17 個生活圈（離島生活圈除外）平均每年之禮廳需求數。

表 11 台閩地區 96-140 年死亡人數預估表

(單位：人)

年別（民國）	總人口（年底）	粗出生率（‰）	粗死亡率（‰）	出生數	死亡數
95（實際數）	22,876,527	8.96	5.95	204,459	136,371
96（預估數）	22,835,000	8.84	6.31	201,861	144,089
97	22,897,000	8.80	6.42	201,494	146,999
98	22,955,000	8.74	6.51	200,627	149,437
99	23,009,000	8.66	6.60	199,258	151,859
100	23,057,000	8.53	6.70	196,676	154,482
101	23,099,000	8.38	6.80	193,570	157,073
102	23,135,000	8.26	6.91	191,095	159,863
103	23,166,000	8.13	7.01	188,340	162,394
104	23,191,000	8.00	7.13	185,528	165,352
105	23,210,000	7.87	7.24	182,663	168,040
106	23,222,000	7.74	7.37	179,738	171,146
107	23,228,000	7.60	7.50	176,533	174,210
108	23,227,000	7.46	7.65	173,273	177,687
109	23,219,000	7.36	7.79	170,892	180,876
110	23,205,000	7.26	7.95	168,468	184,480
115	23,022,000	6.61	8.92	152,175	205,356
120	22,601,000	5.78	10.46	130,634	236,406
130	20,968,000	4.81	14.57	100,856	305,504
140	18,561,000	4.61	18.60	85,566	345,235

資料來源：本研究根據行政院經濟建設委員會（2006）資料整理。

註：死亡人數估算：依行政院經濟建設委員會人力規劃處採人口要素合成法（The Cohort Component Method）所作「中華民國台灣 95 年至 140 年人口推計」之中推計結果作為估算死亡人數之依據。

（2）火化場設施

A.推估 96-140 年各縣市死亡人數與死亡權重分配率

　a. 依行政院經濟建設委員會人力規劃處採人口要素合成法（The Cohort Component Method）所作「中華民國台灣 96 年至 140 年人口推計」中推計結果，估算各縣市死亡人數之依據。（參見表 11）

　b. 依據 95 年各縣市統計要覽資料為基礎，推估 96-140 年各縣市死亡人數權重分配比例。

　c. 經由上述推估 96-140 年台閩地區死亡人數預估表，乘以各縣市死亡人數權重分配比例，以求得 96-140 年各縣市死亡人數。

B.推估各縣市火化百分比率

　根據內政部統計資訊服務網，以 95 年台閩地區縣市別火化場設施現況之全年火化屍體數量，除以各縣市死亡人數，可計算出 95 年各縣市之全年火化屍體數量，惟因考量各縣市使用率的不同，因此，由表 12 得知，區域別之總全年火化屍體數量除以地區別之總死亡人數計算所得，係以求得 95 年各縣市火化率修正後之火化率（內政部營建署，2007:67）。本研究以各縣市火化率佔死亡人數比例均超過 90%為政策目標推估，96-140 年各縣市詳細火化率，請參見內政部委託筆者執行之《我國殯葬設施分布及供需調查研究》之附錄五。

C.推估各縣市 96-140 年火化屍體需求數

　以 96-140 年不同縣市死亡人數，乘以各縣市修正後火化率，以計算各縣市 96-140 年火化屍體需求數。

D.以生活圈為基準，推估火化爐需求數

依據內政部營建署資料，預估火化爐需求數，為預估全年火化屍體數量，除以 95 年度平均每座火化爐火化屍體數求得，而 95 年度平均每座火化爐火化屍體數，為 665 具（內政部營建署，2007:68），因此，本研究以 665 具當作平均每座火化爐火化屍體數量，以計算預估火化爐需求數之基準。

依上述結果，求得各縣市 96-140 年火化爐需求數，再據以求得現有 17 個生活圈（離島生活圈除外）平均每年之火化爐需求數。

表 12　95 年台閩地區各縣市別火化率推算表

縣市別	死亡人數	處數	火化爐數（座）	全年火化屍體數量（具）	平均每座火化爐火化屍體數（具）	火化率	修正後之火化率	修正火化率之區域劃分原則說明
總計	135,839	34	176	117,044	665	86.17%	86.17%	
新北市	16,484	1	12	10,792	899	65.47%		以新北市、基隆市、臺北市之全年火化屍體總數量／死亡總人數計算。
基隆市	2,489	1	6	3,598	600	144.56%	98.62%	
臺北市	14,011	1	14	18,140	1,296	129.47%		
宜蘭縣	3,217	4	6	2,558	426	79.52%	79.52%	以宜蘭縣之全年火化屍體總數量／死亡總人數計算。
桃園縣	9,215	2	14	8,098	578	87.88%	87.88%	以桃園縣之全年火化屍體總數量／死亡總人數計算。
新竹縣	2,935	1	3	1,446	482	49.27%		以新竹縣、苗栗縣、新竹市之全年火化屍體總數量／死亡總人數計算。
苗栗縣	4,179	2	4	1,330	333	31.83%	64.93%	
新竹市	2,047	1	6	3,172	529	154.96%		
臺中縣	8,270	1	4	3,780	945	45.71%		以臺中縣、彰化縣、南投縣、臺中市之全年火化屍體總數量／死亡總人數計算。
彰化縣	8,578	0	0	0	0	0.00%	83.59%	
南投縣	4,090	1	8	7,311	914	178.75%		
臺中市	4,644	1	10	10,294	1,029	221.66%		

雲林縣	6,328	1	7	4,499	643	**71.10%**		以雲林縣、嘉義縣、
嘉義縣	4,608	0	0	0	0	**0.00%**	**67.65%**	嘉義市之全年火化屍
嘉義市	1,549	1	4	3,947	987	**254.81%**		體總數量/死亡總人
								數計算。
臺南縣	8,299	2	11	6,178	562	**74.44%**		以臺南縣、臺南市之
							94.81%	全年火化屍體總數量
臺南市	4,273	1	10	5,741	574	**134.36%**		/死亡總人數計算。
高雄縣	8,165	1	5	3,050	610	**37.35%**		以高雄縣、高雄市之
							88.65%	全年火化屍體總數量
高雄市	8,674	1	18	11,878	660	**136.94%**		/死亡總人數計算。
屏東縣	7,183	3	11	6,566	597	**91.41%**	**91.41%**	
臺東縣	2,267	2	4	1,424	356	**62.81%**	**62.81%**	以各縣之全年火化屍
花蓮縣	3,065	4	14	2,704	193	**88.22%**	**88.22%**	體總數量/死亡總人
澎湖縣	777	1	3	477	159	**61.39%**	**61.39%**	數計算。
金門縣	445	1	2	61	31	**13.71%**	**13.71%**	
連江縣	44	0	0	0	0	**0.00%**	**0.00%**	

資料來源：內政部統計資訊服務網站（2006）。

註：「修正後之火化率」係以區域別之總全年火化屍體數量/地區別之總死亡人數計算。

（3）骨灰（骸）存放設施

A.推估 96-140 年各縣市死亡人數與死亡權重分配率

　a. 依行政院經濟建設委員會人力規劃處採人口要素合成法（The Cohort Component Method）所作「中華民國台灣 96 年至 140 年人口推計」中推計結果，估算各縣市死亡人數之依據（參見表 11）。

　b. 依據 95 年各縣市統計要覽資料並以其為基礎，推估 96-140 年各鄉鎮市死亡人數權重分配比例。

　c. 經由上述推估 96-140 年台閩地區死亡人數預估表，乘以各鄉鎮市死亡人數權重分配比例，以求得 96-140 年各鄉鎮市死亡人數。

B.推估各鄉鎮市火化百分比率

　　根據內政部統計資訊服務網，以 95 年台閩地區縣市別火化場設施現況之全年火化屍體數量，除以各縣市死亡人數，可計算出 95 年各縣市之全年火化屍體數量，因考量各縣市使用率的不同，因此，由表 12 得知，區域別之總全年火化屍體數量除以地區別之總死亡人數計算所得，係求得 95 年各縣市火化率修正後之火化率（內政部營建署，2007:67）。本研究以各縣市火化率佔死亡人數比例均超過 90%為政策目標推估，96-140 年各縣市詳細火化率，同前述火化場設施之推估。

　　惟各鄉鎮市因資料闕漏，無法推估其火化率，因此，本研究以各縣市修正後火化率作為各鄉鎮市火化率。

C.推估各鄉鎮市新增骨骸存放設施需求數

　　a. 根據內政部營建署資料，新增骨骸存放設施需求數（位）等於骨骸存放設施之需求，主要為「公墓公園化」及公墓「墓基循環使用」所衍生之需求量，本研究以 90 年至 95 年底之台閩地區平均數作為預估量（約 46,810 位／年）。

　　b. 以 95 年底各縣市骨骸已使用量除以 95 年底台閩地區骨骸已使用量，可得各縣市骨骸需求權重，並以其骨骸需求權重乘以 95 年各縣市為基礎分配權重之各鄉鎮市死亡人數權重分配比例，求得各鄉鎮市骨骸需求權重。

　　c. 以台閩地區平均數（46,810 位／年）乘以 96-140 年各鄉鎮市骨骸權重，推估 96-140 年各鄉鎮市骨骸需求數。

D.推估各鄉鎮市新增骨灰存放設施需求數

　　新增骨灰存放設施需求數等於預估全年火化屍體數。經由 96-140 年所推估之各縣市死亡人數，乘以不同年度修正後各鄉鎮

市火化率，推估各鄉鎮市 96-140 年各鄉鎮市新增骨灰所需之需求數。

E.推估各鄉鎮市骨灰（骸）存放設施需求數

再將上述第 C 步驟與第 D 步驟之新增骨骸與骨灰需求數兩者相加，可得各鄉鎮市 96-140 年各鄉鎮市骨灰（骸）存放設施的需求數。

（4）公墓設施

A.推估 96-140 年各縣市死亡人數與死亡權重分配率

　　a. 依行政院經濟建設委員會人力規劃處採人口要素合成法（The Cohort Component Method）所作「中華民國台灣 96 年至 140 年人口推計」中推計結果，估算各縣市死亡人數之依據（參見表 11）。

　　b. 依據 95 年各縣市統計要覽資料並以其為基礎，推估 96-140 年各鄉鎮市死亡人數權重分配比例。

　　c. 經由上述推估 96-140 年台閩地區死亡人數預估表，乘以各鄉鎮市死亡人數權重分配比例，以求得 96-140 年各鄉鎮市死亡人數。

B.推估各鄉鎮市火化百分比

根據內政部統計資訊服務網，以 95 年台閩地區縣市別火化場設施現況之全年火化屍體數量，除以各縣市死亡人數，可計算出 95 年各縣市之全年火化屍體數量，因考量各縣市使用率的不同，因此，由表 12 得知，區域別之總全年火化屍體數量除以地區別之總死亡人數計算所得，係求得 95 年各縣市火化率修正後之火化率（內政部營建署，2007:67）。本研究以各縣市火化率佔死亡人數比例均超過 90%為政策目標推估，96-140 年各縣市詳細火化率，同前述火化場設施之推估。

惟各鄉鎮市因資料闕漏，無法推估其火化率，因此，本研究以各縣市修正後火化率作為各鄉鎮市火化率。

C.推估各鄉鎮市土葬百分比率

現行的殯葬行為，除火化外即為土葬，由此可知，火化率與土葬比率之間有相互關係，因此，土葬比例則以 100%減去各鄉鎮市估計的火化率所求得。

D.推估各鄉鎮市不同年度埋葬需求數

以 96-140 年各鄉鎮市死亡人數，乘以各鄉鎮市土葬比例，以計算各鄉鎮市 96-140 年土葬人數之需求數量。

（5）邊際年定義與計算方式

透過上述步驟可推估各殯葬單項設施之需求數量，再以計算供需平衡的「邊際年」。「邊際年」泛指各殯葬設施供需平衡所對應的年度。經由「邊際年」以了解各生活圈、縣市或鄉鎮市目標年間，各殯葬設施是否有供給過剩或是不足之情形，藉以提供主管單位於未來殯葬服務規劃之依據。

其中殯儀館與火化場是以生活圈為服務範圍，而骨灰（骸）存放設施與公墓設施，則因鄉鎮市之現況供給資料蒐集困難，因此，除篩選本研究調查所得資料較完整者作為現況供給之外，本研究另以「縣市」現況供給資料（內政部統計年報）與需求計算邊際年。各殯葬設施計算邊際年之定義大致相同，僅舉殯儀館為例說明如下：

A.邊際年：供需平衡的對應年。

B.現況供給：

　a. 第一部分以本研究調查所得資料作為現況供給。

　b. 第二部分以內政部統計年報提供之資料作為現況供給。

C.殯儀館邊際年：

a. 過剩：指至目標年 140 年之後供給仍有剩餘。

b. 不足：指現況資料小於 96 年度需求預估年。

c. N/A：指無現況資料。

d. 邊際年：現況供給與各需求預估年比較（96-140 年），若供給大於比較的單年度（如 138 年），小於次年度（139 年），則邊際年為單年度（138 年）。

D.需求預估年中，111-114 年、116-119 年、121-129 年、131-139 年部份因資料闕漏，本研究採線性內插方式計算闕漏部份年度。

肆、殯葬設施調查與推估結果分析

一、有關殯葬設施現況部分

由於年報資料並未呈現殯葬設施之分布概況，因此本小節僅就依本研究調查所得資料之現況予以說明。

（一）殯儀館設施

本次研究調查殯葬設施之使用情形，在殯儀館部分，於有效樣本 12 個縣市中，大多數縣市殯儀館都僅有一處，惟台北市、桃園縣與屏東縣有兩個殯儀館。全年殯殮數則以台北市第二殯儀館，每年 11,309 具為最多，其次是高雄市市立殯儀館，每年為 6,401 具，最少則是台南縣柳營鄉祿園殯儀館，每年為 335 具。

12 個縣市中跨區加收費用者有 9 處，佔 75%，尤其以宜蘭縣縣立殯儀館，加收 4 倍為最多，可見殯儀館設施以自給自足為原則，不歡迎其它行政轄區民眾跨區前來使用，仍是多數縣市政府的共識。此外，公立殯葬設施多屬於公共造產而興建經營，為反映成本與取得一定利潤，而對於跨區來申請使用者加收費用，亦為可能原因。

多數縣市殯儀館之分佈情形，除高雄縣與屏東縣空間分布較為均衡外，大都分布於地方政府之所在地附近或鄰近之鄉鎮市。

（二）火化場設施

火化場部分，於有效樣本 22 個縣市中，以宜蘭縣與屏東縣 3 處為最多，其次為台南市擁有兩處，其餘各縣市皆僅有 1 處。全年屍體火化數，以台中市為最多，每年 10,913 具，其次為高雄市立火化場，每年 6,401 具，最少的是苗栗縣縣立火化場，為每年僅 543 具。在 22 處中有 18 處跨區加收費用，佔 82%，其中以宜蘭縣加收 4 倍為最多，可見火化場與殯儀館設施相同，多數縣市政府除不希望其他縣市民眾跨區使用之外，另一方面則在於使收費反映成本及獲取利潤。

多數縣市火化場之分佈情形，除苗栗縣、台中縣與屏東縣三個縣市空間分布較為均衡外，與殯儀館設施相似，大多分布於地方政府之所在地附近或鄰近之鄉鎮市。

（三）骨灰（骸）存放設施

本次研究調查的骨灰（骸）存放設施使用情形，骨灰（骸）存放設施於有效樣本 12 個縣市中，骨灰（骸）最大容量是彰化縣溪州鄉，為 312,122 位，其次是彰化縣埤頭鄉，為 132,189 位，容

量最小者為宜蘭縣南澳鄉的 200 位。在這些鄉鎮市中，除宜蘭縣員山鄉、新竹縣新埔鎮與關西鎮、台中縣梧棲鎮、彰化縣溪州鄉、台南縣六甲鎮與永康市、高雄縣鳥松鄉等 8 個鄉鎮市外，其餘鄉鎮市皆有跨區加收費用制度，惟以宜蘭縣羅東鎮加收 4 倍為最多。

骨灰（骸）存放設施設施大多位於次級行政單位之空間分布，除雲林縣幾乎每一鄉鎮市皆設置骨灰（骸）存放設施外，其餘各縣市多有出現某些鄰近之鄉鎮市未設置納骨設施之情形。大致上屬於原住民的行政轄區，幾乎皆無設置骨灰（骸）存放設施，例如桃園縣的復興鄉、新竹縣的五峰鄉與尖石鄉、苗栗縣的南庄鄉與泰安鄉、屏東縣的瑪家鄉與來義鄉等。但令人訝異的是，也有不少平地鄉鎮市，未設置骨灰（骸）存放設施，而民眾必須跨他區使用。

我國政府於六〇年代至七〇年代實施公墓公園化及火化晉塔政策，鼓勵地方政府（尤其鄉鎮市公所）及私人投資興設骨灰（骸）存放設施，地方政府因而多採公共造產手段，進行骨灰（骸）存放設施之設置，一時骨灰（骸）存放設施增設如雨後春筍，截至民國 95 年底，台閩地區業已設置約 750 萬個骨灰骸位。又因大部分鄉鎮市均有設置，故而從供需圖像來看，除少數偏遠地區之外，骨灰（骸）存放設施之空間分布尚稱均勻。

（四）公墓設施

本次研究調查的公墓設施使用情形，公墓設施於有效樣本 11 個縣市中，以可使用土地面積為計算基準，可使用土地面積最大者為屏東縣里港鄉的 2,011,394 平方公尺，其次是屏東縣恆春鄉為 1,799,310 平方公尺，桃園縣復興鄉可使用土地面積最小僅有 90 平方公尺。在這些鄉鎮市中，除台南縣仁德鄉限本鄉鄉民使

用，其餘鄉鎮大多有跨區加收費用制度，以高雄縣美濃鎮加收 5 倍為最多。

　　幾乎所有的鄉鎮市皆擁有一個以上的公墓設施，其分佈尚稱均勻。惟嘉義市的公墓設施（屬於殯葬一元化公墓）位於嘉義縣水上鄉，據向嘉義市政府民政單位查詢，其原因乃由於嘉義市的升格與行政轄區調整，以致原位於嘉義市的牛稠埔公墓，現位屬於水上鄉，惟仍為嘉義市政府所管有並沿用。嘉義市政府民政單位並表示，目前該市轄區尚無增加公墓設施之計畫，而公墓設施附近鄉鎮之嘉義縣民亦無反對該設施繼續存在之聲音。

二、有關實際服務範圍部分

　　殯儀館與火化場，原則上以縣市為空間單元，以服務當地縣市民眾為主要空間單元，僅有少部分情形有跨區服務現象。骨灰（骸）存放設施及公墓設施則以鄉鎮市為空間單元，服務當地鄉鎮市民眾為主，僅有少部分設施支援鄰近鄉鎮市（詳如表 13）。

三、有關合理服務範圍及劃分供需區域部分

　　由於殯儀館與火化場實際服務範圍與生活圈範圍相當一致，且因殯葬設施屬於嫌惡性設施，而不宜依賴跨區使用，因此，界定生活圈為殯儀館及火化場之合理服務範圍。

　　此外，公墓及骨灰（骸）存放設施主要屬於鄉（鎮、市）主管機關職權，且其實際服務範圍與鄉鎮市行政轄區大致符合。綜

上所述，本研究殯儀館與火化場以生活圈範圍作為供需區域，骨灰（骸）存放設施及公墓以鄉（鎮、市）轄區作為供需區域。

表 13　實際服務範圍分析表

設施種類	抽樣樣本	空間單元	空間特性（以同心圓為基準）
殯儀館	（北）臺北市立第一殯儀館	市縣	以臺北市北部各區為同心圓的第一圈，臺北市南部各區與毗鄰臺北市的新北市各縣級市為同心圓的第二圈。
	（北）新北市立殯儀館	縣市	以新北市板橋市為中心，與鄰近鄉鎮市形成同心圓第一圈，其中第二圈且擴及臺北市與挑園縣部分行政區。
	（中）臺中縣大甲鎮立殯儀館	縣市	以臺中縣為主要的服務範圍，另延伸至苗栗縣近海的鄉鎮市。
	（南）高雄市殯葬管理所	市	主要以高雄市為範圍。
	（南）高雄縣仁武鄉立殯儀館	縣市	以高雄市縣為主要範圍。以仁武鄉為中心，第一圈即以圍繞中心的鄰近鄉鎮為代表。
火化場	（北）臺北市立第二殯儀館	市縣	以臺北市為中心，往外延伸至與臺北市相鄰其新北市鄉鎮市的第二圈範圍。
	（中）大甲鎮第一公墓火化場	縣市	以臺中縣為主要的服務範圍，另延伸至苗栗縣的平原鄉鎮市。
	（南）仁武鄉火化場	縣市	以高雄縣為主要的服務範圍。
納骨塔	（北）中和市立骨灰（骸）存放設施	鄉鎮市	以服務該鄉鎮為主。
	（中）豐原市第 12 公墓骨灰（骸）存放設施	鄉鎮市	以服務該鄉鎮為主，少部分提供予鄰近鄉鎮市。
	（南）高雄縣鳳山市拷潭骨灰（骸）存放設施	鄉鎮市	以服務該鄉鎮為主，少部分提供予鄰近鄉鎮市。
公墓	（北）中和市第五公墓	鄉鎮市	以服務該鄉鎮為主。
	（南）高雄縣鳳山市拷潭骨灰（骸）存放設施	鄉鎮市	以服務該鄉鎮為主，少部分提供予鄰近鄉鎮市。

資料來源：本研究整理。

四、供需推估結果

（一）以本研究調查資料為基礎之推估

1. 殯儀館及火化場之推估

依殯殮數及火化數作現況供給推估結果，由表 14 得知，殯儀館設施供需推估彙整表中，生活圈中於 96 年起即屬不足者為新竹、台中與嘉義等 3 個生活圈；設施於 140 年仍過剩者僅有新營生活圈 1 處；邊際年依出現時間早晚排列，分別為南投生活圈、高雄生活圈、屏東生活圈與桃園生活圈，其邊際年分別為，97 年、108 年、115 年與 119 年，顯示殯儀館設施屆時達成供需均衡現象。

表 14　生活圈殯儀館設施依殯殮數作為供需推估彙整表

生活圈	依殯殮數作為現況供給		
	現況	邊際年	目標年
台北			
基隆			
宜蘭			
桃園		119	
新竹	不足		
苗栗			
台中	不足		
彰化			
南投		97	
雲林			
嘉義	不足		
新營			過剩
台南			
高雄		108	
屏東		115	
台東			
花蓮			

資料來源：本研究整理。

註：殯殮數數為本研究請各地方政府提供調查所得之資料。

另由表 15 中可得知，火化場設施除台中生活圈、新竹生活圈與南投生活圈，其邊際年分別為 109 年、114 年及 129 年之外，其餘生活圈之火化場則呈現 96 年即已不足之現象，顯示火化場設施現況目前為供給不足。

　　以上係依殯殮數及火化數作為供給進行推估，其背後隱含實際使用狀況係殯殮設施及火化爐設施並未被充分使用，如以死亡人口與殯殮設施及火化爐設施最大容量換算禮廳數及火化爐數作為需求進行推估，則殯殮設施及火化爐設施之供給不足情況可能會稍有改善。

表 15　生活圈火化場設施依火化數作為現況供給推估彙整表

生活圈	依火化數作為現況供給		
	現況	邊際年	目標年
台北			
基隆			
宜蘭			
桃園	不足		
新竹		114	
苗栗	不足		
台中		109	
彰化		129	
南投			
雲林	不足		
嘉義	不足		
新營			
台南	不足		
高雄	不足		
屏東	不足		
台東			
花蓮			

資料來源：本研究整理。

註：火化數為本研究請各地方政府提供調查所得之資料。

2. 骨灰（骸）存放設施之推估

由表 16 得知，除宜蘭縣頭城鎮、員山鄉與三星鄉為目標年過剩外，其餘各縣市則呈現現況不足或是出現邊際年情形，並無過剩情況；至於邊際年部分，從表中可得知，雖邊際年範圍介於 96 年～137 年間，但大多鄉鎮市的邊際年卻大多位於 96 年～105 年左右，顯示各鄉鎮市除呈現不均勻使用之情形外，亦有相當多鄉鎮市再過 10 年即將面臨骨灰骸存放設施不足之問題。惟因此推估之供給未納入私立骨灰（骸）存放設施部分，且按經建會預測未來死亡人口數係遞增的（大概民國 125 年多 1 倍，140 年多 1.5 倍），又因缺乏鄉鎮市資料，只好以縣市的火化率作為鄉鎮市的火化率，致發生骨灰（骸）存放設施提早不足之現象。

3. 公墓設施之推估

由表 17 得知，除桃園縣與苗栗縣並無呈現現況不足外，其餘縣市都有鄉鎮市現況不足之情形發生。在目標年過剩部分，每一縣市都有鄉鎮市出現目標年過剩情形；再者邊際年的範圍則位於 99 年～139 年間，由此可知，公墓設施大多目前仍可支應現行使用需求。不過應特別注意的是，在此供給並未納入私立公墓設施數量，如果納入的話，將會有更多鄉鎮市之公墓設施出現目標年過剩之情形。對照骨灰（骸）存放設施不足之趨勢，公墓設施的過剩趨勢是合理的，因為這兩種設施需求大致上呈替代關係或負相關。

表 16 骨灰骸存放設施供需推估彙整表

縣市	骨灰（骸）存放設施		
	現況不足	目標年過剩	邊際年
新竹縣	竹北市、竹東鎮、新埔鎮、關西鎮、湖口鄉		
苗栗縣	竹南鎮、後龍鎮		苑里鎮（97）、通宵鎮（98）、卓蘭鎮（97）、三義鄉（98）、西湖鄉（98）
台中縣	太平市、大甲鎮、神岡鄉、潭子鄉、大雅鄉、外埔鄉、烏日鄉、霧峰鄉		東勢鎮（96）、清水鎮（96）、沙鹿鎮（97）、梧棲鎮（97）、后里鄉（96）、大安鄉（97）
南投縣	埔里鎮、竹山鎮、集集鎮、名間鄉、中寮鄉、魚池鄉		南投市（96）、鹿谷鄉（102）、水里鄉（100）、信義鄉（96）
雲林縣	斗六市、斗南鎮、虎尾鎮、西螺鎮、土庫鎮、北港鎮、古坑鄉、大埤鄉、莿桐鄉、二崙鄉、崙背鄉、台西鄉、元長鄉、四湖鄉		林內鄉（96）、麥寮鄉（96）、東勢鄉（100）、褒忠鄉（98）、口湖鄉（96）
嘉義縣	朴子市、布袋鎮、大林鎮、民雄鄉、溪口鄉、新港鄉、六腳鄉、東石鄉、鹿草鄉、竹崎鄉		義竹鄉（96）、梅山鄉（97）、大埔鄉（99）
高雄縣	鳳山市、大社鄉、仁武鄉、岡山鎮、燕巢鄉、路竹鄉、湖內鄉、旗山鎮、美濃鎮		大樹鄉（101）、鳥松鄉（124）、茄定鄉（100）、梓官鄉（100）、六龜鄉（98）、甲仙鄉（104）、杉林鄉（96）
屏東縣	屏東市、潮州鎮、東港鎮、高樹鄉、內埔鄉、林邊鄉		萬丹鄉（96）、長治鄉（96）、九如鄉（96）、里港鄉（105）、枋寮鄉（96）、新園鄉（99）、佳冬鄉（96）、車城鄉（99）
宜蘭縣	羅東鎮、壯圍鄉、冬山鄉、五結鄉	頭城鎮、員山鄉、三星鄉	宜蘭市（137）、蘇澳鎮（100）、大同鄉（108）、南澳鄉（108）

資料來源：本研究整理。

表 17　公墓設施供需推估彙整表

縣市	公墓設施		
	現況不足	目標年過剩	邊際年
宜蘭縣	羅東鎮、壯圍鄉、冬山鄉、五結鄉	頭城鎮、員山鄉、三星鄉	宜蘭市（139）、蘇澳鎮（100）、大同鄉（108）、南澳鄉（108）
桃園縣		平鎮市、大溪鎮、楊梅鎮、龜山鄉、觀音鄉、復興鄉	桃園市（105）、中壢市（99）、八德市（107）、蘆竹鄉（136）、大園鄉（104）、龍潭鄉（131）、新屋鄉（101）
新竹縣	竹北市、竹東鎮、橫山鄉、寶山鄉、峨嵋鄉、尖石鄉、五峰鄉	北埔鄉	新埔鎮（130）、關西鎮（115）、湖口鄉（100）、新豐鄉（112）、芎林鄉（114）
苗栗縣		苗栗市、苑裡鎮、通霄鎮、竹南鎮、卓蘭鎮、大湖鄉、銅鑼鄉、南庄鄉、頭屋鄉、三義鄉、西湖鄉、造橋鄉、三灣鄉、獅潭鄉、泰安鄉	後龍鎮（117）、公館鄉（122）
台中縣	豐原市	太平市、新社鄉、外埔鄉、大安鄉、烏日鄉、大肚鄉、龍井鄉	大甲鎮（131）、大雅鄉（138）、霧峰鄉（104）
南投縣	仁愛鄉	埔里鎮、草屯鎮、竹山鎮、集集鎮、名間鄉、鹿谷鄉、中寮鄉、魚池鄉、國姓鄉、水里鄉、信義鄉	南投市（108）
嘉義縣	太保市、六腳鄉、鹿草鄉、水上鄉	布袋鎮、大林鎮、民雄鄉、新港鄉、義竹鄉、梅山鄉、番路鄉、大埔鄉、	朴子市（124）、溪口鄉（124）、東石鄉（124）、中埔鄉（121）、竹崎鄉（120）、阿里山鄉（133）
屏東縣	屏東市、東港鎮、恆春鎮、萬丹鄉、麟洛鄉、里港鄉、高樹鄉、萬巒鄉、內埔鄉、新埤鄉、枋寮鄉、新園鄉、崁頂鄉、琉球鄉、枋山鄉、霧台鄉、瑪家鄉、春日鄉	潮州鎮、九如鄉、鹽埔鄉、南州鄉、佳冬鄉、滿州鄉、牡丹鄉、獅子鄉、三地門鄉	長治鄉（102）、竹田鄉（139）、林邊鄉（115）、車城鄉（131）、泰武鄉（124）、來義鄉（106）

資料來源：本研究整理。

（二）以年報資料為基礎之推估

1.殯儀館之推估

為彌補直接向地方政府蒐集殯葬設施資料不完整之缺憾，乃採用內政部統計年報（2006）資料為基礎，分別以殯殮數作為現況供給，以禮廳數作為需求，進行供需推估。結果如表18所示，按殯殮數與平均禮廳數分別推估所得結果其邊際年並不相同，依殯殮數供給所推估結果，大多生活圈會呈現供給不足之現象，而依禮廳數需求所推估結果，生活圈卻呈現過剩或邊際年很晚才出現之情形。其可能理由為，禮廳數是由殯殮數除以588(具)轉化參數所得之結果，588（具）為參考台北市案例，考量禮廳維修時無法使用及小日時使用率較低等因素，所估計之平均數字，但此數字對禮廳使用頻率較低之非都會地區而言，恐有高估可能，以致換算禮廳需求數較少，推估結果產生目標年過剩情形。

大致上，不論依殯殮數與或禮廳數，其推估結果皆呈現現況不足的有台北、新竹、苗栗等3個生活圈，皆過剩的僅有新營生活圈，至於依殯殮數呈現不足，而依禮廳數卻呈現過剩的有基隆等8個生活圈，依殯殮數呈現不足，而依禮廳數卻呈現邊際年的有宜蘭等4個生活圈，依殯殮數呈現邊際年，而依禮廳數卻呈現過剩的僅有台東1個生活圈。

表 18　生活圈殯儀館設施依殯殮數及禮廳數作為供需推估彙整比較表

生活圈	依殯殮數作為現況供給			依禮廳數作為需求		
	現況	邊際年	目標年	現況	邊際年	目標年
台北	不足			不足		
基隆	不足					過剩
宜蘭	不足				128	
桃園	不足					過剩
新竹	不足			不足		
苗栗	不足			不足		
台中	不足				129	
彰化	不足					過剩
南投	不足					過剩
雲林	不足					過剩
嘉義	不足					過剩
新營			過剩			過剩
台南	不足					過剩
高雄	不足				139	
屏東	不足				126	
台東		113				過剩
花蓮	不足					過剩

資料來源：本研究整理。

註1：殯殮數數為本研究請各地方政府提供調查所得之資料。

註2：禮廳數為本研究採用內政部統計年報（2006）之資料。

2. 火化場之推估

　　以火化數作為現況供給，及以火化爐數作為需求分別推估所得結果，其邊際年有所差異。如表 19 所示，依火化數所推估結果，大多生活圈呈現供給不足之現象，若由火化爐推估結果，則現況供給不足之生活圈數目大幅減少，出現邊際年者大多落於96-139 年間。其可能理由為，火化爐需求數是由火化數除以 665（具）轉化參數所得之結果，所估計之平均數字，但對於火化場使用率偏低的非都會區而言，火化爐需求數偏低，多數生活圈出現邊際年或目標年過剩情形，因此，參數的轉換為一重要因素。

表 19　生活圈火化場設施依火化數及火爐數作為供需推估彙整比較表

生活圈	依火化數作現況供給			依火爐數作為需求		
	現況	邊際年	目標年	現況	邊際年	目標年
台北	不足			不足		
基隆	不足				101	
宜蘭	不足				113	
桃園	不足				100	
新竹		107			139	
苗栗	不足			不足		
台中		106			108	
彰化	不足			不足		
南投		129			114	
雲林	不足				96	
嘉義	不足			不足		
新營		139				過剩
台南	不足				105	
高雄	不足				128	
屏東	不足				98	
台東	不足				114	
花蓮	不足					過剩

資料來源：本研究整理。

註1：火化數為本研究請各地方政府提供調查所得之資料。

註2：火爐數為本研究採用內政部統計年報（2006）之資料。

　　大致上，不論依火化數與或火化爐數，其推估結果皆呈現現況不足的有台北、苗栗、彰化及嘉義等4個生活圈，依火化數呈現邊際年，而依火化爐數卻呈現過剩的，僅有新營1個生活圈，另依火化數呈現不足，而依火化爐數卻呈現過剩的僅有花蓮1個生活圈。至於依火化數呈現不足，而依火化爐數卻呈現邊際年的有基隆等8個生活圈，此外不論依火化數或依火化爐數，皆卻呈現邊際年的，有新竹、台中、南投等3個生活圈。

觀察比較殯儀館及火化場之推估結果，發現在相同推估基礎之下，殯儀館之不足或過剩情形相類似，這可能由於與這兩種殯葬設施性質屬於互補關係有關，亦即選擇使用殯儀館者，大多數也會使用火化場，但以禮廳數作為需求推估者，相較以火化爐數作為需求推估，其過剩情形前者較後者嚴重，其可能原因為選擇自宅或路旁等廳外搭棚治喪者，仍有可能使用火化場。

（二）骨灰（骸）存放設施之推估

　　經推估結果，如表 20 所示，僅高雄市發生 96 年即已供給不足，其餘縣市雖未出現目標年仍過剩之情形，但出現邊際年之情形，邊際年區間分佈於 100-140 年間，多數在 120 年左右，甚至到達 130 年至 140 年才出現的縣市亦為數不少，大多縣市於目標年（140 年）之前，骨灰（骸）存放設施即產生不足之情形，但半數以上（14 個）縣市在 110 年後才會產生不足現象。此種推估結果相較於前述以本研究調查資料為基礎之推估，因納入私立骨灰（骸）存放設施部分，與實際經驗較為接近。惟因此推估按經建會預測未來死亡人口數乘以預估火化率作為需求係遞增的，又因缺乏鄉鎮市資料，只好以縣市的火化率作為鄉鎮市的火化率，致因略微高估火化率，而發生骨灰（骸）存放設施提早不足之現象。由此可見，台灣地區絕大部分縣市骨灰（骸）存放設施之供給在未來二十年至三十年沒有供給不足之問題。

表 20　骨灰（骸）設施供納入私立骨灰（骸）設施供需推估彙整表

縣市別	現況供給（95年底剩餘塔位）	現況	邊際年	目標年
臺北市	159,083		104	
新北市	1,754,687		140	
基隆市	223,039		130	
宜蘭縣	46,316		108	
桃園縣	207,629		114	
新竹縣	107,954		123	
新竹市	79,184		121	
苗栗縣	128,274		120	
台中縣	783,762		134	
臺中市	143,138		119	
彰化縣	188,157		103	
南投縣	215,229		123	
雲林縣	115,856		104	
嘉義縣	221,824		121	
嘉義市	6,399		100	
台南縣	419,095		125	
臺南市	384,069		132	
高雄縣	319,469		122	
高雄市	2,682	不足		
屏東縣	141,461		111	
臺東縣	30,384		106	
花蓮縣	48,609		109	

資料來源：內政部統計年報（2006），本研究整理。

（三）公墓設施之推估

　　經納入私立公墓設施據以推估結果，如表 21 所示，現況供給出現不足的縣市減少了，僅台南市 1 個；目標年仍過剩之縣市為台北市等 10 個縣市，出現邊際年的縣市有桃園縣等 11 個，且邊際年最早在 105 年後出現，最後出現在 134 年，換言之，除台南市現況供給不足之外，其餘縣市在未來 10 年至 45 年間並無公墓設施供給不足之虞。

表 21 公墓設施為納入私立公墓供需推估彙整表

縣市別	現況供給		現況	邊際年	目標年
	土地面積（M²）	埋葬數（具）			
臺北市	599,055	39,937			過剩
新北市	1,865,439	124,363			過剩
基隆市	840,662	56,044			過剩
宜蘭縣	508,031	33,869			過剩
桃園縣	387,641	25,843		117	
新竹縣	232,510	15,501		112	
新竹市	82,933	5,529		105	
苗栗縣	1,096,760	73,117			過剩
台中縣	951,360	63,424		134	
臺中市	119,636	7,976		107	
彰化縣	1,898,617	126,574			過剩
南投縣	1,824,715	121,648			過剩
雲林縣	251,329	16,755		106	
嘉義縣	751,069	50,071		130	
嘉義市	75,938	5,063		108	
台南縣	4,181,965	278,798			過剩
臺南市	300	20	不足		
高雄縣	681,112	45,407		131	
高雄市	599,055	39,937		127	
屏東縣	1,346,890	89,793			過剩
臺東縣	1,038,620	69,241			過剩
花蓮縣	210,453	14,030		128	

資料來源：內政部統計年報（2006），本研究整理。

　　依年報靜態資料所提供的訊息得知，公墓設施的土地使用
率已高達約八成以上，已略呈現未來不足的趨勢。骨灰（骸）存
放設施的使用率大致僅維持在二成上下，呈現供給過剩的情形。
惟從本研究公墓設施的供需推估結果，在未來的推估內年卻呈現
多數縣市無供給不足的問題。此情形推論與火化率的上升，即
火化晉塔的需求增加有關，蓋因火化晉塔與遺體土葬需求具有

負的相關性，亦即火化晉塔增加，遺體土葬之公墓設施需求就會隨之減少，至於骨灰（骸）存放設施供給未來仍呈現長期過剩，此結果應係歷年骨灰（骸）存放設施的市場供給迅速增加所造成的。

伍、政策應用建議

推估是一種預測，由於時間與經費成本所限，任何預測皆會有其誤差。就資料運用而言，若能以鄉鎮市為單元之殯葬設施數量及個別殯葬設施分布狀況資料進行推估，最能獲得較精確的結果，但此完整資料卻取得不易，為修正此缺陷，本研究乃應用年報資料進行推估，然而年報資料雖數量完整，卻無法呈現個別殯葬設施的空間分布概況，也缺乏鄉鎮市的數據資料。至於推估設計方面，許多假設條件，例如火化率及殯殮數等，經常只能以個別縣市資料修正後作為其他縣市之參數，此作法雖簡便，卻容易導致以偏概全之虞。

舉骨灰（骸）存放設施為例，該設施之需求推估，是以 90 年至 95 年底之平均數作為預估量（46,810 位／年），乘以骨骸權重所得；而骨灰存放設施需求推估，則為死亡人數乘以估算火化率求得；從計算式中可知，下列因素會造成推估結果有所差異：

1. 骨骸存放設施之平均需求數，為台閩地區之總量計算，非以各縣市、鄉鎮市真正數據計算所得，此平均需求數無法真正顯示各縣市需求數，亦造成有些縣市／鄉鎮市高估或某些縣市／鄉鎮市低估之嫌。

2. 骨灰存放設施則是以死亡人數乘以估算火化率求得，本研究假設各縣市火化率佔死亡人數比例均超過 90%為政策目標推估，但並非各縣市、鄉鎮市其火化率皆為 90%，因此，火化率的估算則會造成推估結果的高估或是低估。

又如殯儀館設施，依據供需推估殯殮數與禮廳數結果有所差異，殯殮數所推估結果，大都呈現供給不足現象，而禮廳數其推估結果，則較多出現過剩情形。其可能理由如下：

1. 殯殮數的計算是以死亡人數乘以估算火化率求得，本研究假設各縣市火化率佔死亡人數比例均超過 90%為政策目標推估，但並非各縣市／鄉鎮市其火化率皆為 90%，因此，火化率的估算則會造成推估結果的高估或是低估。

2. 禮廳數的計算是由殯殮數除以轉化參數（588／具）而來，轉化參數其計算係參考台北市殯葬管理處時間，但都會區與非都會區的吉日與平常日的使用時間亦不相同，且依據禮儀師的習慣，在平常日大多不願意於太早或太晚時辰舉辦儀式，其理由為時間太早，弔奠親友較難準時到達會場，而時間太晚則火化無法當天領取骨灰，但於都會區因使用需求大，較不會有上述情形發生，因此，轉化參數則應因地制宜，各縣市、鄉鎮市應有其不同之轉化參數，才不會有高估或是低估之嫌。

3. 依據本研究電訪殯儀館可知，都會區與非都會區禮廳數使用率有所不同，尤其是在大小日的使用量，更是有明顯差異，於都會區因空間與時間的不足其使用率相當高，但在非都會區，大多會選擇於自宅前辦理儀式，故禮廳使用率偏低，此亦造成轉化參數高估或是低估。

有鑒於上述研究限制，本研究採用自行調查及統計年報等兩種資料，並以殯殮數或火化數作為現況供給及以禮廳數或火化爐數作為需求等兩種方式進行推估，再就推估結果檢視具互補性質及替代性質之殯葬設施，以利判斷推估結果之精確性。儘管本研究已盡力克服研究限制，但推估結果仍僅供參考，實務上應用時，尚須就個案實際狀況與需求，多加評估，方做決策。

一、有關總體市場與空間分布的建議

（一）本研究推估供需差距，不足或過剩僅反映數量，未能反映品質，因此未來臺灣地區死亡率與死亡人口的提升，相對應有適當的設施提供較為高品質的服務水準作為因應。

（二）研究中所提供的供需推估，建議未來採以設施總量管制的方式進行設置與管理，以符合實際的空間發展需要[4]。

---

[4]　有關殯葬設施設置採總量管制的方式進行審查，目前中央主管機關內政部於政策上傾向於由各縣市斟酌決定針對縣市內殯葬設施數量作總量管制規劃：按該部 92 年 3 月 3 日台內民字第 0920002902 號函解釋，查地方制度法第 18 條至第 20 條規定，直轄市殯葬設施之設置及管理、縣（市）殯葬設施之設置及管理及鄉（鎮、市）殯葬設施之設置及管理分別為直轄市、縣（市）及鄉（鎮、市）之自治事項，依同法第 25 條規定：「直轄市、縣（市）、鄉（鎮、市）得就其自治事項或依法律及上級法規之授權，制定自治法規。自治法規經地方立法機關通過，並由各該行政機關公布者，稱自治條例；……」，同法第 28 條規定，創設、剝奪或限制地方自治團體居民之權利義務之事項應以自治條例定之、同法第 30 條第 1 項規定：「自治條例與憲法、法律或基於法律授權之法規或上級自治團體自治條例牴觸者，無效。」次查殯葬管理條例第 3 條第 2 項各款，分別明定直轄市（縣、市）及鄉（鎮、市）主管機關之權責劃分，又同條例第 7 條規定：「殯葬設施之設置、擴充、增建或改建，應備具下列文件報請直轄市、縣（市）主管機關核准；……」亦即，對轄內公、

（三）殯儀館與火化場設施的空間分布，依區域計畫所規劃的生活圈為服務範圍；骨灰骸存放設施與公墓以鄉鎮市為服務範圍。

（四）對於臺灣未來殯葬設施的規劃應配合總體發展的需要予以政策調節，未來無法符合國土發展計畫需要的設施需求應予以適當的調整與修正。

（五）對於該服務範圍內設施供需的推估，如於計畫目標年期內之前已明顯不足的情形（如邊際年已達到），應予以提供適當的策略與規劃來滿足空間的未來需求。如於計畫目標年期止仍可滿足的情形（如未達到邊際年），除應審慎評估未來設施的可能性需求外，並宜藉由其他政策的宣導與空間的規劃來提高現有設施的投資價值與效率是必要的策略。

（六）個別政策的提倡，將影響未來對該相關設施的供給與需求。如公共造產、跨區使用加收費用及火化免費政策等。以公共造產方式設置骨灰骸存放設施為例，地方政府一方面以低廉收費提供當地民眾使用，另一方面卻疏於提撥管理維護費用，其衍生問題為骨灰骸存放設施老舊，無經費可資從事管理維護，導致經常新設骨灰骸存放設施，以收取使用費及管理費提供舊塔管理維護之用，以塔養塔，緣由此因，乃更加速骨灰骸存放設施之供給量，從而導致供需大幅不均衡。為改善以塔養塔之問題，防免浪費殯葬資源，建議地方政府經營公共造產之殯葬設施，應重新檢討收費策

私立殯葬設施之設置「核准」，係屬直轄市、縣（市）主管機關之權責，準此，有關貴府規劃將縣內納骨塔數量達總量管制目標乙事，得在不違反殯葬管理條例之前提下，於自治條例酌予訂定相關規定，無侵犯鄉（鎮、市）自治權限之慮。

略，使收費至少反映設置、經營成本，從而疏導需求至私立骨灰骸存放設施，以減輕增設公立骨灰骸存放設施之壓力。

（七）都市地區與非都市地區的明顯活動與設施需求區別（如殯儀館與火化場），宜納入未來設施設置與需求的討論，並配合適當的政策調節與空間生產來滿足非都市地區地方性的需要。

（八）殯葬設施的供給不足，除增建及擴建等方式之外，如公墓與骨灰（骸）存放設施能實施除葬或循環利用[5]，殯儀館之功能及使用需求能分散到教堂、寺廟、活動中心等場

---

[5] 除葬制度之建立可參考日本及德國經驗。無主墳墓處理是日本墓園管理最大之問題，無主墳墓過去由市鄉鎮長做調查，公告在二種報紙三次以上，兩個月以上時間，沒申請，則認定為無主墳墓。惟該規定現已修正，鄉鎮市長的權力已擴大。假如市鄉鎮長認定為無主墳墓，則市鄉鎮長不必經過上述程序，即有權將其遷葬。（參見2001年2月作者安排日本京都女子大學槙村久子教授於台北市政府社會局演講之內容）據此，日本個別墓園經營均有其管理方式，例如富士靈園對於無主墓管理規定為：遵照「使用規程」，管理單位需按年收取管理費，使用權人逾三年未繳付即註銷使用權，勒令遷出。無主墓或無嗣墓之納骨盒，放置33年仍無人招領時，則集中埋於慰靈堂後側地面下的深井（深達5M），但滿葬時如何處理，該單位尚未有解決方式。此外，德國多特蒙德市與其他城市一樣，制定了墓園規劃和管理的專屬法規——墓園條例，其有關除葬規定之主要內容如下：
1. 權屬：墓園的土地所有權歸市政府，個人只有有限的土地使用權，多特蒙德市的墓園條例第2條規定，每個市民或擁有殯葬權的人都有權利在市屬墓園中獲得一個墳地的使用權。其他希望在這裡安葬的人，其墳地使用權要經市政府的批准。
2. 使用期限：多特蒙德市一般規定，未滿兩歲的死者的安息期間為十年，其餘死者的埋葬時間為二十年，骨灰埋葬為二十年。但在具體的安息期間上，墳地的使用權時間結束後，要看屍體是否完全腐爛而定。如果屍體已經腐化，則屍骨散入大地；如果屍體沒有腐化，則可以延長使用權時間。所以，保證屍體在20年的使用權期限內完全腐化，就成為墓園管理的一個重要任務。而根據G.DITTRICH的調查，德國各地的墓地使用週期的年限在7至30年之間。置於塔內骨灰盒可存放50年，期限屆滿將其骨灰遍灑塔外花園內，骨灰罐則陳列於塔壁上（顏愛靜、楊國柱，1999：13、40）。

所，則必能減緩殯葬設施供給不足之壓力。惟此配套措施尚需檢討修正相關法令，方克落實有成。

二、有關核准各項殯葬設施開發之建議

（一）殯儀館設施部分

1. 兩種推估方式皆現況即不能滿足生活圈空間單元需求者，如台北、新竹、苗栗等縣市，得考量實際的需要與投資成本回收的條件，立即優先同意增設或擴建。

2. 兩種推估方式皆過剩者，如新營生活圈之台南縣地區，至目標年民國 140 年之前，均宜不同意增設或擴建殯儀館，但未來應採取嚴格管理服務品質及提升服務水準的策略

3. 依殯殮數呈現不足，而依禮廳數卻呈現過剩者，如基隆等 8 個生活圈的縣市地區，以及依殯殮數呈現邊際年，而依禮廳數卻呈現過剩的台東縣市，至目標年民國 140 年之前，亦宜不同意增設或擴建殯儀館，但應加強檢討如何提高使用率，例如接駁專車的實施、打破大小日觀念與使用習慣之宣導等。

4. 依殯殮數呈現不足，而依禮廳數卻呈現邊際年者，如宜蘭等 4 個生活圈的縣市地區，須視邊際年出現年期不同，而適時給予同意殯儀館之增設或擴建。

（二）火化場設施部分

1. 不論依火化數或火化爐數，其推估結果皆呈現現況不足者，如台北、苗栗、彰化及嘉義等縣市，得考量實際的需

要與投資成本回收的條件，立即優先同意增設或擴建火化場設施。

2. 依火化數呈現邊際年，而依火化爐數卻呈現過剩者，如新營生活圈的台南縣，另依火化數呈現不足，而依火化爐數卻呈現過剩的花蓮縣市，至目標年民國 140 年之前，不宜同意增設或擴建殯儀館，但應提升服務水準及改進設施服務品質，並加強檢討如何提高使用率，以減少設施資源之閒置浪費。

3. 依火化數呈現不足，而依火化爐數卻呈現邊際年者，如基隆、高雄等 8 個生活圈的縣市，此外不論依火化數或依火化爐數，皆卻呈現邊際年的，如新竹、台中、南投等 3 縣市，須視邊際年出現年期不同，而適時給予同意殯儀館之增設或擴建。

（三）骨灰（骸）存放設施部分

1. 96 年即已供給不足者，如高雄市，建議應考量實際的需要與投資成本回收的條件，同意以增設或擴建等方式進行空間需求的調節，並建議鼓勵私人投資以減輕政府負擔，並符合實際的需求。

2. 出現邊際年之縣市，如在 110 年之前就會產生供給不足者，台北市等 7 個縣市，宜視邊際年屆至前，考量實際需要予以同意增設或擴建。其它 110 年後才會產生供給不足者，如新北市等 14 個縣市，暫不考慮予以同意增設或擴建，並建議進行總量的管制，並應就合理服務範圍內採取嚴格管理品質與控制數量的策略。

（四）公墓設施部分

1. 現況供給出現不足的縣市，如台南市，應考量實際的需要與投資成本回收的條件，可同意增設或擴建公墓設施。

2. 目標年仍過剩之縣市，如台北市等 10 個縣市，至民國 140 年之前，不但不宜同意增設或擴建公墓設施，且應就合理服務圍內之既有設施全面檢討，基於國家建設及都市發展之考量，採取整併、廢止等不同的處理措施。

3. 出現邊際年的縣市，如桃園縣等 11 個縣市，其邊際年較早出現者，如新竹市在 105 年出現，可考量實際需要予以同意增設或擴建公墓設施，但以配合政策鼓勵之樹灑葬公墓為優先考量。較後出現者，如台中縣在 134 年才出現、台南市在 132 年才出現，不宜同意增設或擴建公墓設施。

三、有關增設殯葬設施選址之建議

四項殯葬設施於各空間單元未來發展選址策略建議，如下表 22 所示。

表 22　各項殯葬設施未來空間發展選址策略表

設施	主要需求單元	空間設置原則	建議空間發展策略
殯儀館	臺北、新竹、苗栗	生活圈內中心城市，應提供充足的殯殮與禮廳等設施，服務生活圈內所屬的各鄉鎮市居民使用	1.中心城市所在的殯儀館設施，建議應考量增加或擴充使用容量的可能性。或提供原服務設施的功能與水準。 2.中心城市原有殯儀設施不敷使用且無法擴充使用者，建議應另新覓區位且新建設施，以彌補現有設施之不足。

		（如所列舉的各城市）。	3. 生活圈中心城市原已缺乏者，建議應優先設置殯儀館設施，以符合實際的需要。若因鄰避效果或都市發展用地有限等現況無法在中心城市內取得最佳的區位優勢，則建議由鄰近中心城市的各鄉鎮市替代。 4. 都市發展用地或都會區範圍內為建議新設的空間選擇類型。
火化場	臺北、苗栗、彰化、嘉義	以生活圈為空間範圍，應設置足夠且符合未來需要的相關設施。	1. 尚未提供火化場設施的縣市，應建議即刻興建，以符合未來實際發展的需要。 2. 已有火化場設施的空間單元，建議應以擴增或提升服務水準的方式進行改善。若因鄰避效果無達到未來發展目標時，則建議另增設新的區位地點，以滿足未來需求。 3. 非都市發展用地為建議新設區位的土地使用類型。
骨灰（骸）存放設施	高雄市、嘉義市、彰化縣、雲林縣、台東縣等	以各鄉鎮市為單元，以滿足未來發展需要。	1. 依各縣市為聯合單位實際總體檢討供需狀況，並藉由縣市政府掌握空間需求的調控機制。並協調都市區域與非都市區域的縣市整合，建立跨域合作的機制，以彌平都市發展地區該項設施不足的問題。 2. 建議各鄉鎮市為基本單元，以自給自足的方式滿足未來發展的需要。如有需增設或擴建，應以缺乏此兩種設施的鄉鎮市為優先，俾利達成空間分佈上的均衡。 3. 非都市發展用地為建議新設區位的土地使用類型。
公墓設施	台南市、新竹市、雲林縣等		

資料來源：本研究整理。

四、都會區域及重點區域各項殯葬設施政策建議

由表 12 得知，95 年台閩地區各縣市別修正前火化率，超過 100%的有基隆市（144.56%）、台北市（129.56%）、新竹市（154.96%）、南投縣（178.71%）、台中市（221.66%）、嘉義市

（254.81%）、台南市（134.36%）及高雄市（136.94%）等，可見火化設施在縣市空間上之分布相當不均衡，以致有不少縣市因火化設施供給不足，而發生跨區使用之情形。例如新北市跨區至基隆市及台北市，新竹縣及苗栗縣跨區至新竹市，台中縣及彰化縣跨區至台中市及南投縣，嘉義縣跨區至嘉義市，高雄縣跨區至台南市及高雄市等。在此跨區使用如屬於同一生活圈，如嘉義縣跨區至嘉義市，則火化率超過 100%是可以被接受的，但如屬於不同生活圈，如苗栗縣跨區至新竹市，這是不合理，宜就供給不足地區，速謀改善之道。

　　根據前述核准各項殯葬設施開發之建議，本研究建議臺北，苗栗，彰化，嘉義應考量實際的需要與投資成本回收的條件，立即優先同意增設或擴建火化場設施，此外，新竹、台中、南投、高雄等縣市，須視邊際年出現年期不同，而適時給予同意殯儀館之增設或擴建，一旦私人或政府投資增建、擴建足夠的火化場，上述火化率超過 100%的現象即可改善。短期內，火化場不足之縣市，如原有經營殯儀館者，依照殯葬管理條例第二十一條得申請使用移動式火化設施，經營火化業務，而火化率超過 100%的縣市亦得申請使用移動市火化設施，跨區至火化場不足之縣市經營火化業務，以改善固定火化場的跨區使用，並減輕民眾舟車勞頓之苦。

殯葬設施設置鄰避衝突問題與對策之分析

殯葬設施設置鄰避衝突導致公共治喪場所供給不足，惟欲設置足夠之殯葬設施，首先需突破鄰避衝突之障礙，而突破障礙之關鍵在於掌握抗爭交易成本所隱含的制度問題癥結。尋求化解鄰避衝突之改進構想，謀求解決生者世界與死者王國之間的矛盾與衝突，新制度之理論觀點提供新的研究視野。

壹、前言

隨著都市發展，工、商、住等用地需求增加，非殯葬用地入侵殯葬用地，許多老舊殯葬用地廢止並變更使用。然而，舊有殯葬用地面積雖然減少，但死亡人口卻每年逐漸增加，致使新闢殯葬用地需求之壓力日益沉重。

近十幾年來，台灣都市繼續發展，規模不斷擴大，非殯葬用地益加逼向殯葬用地。雖然，由於交通運輸漸發達，新開闢殯葬用地可更遠離村落社區，然而民眾忌諱生活環境遭受葬儀干擾之態度與觀念未變，又因歷經七〇年代及八〇年代兩次房地產狂飆，持有房地產者對於地價漲跌損益之敏感度與關心度提高，不但公私部門新開闢殯葬用地取得困難，舊殯葬用地上更新增建殯葬設施亦常遭遇抗爭與阻力，從而引發鄰避衝突之問題。這類鄰避性的殯葬設施設置抗爭，從經濟學的角度而言，是市場機能失靈的典型，因而提供政府公權力介入的學理基礎：理論上，這類有公害之虞，不受歡迎的鄰避設施，仍有可能透過自願性之市場條件交換來達成協議，而形成古典經濟學中出價者與喊價者雙贏的局面。

但在實際經驗中，殯葬設施設置的市場交易不但不易達成，而且往往以暴力衝突收場，進而引起社會之動盪不安。長此以往，在殯葬設施供給不足，需求無法舒緩的情況下，將衍生更多擅自設置之違章殯葬設施，使得原已失序之土地分配與利用雪上加霜。根據寇斯定理（Coase Theorem）的啟示（Coase, 1960），導致上述市場失靈的主要原因，乃由於其交易中鄰避情境之特點，在環境權、財產權等界定模糊之現有制度下，無法有效降

低過高之交易成本（transaction costs）。同時，政府基於迫切需求而介入，企圖透過公權力來達成政策目的。但政府政策性介入的結果，地方受害意識提高，社區居民以自力救濟之方式進行對抗，而致暴力相向，衝突升高，最後往往是政府失靈，政策失敗。

據查立法院於民國 91 年審議通過之殯葬管理條例，其中第十七條、第十九條有關公墓內樹葬、公墓外骨灰拋灑植存，在在需要增建足夠之火化場以因應新法之施行。又該條例第五十條規定民眾使用道路搭棚辦理殯葬事宜，以二日為限，也需要殯儀館等場所。惟根據內政部統計顯示，民國 90 年國內公共治喪場所尚有不足。如火化場方面，台北市 250 萬人口，新北市 350 萬人口卻各僅擁有一個火化場，而彰化縣、嘉義縣、澎湖縣及連江縣則尚未設置火化場。至於殯儀館方面，苗栗縣、台南縣、連江縣未設置殯儀館，又如新北市幅圓遼闊，卻僅有板橋一處殯儀館，明顯不足。此外，88 年底，台閩地區公墓土地總面積 9,884 公頃，已使用 7,892 公頃，比率佔 79.85%，未使用面積 1,993 公頃，比率佔 20.16%，顯示公墓設施之供給已接近飽和（內政部，2001）。因此，為提升殯葬服務現代化管理，如何克服鄰避衝突之障礙，加緊腳步設置足夠之公共治喪場所，乃為台灣主管部門當時面臨之急迫課題。

本文主要目的在於了解殯葬設施鄰避衝突之問題原因，試圖藉由新制度之交易成本理論觀點，實地訪查分布於台灣九個縣市的殯葬設施設置抗爭案例，並估算其鄰避衝突交易成本，進而借鏡先進國家處理鄰避衝突之經驗，從降低交易成本，提升社會經濟福利之立場，研擬化解殯葬設施鄰避衝突之改進策略。

貳、名詞界定

一、殯葬設施

　　人往生後之治喪過程大略包括遺體處理、入殮、告別式、發引土葬或火化進塔等作業或儀式，舉凡為完成上述作業或儀式所設置之設施，稱為殯葬設施（funerary facilities），而殯葬設施附著所在之土地即為殯葬用地。按已廢止墳墓設置管理條例第 2 條及第 26 條規定所稱殯葬設施，係包括公私立公墓、私人墳墓、殯儀館、火葬場及靈納骨堂塔等設施，民國九十一年六月十四日立法院三讀通過殯葬管理條例第二條第一款則規定：「殯葬設施：指公墓、殯儀館、火化場或骨灰（骸）存放設施。」本文所指殯葬設施係指依規定申請設置之公私立公墓、殯儀館、火葬場及靈納骨堂塔等設施，但未包括非經營目的之私人墳墓。又「火葬場」係僅用於火化之設施，本身並無「埋葬」之功能，使用火葬之名詞易於使人聯想到火化後土葬之意，且火化後如將骨灰安放納骨堂塔或拋撒於河川海洋，亦非不可，因此其名詞用語實非恰當，較精確之說法應如殯葬管理條例改稱為「火化場」。惟因逢新舊法規改制之過渡時期，「火葬」一詞尚被普遍使用，故本研究視行文之方便性，「火葬場」與「火化場」兩者交互使用。

二、鄰避衝突

　　鄰避，又稱為「不要在我家後院」（Not–In–My–Back-Yard，簡稱 NIMBY），亦即個人或社區反對各種有害的活動或設施的土

地使用所表現出來的情結（A.E.Luloff；Stan L.Albrecht，1998：82），也有人稱作「地方上不要的土地使用」（locally undesirable land uses；簡稱 LULUs）（Armour 1984；Brion 1991；Portney 1991）。為使都市居民享有舒適便利的生活，都市中必須配置各種不同機能的都市服務設施，以滿足都市居民各方面的需求。然而，只要是都市服務設施的配置，或多或少都會產生鄰避效果（Weiberg，1993），這些產生鄰避效果比較顯著的都市服務設施即稱為鄰避設施。支持設施計畫但反對其設置區位的反對主張，即為一般所謂的鄰避衝突（NIMBY confliction）或鄰避併發症（NIMBY syndrome）（Yarzebinski，1992：36）。

參、社區居民對殯葬設施之態度

　　根據國內相關文獻，在民眾對於殯葬設施之態度方面，如何紀芳（1995）於『都市服務設施鄰避效果之研究』中，以台北地方生活圈為範圍，依中地體系的概念分為四個都市階層，以問卷調查方式調查都市居民對都市服務設施之接受意願與態度，總樣本數為 5,400 份，有效回收率為 6.88%。問卷調查結果顯示，不論是都市階層一、都市階層二、都市階層三，火葬場、殯儀館、與公墓皆是居民最不願意接受之都市服務設施的前三名，都市階層四則是對公墓有比較明顯的排斥，且排斥程度高於其他三個都市階層。

　　何紀芳並進一步計算各項都市服務設施的鄰避指數，將都市服務設施分為四個等級，分別為不具鄰避效果的第一等級（鄰避

效果指數在 2.00 以下者)、具有輕度鄰避效果的第二等級(鄰避效果指數在 2.00 至 18.00 之間者)、具有中度鄰避效果的第三等級(鄰避效果指數在 18.00 至 44.00 之間者)、及具有重度鄰避效果的第四等級(鄰避效果指數在 44.00 以上者)。該研究結果顯示,殯葬設施不僅屬於鄰避效果最為嚴重的第四等級,且火葬場、殯儀館、公墓分占鄰避效果最大的前三名,指數更是高達 92.26(火葬場)、91.66(殯儀館)、91.36(公墓),遠超過第四等級的底線 44.00 的兩倍以上。

在李永展(1997a)主持「台北市鄰避型公共設施之研究」中,採用分層隨機抽樣的方式抽出 873 份樣本及 1746 份備份樣本,共完成 752 份問卷;問卷的訪談內容分為鄰避意象、環境態度、對鄰避設施的認知、民眾對鄰避設施更新使用的接受程度、及基本資料等部分。在鄰避意象方面,受訪者描繪的共 1,272 次中,殯葬設施就出現了 581 次(包括殯儀館 312 次、公墓 162 次、納骨塔 107 次),佔所有鄰避設施的 45.7%,可見有將近二分之一的受訪者的意象認知中皆將殯葬設施視為鄰避設施。

該研究在對鄰避設施的認知方面,分為兩個階段來加以探討,第一階段是受訪者對各項公共設施是否具有鄰避效果的看法,第二階段則是讓受訪者在其認為具有鄰避效果的公共設施中依序排出其最無法接受的前五項設施。表 23 所示,在第一階段,受訪者認為火葬場為鄰避設施的佔 96.1%、認為殯儀館為鄰避設施的佔 94.5%、認為公墓為鄰避設施的佔 87.0%、認為納骨塔為鄰避設施的佔 86.3%,由此數據可知受訪者皆認為火葬場、殯儀館、公墓、納骨塔等殯葬設施為鄰避設施,而火葬場、殯儀館、公墓三者更依次為受訪者認為鄰避效果最強的第二、三、五名。在第二階段讓受訪者選出最無法接受的鄰避設施前五名,殯儀

館、火葬場、納骨塔、公墓更依序排名在前四名。此外，李永展
（1997b）的另一項研究「修訂台北市綜合發展計畫地區發展構
想－文山區發展構想」中，對台北市文山區居民的問卷調查結果
亦顯示殯儀館、公墓、火葬場三者為文山區居民認為鄰避效果最
大的前三項公共設施。可見受訪者不僅認為殯葬設施為鄰避設
施，更無法接受殯葬設施設置在居家附近。

表 23　民眾最不願接受的鄰避型公共設施排名

排名	何紀芳（1995）的研究	李永展（1997 a）的研究第一階段	李永展（1997 a）的研究第二階段	李永展（1997b）的研究
1	公墓	垃圾掩埋場	殯儀館	殯儀館
2	殯儀館	火葬場	火葬場	公墓
3	火葬場	殯儀館	納骨塔	火葬場
4	垃圾掩埋場	垃圾焚化爐	公墓	垃圾掩埋場
5	監獄	公墓	垃圾掩埋場	垃圾焚化爐

資料來源：李永展，1997a。

肆、社區居民反對殯葬設施設置的原因或理由

一、死亡禁忌

　　源自人類早期對於死亡的禁忌文化。死亡禁忌除了將生者與
死者靈魂居住空間隔開之外，也按照死亡原因不同區分靈魂的善
惡，進一步將善的靈魂與惡的靈魂空間區隔。漢人早期傳統葬
俗，少數被葬在公共墓地以外的成年人墓，極可能是凶死者（張

捷夫，1995：5）。另外，原住民族群傳統之殯葬文化，善死者可以埋葬於室內，俾利就近照顧，惡死者之靈魂則不能進入靈界，而徘徊於其死亡處所附近成為惡靈，對生人作祟，所以惡死是原住民認為最忌諱的事，對於埋葬地或死亡處所更是不敢接近（劉寧顏，1995：815）。

事實上，雖然隨著工商經濟發展，現代的都市人對於某些喪葬觀念逐漸有了新的知識，但對於接近葬地之忌諱則依然如故。墓地是祖靈出沒活動的地方，不但忌諱隨便亂動，平常也忌諱去接近，尤其自興起設置跨部落或跨社區的公共殯葬設施之後，殯儀館及火葬場不但同部落或同社區的人使用，也提供他部落或他社區的人使用。墓地及納骨堂塔不僅提供當地鬼魂「居住」，也要提供外地來的不明原因死亡的鬼魂「居住」，使得殯葬用地空間的混沌與不安更為嚴重，於是抗爭阻撓殯葬用地區位往市中心發展的力量隨之增大。因此，就今日台灣的死亡禁忌來看，善死之靈魂觀似已淡然，惡死之忌諱則較以往更被強化，間接推動鄰避衝突交易成本之上升，殯葬用地區位自然被要求遠離市中心。

二、殯葬設施的負外部性

李永展、何紀芳等人的多項研究指出，受訪者無法接受殯葬設施設置在居家附近的主要考慮因素，除了心理的不舒服外，還擔心會產生噪音、空氣、垃圾及水污染等環保問題。此外，民眾也擔心房地產價格下跌及景觀遭到破壞（李永展，1997a；何紀芳，1995）。美國學者 Morell 研究顯示，居民反對鄰避設施設置的主要原因，除心理因素、經濟因素之外，尚包括公平性的爭議

（即大部分的居民均了解鄰避設施的設置對社會全體有重大效益，但居民卻會質疑這些設施為何要設置在自家後院，而非設置在他處）；以及對政府的不信任（亦即政府長期以來對環保工作的漠視，使得居民擔心鄰避設施的安全性問題）（Morell, 1984）。

外部性導致心理層面的不舒服，心理不舒服又常起因於殯葬禮儀之文化傳統，例如充斥饅頭造型，重埋疊葬，雜亂無章的公墓，廟塔一般的殯儀館建築或納骨設施等，在國人的刻板印象中，這些殯葬設施景觀幾乎與死亡已劃上等號。又如出殯行列隊伍中的儀式或陣頭喧囂與吵鬧，當隊伍通過社區時，自然會帶給居民不安與恐懼。因此，政府當局或開發業者於面對設置殯葬設施抗爭事件時，如經常將反對民眾視為不講理的刁民或暴民，而缺乏設身處地之同理心，實乃過於簡化抗爭原因，無助於問題之解決。

三、殯葬法制規範設置條件缺乏居民參與及協商之空間

再看我們的殯葬管理法制，規範與公共飲水井或飲用水之水源地保持一千公尺之距離；與學校、醫院、幼稚園、托兒所暨戶口繁盛區等公共場所保持五百公尺或三百公尺之距離[1]，為衡量核准殯葬設施設置之標準，殊不知殯葬設施會否產生負外部性與地點距離並無必然關係。例如火葬場如獨立位於有高山或其他自然地形屏障之凹地或盆地（例如宜蘭員山福園），進行火化時如

---

[1] 現行殯葬管理條例第八條、第九條，已廢止墳墓設置管理條例第七條及停止適用之台灣省喪葬設施管理辦法第七條條文請參照。又所謂「距離」依墳墓設置管理條例施行細則第七條規定係指「水平距離」而言。

有污染，對鄰近居民影響應不大；又如公墓採火化後骨灰小面積土葬，則設置地點與公共飲水井或飲用水之水源地距離小於一千公尺又何妨？再如社區道路為殯葬設施聯外必經之地（例如金山鄉富貴山墓園），由於送葬行列會帶來陣頭噪音、冥紙垃圾等污染，那麼即使殯葬設施位於距社區五百公尺以外地區，生活環境仍難免遭受干擾。因此，按理而言，殯葬設施設置地點與規劃內容應充分與當地居民協商溝通，惟按現行殯葬法制，開發者與社區居民間毫無可遵循之意見參與管道或協商規則，抗爭者與反抗爭者之間處於訊息不對稱狀態，使得抗爭事件衝突程度，一次比一次嚴重。

伍、交易成本之理論基礎

　　新古典經濟學假定人的需求偏好是單一的、不變的和可計量的，人們面臨的是一個穩定的、均衡的、完全競爭的、只有單一價格信號的市場環境。在這種環境中，由稀缺性和完全競爭的基本假設所引出的相應含義是一個無摩擦（即無交易成本）的交換過程。根據人的受限理性（bounded rationality）、投機行為（Opportunistic behavior）等前提假定，新制度主義者乃對新古典分析提出質疑。如果沒有受限理性和投機行為的發生，所有的經濟行為都可基於契約自由原則，要將契約訂得很完整當然不成問題，又因決策者明瞭經濟體的條件，且以完全理性行動，從而不需要興訴。但事實則不然，決策者必須在交易得花成本與訊息不

對稱的環境下操作，因而制度安排（憲法、法律、契約、章程等等）就變得很重要，尤其是如何建構非市場型態的組織，以減低受限理性的束縛，並避免投機行為的危害，更是決策者最為關注者。質言之，一旦體認到新古典理論「無摩擦的」（frictionless）經濟體系的假定必須加以捨棄，就不能忽視交易成本是存在的，且會影響制度結構以及民眾的經濟選擇。而制度的設立、使用與運行需要實質資源之投入，這就必定會產生交易成本。例如，財產權或契約權的界定、監督與執行皆須使用資源，而這些必要的活動皆隱含交易成本的支出。所以財產權的配置決定了社會行為與經濟結果，而交易成本正是造成財產權配置與執行的關鍵因素（Furubotn and Richter, 2000：5-11）。故在考量經濟的進程時，應將交易成本重新定位，並融入新古典生產與交換模型中。

所謂「交易成本」（transaction costs），除了一個體系運行的經常性成本外，尚包括基本制度架構的建立、維護或改變的成本，亦即可分為兩個變數：1.「固定」交易成本，即設立制度安排的特殊投資；以及 2.「變動」交易成本，即決定於交易數目或數量之成本。典型的交易成本例子是利用市場成本，以及在廠商內下達命令行使權利的成本（或在企業內執行建立秩序之權利的成本）；前者稱之為市場交易成本，後者則稱為管理交易成本。另就法律概念的制度而論，則須考慮有關政治體制之制度架構的運行與調整的成本，這可稱為政治交易成本（Furubotn and Richter, 2000：42-49）。本文認為，就設置殯葬設施而言，從抗爭目的或內容來看，反對者主要擔心殯葬設施產生負外部性（Negative externalities），而損及環境權與財產權，由於抗爭與反抗爭之間的衝突解決是環境權或財產權的交易，因此其成本性質可以視為市場交易成本。如從生產過程來看，開發者為化解抗

爭行動，對組織內部下達命令行使權利的成本，其性質屬於管理交易成本。如就生產財貨屬性或內容來看，公共財的提供，例如立法、國防、法務、交通及教育等也包含成本，係運行政治體的成本，這些是主權責任所設定之先前事務的目前支出（Smith[1776] 1976：689、709、723、814），而公部門提供殯葬設施性質屬於殊價財，係社會行政運作之一環，其提供成本具有政治交易成本之屬性。

陸、鄰避衝突交易成本之估算

一、鄰避衝突交易成本之衡量指標

Coase 最早對交易成本的定義做了詳細的說明，他說：（Coase, 1960：55）

> 「為了進行一項市場交易，人們必須尋找他願意與之進行交易的對象；告知交易的對象與之進行交易的意願以及交易的條件，與之議價並敲定價格；簽定契約；進行必要的檢驗以確定對方是否遵守契約上的規定等等，這些工作通常都需要很大的花費。」

Dahlman 更進一步根據交易過程的不同階段，將市場交易成本分為 1.搜尋與訊息成本（即準備簽約的成本）；2.協商與決策成

本（即完成簽約的成本）；以及 3.監督與執行契約義務的成本
（Dahlman, 1979：148）。至於管理交易成本，Furubton 與 Richter
綜合 Williamson（1985：1）的說法，將其分類為：1.設定、維護
或改變組織設計的成本；2.組織運作的成本（包括訊息成本、與
跨越可分離介面之財貨勞務的實質移轉有關成本）（Furubton and
Richter, 1997：46）。政治交易成本則包括：1.設定、維護、改變
一個體系之正式與非正式政治組織的成本；2.運作政治體的成
本。蘇永欽從財產權架構調整的觀點切入，將交易成本分為：
1.認識成本；2.協議成本；3.規範成本；4.防險成本；5.爭議成本
（蘇永欽，1994：29-30）。惟除了分類較精細之外，蘇氏的分類
方法與 Dahlman 的方法大致上沒有顯著差別。陳志偉為研究位於
台南觀雲社區之家樂福量販店與成功保齡球館兩個設置之協商
案例，綜合 Coase 與 Dahlman 之定義，將交易成本定義為包括搜
尋成本、資訊成本、決策成本、談判成本、監測（或監督）成本
與執行成本等六項成本（陳志偉，1999：23-24）。此外，林享博
有關「交易成本的分析與估算——以台南市成功保齡球館的模擬
協商為例」的研究，亦採用和陳志偉相同的分類方式（林享博，
1999：32-36）。

　　典型的交易成本是在產權被用於市場商務活動中的交易時
發生的（Kasper and Streit., 1998：197），雖然 Furubton and Richter
將交易成本做了比較廣義的解釋與分類，但也都未觸及提供嫌惡
性設施所發生的鄰避衝突交易成本的部分，因此湯京平（1999）、
陳志偉（1999）及本文之解釋，似已擴大了交易成本的應用面。
理論上，設置私立殯葬設施之鄰避衝突交易成本，具有市場交易
成本與管理交易成本性質，設置公立殯葬設施之鄰避衝突交易成
本，除具有前兩類成本性質之外，另具有提供殊價財之類似政治

交易成本特性。而且本文認為一切用於支付化解鄰避衝突的成本均屬交易成本，因此除了陳志偉所採用的六項成本之外，就開發者（化解抗爭）的成本而言，本研究將再增加回饋、補償、減輕風險措施及其他無法歸類的成本等四項。茲將各項成本內容說明如下：

1. 搜尋成本（search costs）：調查了解並掌握抗爭人數及抗爭者之背景的費用。

2. 訊息成本（information costs）：傳達意見、聯繫協商溝通事項、通知開會時間及地點的費用。

3. 決策成本（decision costs）：主辦機關內部為達成共識所進行的開會、研究分析等作業所需費用。

4. 協商（談判）成本（bargaining costs）：主辦機關與抗爭者共同參與的正式與非正式會議（含舉辦社區代表參加的考察或觀摩活動）的花費。

5. 回饋成本（feedback costs）：補助社區建設經費、提供社區居民福利（免費醫療健檢或自強活動或優待使用殯葬設施）、提供社區就業機會（含人才徵選及年薪資給付）、興建公共設施提供社區使用（例如公園、游泳池、活動中心等）（含規劃設計與工程經費）。

6. 補償成本（compensation costs）：對於房地產價值受損或營業損失給予補償。

7. 減輕風險成本（reduce-risk costs）：施作減輕噪音、飲用水、空氣污染、景觀等設備或變更規劃設計所需經費。

8. 執行成本（enforcement costs）：為履行回饋、補償或減輕風險措施之協議所進行作業之花費。

9. 監督成本（supervision costs）：監督抗爭者履行協議承諾之作業費用。

10. 其他成本：例如因工程延宕所造成的興建經費增加，或抗爭者破壞工地或主辦機關辦公場所而支付之修復經費。

二、殯葬設施設置鄰避衝突案例蒐集與交易成本之估算

（一）鄰避衝突案例樣本之蒐集

本文為調查並估算公立殯葬設施之鄰避衝突交易成本，曾備具調查清冊及調查表，商請內政部函轉各有關縣市政府協助填答，結果 9 個樣本案例中只有回收竹南鎮第三公墓納骨塔、燕巢鄉納骨塔等 2 個有效樣本。其餘如新北市政府答覆：「經查林口特定區計畫書並無相關該專用區之劃設及管制」；台北市殯葬管理處回覆：「富德公墓於七十六年設置使用，迄今未曾發生過附近社區與鄰近居民抗爭情事。」；新竹市立殯葬管理所則因研究者已先行前往查訪，故未填寫；芳苑鄉火葬場則回覆表示，該設置計畫原本部分民眾就不贊同，復歷經鄉鎮市長選舉成為候選人炒作反對之議題，尚未及舉辦說明會，即告胎死腹中，因此沒有交易成本。

為彌補公立殯葬設施有效樣本之不足，研究者親自前往幾個縣市實地訪查，並與主辦單位主管或承辦人訪談，以便了解處理鄰避衝突過程，再據以估算交易成本，結果增加宜蘭員山福園、柳營火葬場及先前已訪查的新竹市立殯儀館等 3 個有效樣本，共計有效樣本 5 個。至於私立殯葬設施部分，經實地訪查並訪談

開發業者，結果取得新北市富貴山墓園、頭份寶恩納骨塔、苗栗市大坪頂殯儀館火葬場及台中縣大里十九甲納骨塔等 4 個有效樣本。其餘大新竹火葬場之開發者劉先生已赴大陸經商，香山陵座納骨塔及頭份元華納骨塔則幾度嘗試聯絡當事人未果而作罷。

（二）鄰避衝突交易成本之估算結果

除彰化縣芳苑鄉立火葬場計畫未進行說明與溝通，即放棄而沒有發生交易成本之外，其它案例因抗爭而衍生的交易成本確實存在。各案例的開發者鄰避衝突交易總成本相當可觀，經估算結果，分別是私立殯葬設施為：富貴山墓園 2,896,520 元；寶恩納骨塔 44,472,400 元；大坪頂殯儀館火葬場 1,875,000 元；十九甲納骨塔 5,415,000 元。其中單位面積成本最低的是大坪頂殯儀館火葬場，最高的是寶恩納骨塔。公立部分則為新市立殯儀館 20,391,000 元，員山福園 12,507,400 元，竹南納骨塔 1,895,400 元；柳營火葬場 5,828,820 元；燕巢納骨塔 162,300 元（計算方式參考附錄之範例）。其中單位面積成本最低的是燕巢納骨塔，最高的是新竹市立殯儀館（參見表 24 及表 25）。上述案例中，大坪頂殯儀館火葬場、大里十九甲納骨塔、燕巢鄉納骨塔屬於化解鄰避衝突失敗案例，其餘為成功案例。這些案例不管成功或失敗，所付出的交易成本對於社會總體經濟效率而言是一種無謂損失。其他因墓地供給不足衍生的濫葬成本，及殯儀館、火葬場不敷使用衍生的佔用巷道搭棚治喪等社會成本，更難以估計。

表 24　私立殯葬設施之鄰避衝突交易成本

| 編號 | 殯葬設施名稱 | 殯葬用地面積（A；㎡） | 鄰避衝突交易成本 | | 化解鄰避衝突與否 | 備註 |
			總成本（B；元）	單位面積成本（B/A；元）		
1	金山鄉富貴山墓園	15,000	2,896,520	193.10	成功	新闢殯葬用地更新
2	苗栗頭份寶恩納骨塔	9,543	44,472,400	4660.21	成功	新闢殯葬用地
3	苗栗大坪頂殯儀館火葬場	9,970	1,875,000	188.06	失敗	新闢殯葬用地
4	大里十九甲納骨塔	16,782	5,415,000	322.67	失敗	現有殯葬用地更新

表 25　公立殯葬設施之鄰避衝突交易成本

| 編號 | 殯葬設施名稱 | 殯葬用地面積（A；㎡） | 鄰避衝突交易成本 | | 化解鄰避衝突與否 | 備註 |
			總成本（B；元）	單位面積成本（B/A；元）		
1	新竹市立殯儀館	19,102	20,391,000	1067.48	成功	現有殯葬用地更新
2	員山福園	349,475	12,507,400	35.79	成功	新闢殯葬用地
3	苗栗竹南鎮納骨塔	18,000	1,895,400	105.30	成功	現有殯葬用地更新
4	柳營火葬場	5,995	5,828,820	972.28	成功	現有殯葬用地更新
5	燕巢鄉立納骨塔	10,786	162,300	15.05	失敗	現有殯葬用地更新

柒、影響殯葬設施設置交易成本高低的制度因素

一、交易成本與契約不確定有關

　　殯葬管理法律係一種產權歸屬的制度安排，殯葬設施開發業者因對之信賴而產生被約束與被保護作用，其性質類似市場交易之契約。如果政府已依法核准的設置許可，因為社區居民抗爭施壓就撤銷許可，或依法應給予許可或執照而不給予（例如苗栗大坪頂殯儀館火葬場即因社區抗爭導致政府不敢繼續核發建築執照），甚至於主管機關為躲避壓力，要求開發者從事法律未規定的協商措施（例如政府要求開發業者必須取得二分之一以上居民之同意書），然而由於各種協商結果之法律效力並未明確，反對者經常於協商一致後又反悔。如此一來，便使契約處於不確定之狀態，一方面增加反對者對於抗爭利得之預期，催生抗爭的情緒與動機，另一方面也增加開發者服從法規及化解抗爭的交易成本。

二、契約不確定源自於訊息不對稱

　　當個人或物品的內在質量屬性變化幅度很大，而不投入相當的時間和資源就難以測量這種質量特徵時，訊息不對稱（information asymmetric）就會發生。這些不對稱能引起投機行為，因此個人可憑藉自己知道而別人不知道的訊息獲益，而讓別人受損。如果沒有設計抵制性制度處理訊息的不對稱，各種逆向選擇（adverse selection）和道德危害（moral hazard）問題就會產生（Ostrom, Schroeder and Wynne, 1993：57-58），從而增加大量的交易成本。據本文訪查殯葬設施開發設置抗爭案例，抗爭者與反抗爭者之間對於殯葬設施是否會造成社區環境污染，其認知經常不一致。例如，員山福園殯儀館許館長表示：「火葬場使用溫度可達六百度之瑞典製爐具，剛燃燒 15 秒有黑煙，之後無煙無臭。」但鄰近湖東村鄭村長則表示：「殯儀館設立之初，附近住民反對理由之一是怕火葬場造成污染。而在建館之後，偶聞居民反映火葬爐燃燒時有黑煙和味道。」另外園區比鄰住戶黃李女士表示：「火葬爐剛燒的時候好幾分鐘仍有黑煙，雖住家聞不到味道，不過，經年累月，到底對於身體有無妨害，居民仍不放心。」可見有關火葬場是否會造成社區環境污染及危害身體健康，這種涉及科學的或工程技術的訊息一般在人群中是不對稱分配的，此亦為殯葬設施設置抗爭阻力發生之原因。

三、外部性未能內部化

當私人成本和獲益不同於社會的全部成本和獲益時，外部性即因此發生。近年來，在人多地少的台灣，環境資產已不再是免費品，但如果按照經濟學家所提出的「污染者付費原則」，此須以污染有可能加以測量和歸屬責任為前提，並且還必須具備有效的手段，防止潛在的污染者加劇環境問題。惟殯葬設施之設置不但涉及實質污染問題，也涉及無形的文化禁忌問題（污染大小難以測量），實施污染者付費之技術與手段不易獲得，降低交易成本之較佳方法可能是讓污染者與受污染者進行談判協商，透過污

染減輕、回饋、及事後補償等條件之合意，使外部性內部化。不過，這首先需要作出一種價值判斷（通常經由立法方式），即在眾多環境資產的使用者中，誰應擁有優先權。

本文訪查抗爭協商案例中，有採取回饋措施（含地方建設經費補助、僱用當地居民就業及使用殯葬設施免費）的員山福園，屬於成功案例。可見提供額外支付，確較能贏得反對者之支持。惟上述案例之協商程序與效力，法並無明文，因此開發者經常是在反對者施加壓力之下，迫不得已才允諾參加協商，另一方面，也有不少反對者於協議達成一致後，卻不久又反悔的例子。是以讓污染者與受污染者進行談判協商，雖可克服實施污染者付費之技術與手段不易獲得之問題，但如果缺乏強制性之正式規則就協商程序與效力加以規範，將很容易使契約具有不確定性質，徒然增加交易成本。

四、尋租行為增加交易成本

本質上，尋租（Rent Seeking）牽涉到為了改變既存法律或其它限制以獲取獨占租的稀少資源支出。這些支出包含，特別是（非生產性的）遊說活動、賄賂、合法的費用（legal fees）等等，從社會觀點而言，這些行為是一種資源的浪費（Furubton and Richter, 2000：104、479）。簡言之，尋租經常引導人們去使用稀少資源，以試圖獲得移轉支付而不是創造財富。本文案例中，富貴山墓園雖屬化解抗爭之成功案例，但其依法申請核准開發經營殯葬設施，卻遭到坡地下方社區之抗爭及地方政府之程序性干擾（例如藉故拖延埋葬許可證之核發），為減少阻力或贏得支持，開發者不得已乃資助地方首長、民代選舉經費及利用婚喪喜慶的

機會贈送相關官員禮金或禮品，花費總數新台幣 1,574,600 元，所佔比例高達總交易成本 2,896,520 元的 54.36%。此一尋租行為的龐大稀少性資源支出，反映殯葬管理制度之不健全，健全的殯葬管理制度應能減少殯葬設施設置鄰避衝突的尋租行為。

捌、鄰避衝突的高額交易成本對殯葬設施區位之影響

　　鄰避衝突的高額交易成本隱含人們對於殯葬設施的忌諱態度並未改變，以致於今日殯葬設施雖位於都市邊緣，隨著都市擴展迅速，明日可能就變成市區，人們將要求該設施更向都市外圍遷移。假設不考慮交通運輸成本，如圖 7 的 OA 表示市中心之宅地價格，AB 表示宅地之地租線。B 點為宅地的邊際，亦即殯葬設施的設置地點，其地價低於市中心，但到市中心上班必須負擔 DB 之交通費，交通費加上 B 點之地價後，其合計費用剛好等於市中心之地價。OBA 表示地租，ABD 表示交通費。今假設交通運輸技術改進，不僅至市中心之交通費降低，交通時間也縮短了，設市中心之宅地地價未變，其地租線自原來的 AB 移至 AC，故宅地範圍亦自 OB 擴大至 OC，供給量則增加了 BC。此際，就以 OC 為半徑的同心圓都市而言，殯葬設施所在的 B 點由都市邊緣區位變成靠市中心的區位。如按照都市計畫法第四十七條規定：殯儀館、火葬場、公墓等應在不妨礙都市發展及鄰近居民之安全、安寧與衛生之原則下於邊緣適當地點設置之；及台北市土

地使用分區管制規則第五條將墓地及火葬場劃入〔容易妨害衛生之設施〕組別，禁止設置於住宅區、商業區等土地使用分區之規定意旨，都市不斷擴大，都市邊緣亦不斷外移，則殯葬設施將無止境地廢止或遷移，難道殯葬用地與非殯葬用地之間只有零和遊戲而沒有雙贏策略嗎？歷史是過去與現在不斷對話的過程，有對話就應彼此修正與相互適應。如果我們繼續讓過去決定現在的選擇，背著傳統的包袱走現代人的路，對待陰界的態度不能友善，使鄰避衝突的交易成本居高不下，則隨著都市不斷擴大，殯葬設施的最終落腳處可能是高山與大海。

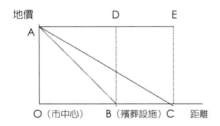

圖 7　交通運輸技術改進與殯葬設施區位變動

玖、轉化鄰避效果為迎毗效果的規劃手段

藉由妥善規劃，強化殯葬設施之人間性與文化性，殯葬設施不但不會對鄰近房地產價格產生負面效果，尤其綠地或開放空間有限的都市地區，墓園反而常成為居民樂意或不排斥與之為鄰的設施。

一、國外案例

　　在人間性方面，宜效法先進國家如德國等將墓地設施視為公園綠地之一部分，其硬體規劃設計力求公園化、藝術化、科學化、現代化與用途多元化。例如，德國科隆市 Melaten 市立公墓（含火葬場）內墓碑均為宗教藝術造型，花木扶疏，景觀宜人（顏愛靜，1999：51-53）；美國田納西州 Pulaski 城公園化公墓內有靜態與動態之休閒遊憩設施；英國曼徹斯特公墓有供社區使用的球場（楊國柱，1990：51）；美國加州世界中華殯儀館位於市中心街道交叉口，建築造型與鄰近商店或住家類似，不易察覺（楊國柱，1999）。在文化性方面，如日本橿原市市營公墓內有昆蟲博物館（槙村久子，2001：22）；美國加州靠近好萊塢地區的森林草地（Forest Lawn）墓園內有歷史博物館（楊國柱，1999）。殯葬設施果能兼顧人間性與文化性，則不但能提升土地資源利用效率，也才可以降低負外部性，轉化鄰避（NIMBY）效果為迎毗（Yes-In-My-Backyard；YIMBY）效果，使民眾願意接納殯葬設施成為社區的一部分，不再視其為死亡禁忌之地，減少協調與處理鄰避衝突之交易成本，使生者的世界與死者的王國和平相處。

二、國內案例

　　台灣充斥饅頭造型，重埋疊葬，雜亂無章的公墓，廟塔一般的殯儀館建築或納骨設施等硬體規劃，容易使人產生死亡的不愉快聯想，亟需改善。在殯葬設施硬體規劃設計之公園化、藝術化、現代化與用途多元化方面，例如私立新北市金山安樂園結合造園

景觀、雕刻藝術於墓碑與墓基之施作，且園區內規劃提供住宿、會議、休閒等多元服務用途（曹日章，1996），相當成功地轉化墓園之鄰避效果。此外，宜蘭縣立員山福園殯儀館火葬場將建築物外觀採現代化陽宅別墅設計，提供一個與民眾在自宅中治喪所需的條件較接近的空間，而戶外除保留自然風貌及生態外，另設計人工湖、人工島、親水區、戶外教學區等（宜蘭縣政府，2001：1），使其不但能與當地自然景觀相呼應，且能降低嫌惡感以吸引人潮接近。上述殯葬設施硬體規劃設計之成功案例，不但提供民眾治喪服務需求，且經常成為產官學各界參觀或學習傚法的對象。

拾、先進國家調和鄰避衝突之經驗

一、社區參與及協商機制

英國之規劃許可制（Planning Permission）對於會引起附近環境不良影響的開發，例如設置墳場，認定屬於特別政令規定的開發，根據 1990 年城鄉計畫法（Town and Country Planning Act）第 65 條規定，其規劃許可申請必須依開發令所規定的形式，及公告於申請土地所在地發行地方報紙上，以利社區大眾及權利關係人提出異議。一般而言，公告之實施，申請人必須於提出申請書前七日為之，公告時間不得少於 21 日（林建元，1993，28-29）。又如美國各州政府及地方政府在維持傳統分區使用之下，另行自訂開發許可制度。如科羅拉多州的福特考林市（Fort Collins）另引用計畫單元開發之作法，自行訂定一套所謂土地開發指導系統

（Land Development Guidance System），該系統於開發申請程序中必須實施鄰里會議（Neighborhood Meeting），開發者必須透過鄰里會議與周圍居民互相討論，做成事前協議，以確定開發規模、設計內容和土地使用的混合程度（林建元，1993，107-108）。上述由開發者事前主動與社區居民協商，尊重地方對於發展的參與權或選擇權之做法，值得借鏡。

二、協商不成，可訴請法院判決

　　Riseberg（1994）在其「發掘殯儀館案例：根據污染引起精神痛苦為由提議反私人嫌惡行動」（Exhuming the funeral homes cases：Proposing a private nuisance action based on the mental anguish caused by pollution）一文中，建議實質精神痛苦理論（substantial mental anguish theory）的使用，以爭論美國未涉及實際的但僅發生廣大區域（area-wide）環境污染的司法案例。該文從密西根最高法院判決 Adkins 對 Thomas Solvent 化學公司敗訴案例談起，認為過去美國法院雖普遍採信對於原告土地的實體侵害（physical invasion）乃嫌惡行動的要件（Riseberg，1994：562-564），但在二十世紀中葉，法院經常使用嫌惡學說（nuisance doctrine）去責令殯儀館及妓女戶（prostitution houses）避免在住宅鄰近地區設置經營。例如，在 Tureman 對 Ketterlin 的案例中，米蘇里州最高法院認為殯儀館構成私人嫌惡性，因其產生對於人的身體的疾病抵抗力有弱化作用的死亡的經常提醒（constant reminder）。在 Powell 對 Taylor 的案例，阿肯色州最高法院的決定則是根據「死亡及屍體的連續聯想易於破壞住屋所有權的尋求舒適與寧靜」的前提（Riseberg，1994：565）。

類似於殯儀館案例之理由，阿拉巴馬州最高法院判決 Tedescki 對 Berger 訴訟案，其理由係妓女戶瓦解了鄰近財產的舒適愉悅，且導致鄰近財產價值的減損。此外，法院也提到嫌惡學說不僅保護地主防免實體的不舒適（physical discomfort），而且也避免某種道德恥辱（moral effronteries）（Riseberg，1994：565）。雖然，近來大多數的法院不願意去承認單獨根據精神不安而沒有土地的實體侵害的嫌惡性主張[2]，但上述殯儀館與妓女戶承認僅根據精神痛苦的嫌惡主張的判決案例迄今尚未被推翻，而且經常被引用。Riseberg 認為「旁觀者接近學說」（bystander proximity doctrine）可以被應用到反私人嫌惡情況，該學說秉持被告對於原告沒有任何實體影響而對原告的感情創傷負有責任，對於被告而言，原告的感情創傷是合理而可得預見的。

拾壹、解決鄰避衝突問題之策略

一、規劃策略

　　殯葬設施之規劃應朝公園化、藝術化、科學化、現代化與用途多元化方向發展。例如墓園綠美化、墓碑藝術化；殯儀館陽宅

---

[2]　例如在 McCaw 對 Harrison 的案例中，肯塔基州最高法院維持地方法院的決定，拒絕責令被告不要使用他們的財產作為商業墓園使用。McCaw 地方法院的理由為「墓園不會僅僅因為它是死亡的經常提醒及對於注意到它的人的精神有沮喪之影響，而構成嫌惡性」，McCaw 法院進一步闡述其理由說「墓園唯有因污染區域飲水而危及公共健康時才會有嫌惡性」（Riseberg, 1994：566-567）。

化、火葬場地下化、或殯葬設施圈以綠籬、與陽宅間隔以綠帶，降低對於視覺觀瞻之妨礙；污水處理達到衛生標準、火化排放氣體達到環保要求等等，方克轉化殯葬設施的 NIMBY 效果為 WIMBY 效果，以建立民眾信心，減少協調與處理抗爭之交易成本，果此，則殯葬設施才可能再接近社區。

二、管理法制策略

人的「有限理性」（bounded rationality）與「機會主義」（Opportunism）特點愈強，交易成本就愈大。為降低抗爭交易成本，台灣在管理法制上應賦予殯葬設施開發者與社區居民間更多自主協商空間，經由反覆溝通談判，降低彼此訊息不對稱，強化社區民眾的理性，避免開發業者的投機取巧傾向，則抗爭與反抗爭之個別決策者，將在最少的政府權力介入及最少的尋租機會下，作自我選擇，使外部成本內部化，以追求其效用極大化，提高整體社會之經濟效率。根據前述對於殯葬設施鄰避衝突問題之檢討，本文研擬殯葬管理法制改進構想包括重新界定並分派財產權及賦予抗爭與反抗爭之間更多自主協商空間如下：

1. 於殯葬管理法規中增訂直轄市、縣（市）政府核准新設殯葬設施應舉行聽證。其聽證之利害關係人範圍及效力，由直轄市、縣（市）政府明確定之。經聽證後而核准之開發計畫，如非有新證據及新理由，不得再有異議。

2. 取消現行地點與距離限制，重新界定並分派財產權，賦予殯葬用地鄰近地主或居民有不受包括廢氣、汙水、噪音、不良景觀等干擾之權利，如有干擾之可能，開發者必須支

付鄰近地主或居民相當費用或代價，方可取得同意書進而向政府申請開發許可，鄰近地主或居民可選擇以獲得給付從事干擾之消除（例如新竹市立殯葬管理所即編列經費補助殯儀館後方住戶改善窗戶隔音效果）或保有給付但忍受干擾。如果預期干擾之消弭由開發業者實施較有效，亦可協議由開發業者撥款自行改善干擾（例如苗栗竹南鎮公所為爭取社區居民支持，支付經費變更納骨塔金銀紙焚化爐設計以改善空污）。如協議不成，業者與利害關係人任何一方均可申請法院判決，或由「殯葬設施審議委員會」[3]仲裁，經判決或仲裁之後而核准之開發計畫，不得再有異議。

三、文化改革策略

　　除不良的殯葬設施景觀會帶給民眾心理的嫌惡感與不舒服之外，不合時宜之殯葬禮儀文化也會因產生噪音污染、空氣污染、垃圾及水污染等環保問題，而強化殯葬設施的負外部性，增加民眾的排斥程度。因此，僅改善殯葬設施硬體規劃，而忽略改革殯葬禮儀文化，對於殯葬設施負外部性之減少，將只能收到事倍功半之效。徐福全形容台灣的殯儀文化為「五花八門甚至光怪陸離」、「極盡鋪張豪華甚至乖離喪禮之本質」（徐福全，2001：103），而這些光怪陸離、鋪張豪華的殯儀文化中，最容易引發居民反感者，要屬殯葬儀式的做功德及沿街遊行奏哀樂的聲音[4]。

---

[3] 殯葬管理條例第四條規定：「為處理殯葬設施之設置、經營等相關事宜，直轄市及縣（市）主管機關得設殯葬設施審議委員會。殯葬設施審議委員會之組織及審議程序，由直轄市及縣（市）主管機關定之。」

[4] 根據一項研究指出，居民對各不同種類民俗噪音之好惡感受，一般認為

此外出殯行列陣頭產生的交通阻塞及沿途亂丟廢棄物，亦為居民難以忍受而不歡迎殯葬設施在住家附近之原因[5]。至於如何改革殯葬禮儀，多數學者主張從教育宣導著手，例如徐福全建議：「聘請專家針對現代化都市生活情形，制定一套簡要實用且附有禮義說明的範本，供民眾遵循」（徐福全，1992：26），尉遲淦則主張先喚醒民眾對於喪葬禮俗的關懷與認知，再訂定喪葬禮俗的參考範本（尉遲淦，2001：251）。

也有主張從法制面著手者，例如呂應鐘認為必須建立一系列相應的規章管理制度，對違反法律、制度的喪戶應進行必要的法律或行政制裁（呂應鐘，2001：99-100）。顏愛靜則更清楚地指出殯葬教育革新的推進，雖有助於掀起「制度創新」的浪潮，凝聚移風易俗的力量、營造新生命價值觀。但這種非正式制度的變遷畢竟會因創新者承受較大的社會輿論和道德壓力而顯得遲緩，倘若能夠同時藉由外在權威來推動正式制度的變遷，或能保障殯葬需求者與供給者的權益，並防止衝突的產生（顏愛靜，2001：32）。有鑑於殯葬文化是人們對生命的價值、禮俗、慣例等交織而成的網絡，它是內在經驗的隱含性規範系統（implicit

---

最受不了的，主要為喪葬儀式中做功德及沿街遊行奏哀樂的聲音。（鍾福山，1994：285）

[5] 關於出殯行列，依傳統有「草龍、撒買路紙、開路鼓、銘旌、孝燈、姓氏燈、輓聯、陣頭、香亭、像亭、魂轎、道士、靈柩（車）、孝眷。今日由於經濟繁榮，喪家企圖以陣頭、花車種類的多來襯托其身份地位，是以除了固有的葬列之外，還新增了白馬隊、大旗隊、摩托車隊、豪華進口轎車隊、大仙尪（金童、玉女、山神、土地、地藏王菩薩、觀世音菩薩、佛祖等等）、白獅陣、白龍陣、花車、三藏取經、八家將、旗牌陣、牽亡陣、大型妙齡女子樂隊、藝閣、誦經團、電子琴花車……。」至於亂丟廢棄物，乃因「過去無論漳泉或是閩客，習慣於出殯行列前由一人沿途撒下買路的冥紙。迄今都市中雖然已有部分喪家不撒買路錢，但鄉下依舊一樣，造成馬路的髒亂。」（尉遲淦，2001：240-241）

rule system），通常會循著穩定的經驗緩慢演變，因而呈現出相當程度的「慣性」。因此本研究雖認同教育與法制兩者不可偏廢，但法制設計應考量民情，因勢利導，切勿躁進，以免適得其反。例如辦理殯葬事宜之使用道路搭棚及沿途製造髒亂者，不宜強制禁止，僅依使用者付費及污染者付費原則，分別就搭棚逾使用期限及丟棄殯儀用品者收費即可。又如出殯行列不必強制限制隊伍陣頭數目，僅規範出殯前，應將出殯行經路線報請有關機關備查，以利疏導交通；又治喪過程倘為降低噪音量，不需完全禁止使用擴音設備，但應規定於晚間至翌日凌晨某時段，不得使用擴音設備。

拾貳、結語

殯葬設施設置之鄰避衝突係一個社會的經濟型態由計畫經濟過渡到自由經濟，政治形態由集權政治過渡至民主政治的必然產物。惟由於「養生送死」乃人生大事，而「慎終追遠」又為我國傳統美德，既然殯葬設施為廣大民眾治喪之所需，但人人卻又都不願與之為鄰，如何謀求解決此一生者世界與死者王國之間的矛盾與衝突，使其比鄰而居，和平相處，實乃急迫而嚴肅之課題。本文建議化解殯葬設施設置鄰避衝突的三個策略，是鼎足而立，相互配套，缺一不可的。因為只有提供居民意見參與及協商管道，而未能改善硬體設施規劃及繁文縟節之殯儀文化，則居民對於殯葬設施之嫌惡感猶存，衝突協商必然無法達成共識。又如僅改善硬體設施規劃或改革繁文縟節之殯儀文化，但未能提供居民

意見參與及協商管道，則殯葬設施設置的市場交易必然存在資訊不對稱、契約不確定等特癥，使交易成本居高不下。而且政府將經常夾在開發業者與反對的居民之間，左右為難，期待本文可以提供台灣當局作為解決問題之參考。

附錄　苗栗縣頭份寶恩納骨塔化解抗爭交易成本明細表

交易成本項目	工作細目或數量及經費		單項經費合計（元）	備註
	工作細目或數量	經費概估		
搜尋成本	V8 攝影機 1 台	40,000	57,600	
	空白帶 8 個	1,600		
	工作人員酬勞			
	1（位）×8（次）×2,000	16,000		
訊息成本	律師費攤提	250,000	850,000	雇用文書人員每月4 萬元，共 2 年 4個月（含年終獎金4 個月）
	文書工作費攤提	500,000		
	電腦設備費	30,000		
	電話費	20,000		
決策成本	律師費攤提	750,000	1,276,000	
	文書工作費攤提	500,000		
	電腦設備費	20,000		
	電話費	6,000		
協商（談判）成本	參加縣府與公所協商會議人員之薪資成本		1,040,000	
	5（人）×8（次）×1,000	40,000		
	律師費攤提	1,000,000		
執行成本	文書工作費攤提	120,000	170,000	
	電腦設備費	30,000		
	電話費	20,000		
監督成本	工地現場保全費用		5,000,000	
	5（年）×1,000,000	5,000,000		
其他成本	聯外道路修復費	2,000,000	36,128,800	1. 聯外道路遭抗爭者刻意破壞
	公關費用	15,000,000		2. 貸款 4 千萬元，每月利息 30 萬元
	工程延宕利息損失			3. 因訴訟或遭檢舉而赴法院、監察院等單位說明
	300,000×5（年）×12（月）	18,000,000		
	律師費攤提	1,000,000		
	赴法院、監察院之交通費			
	10（次）×2（人）×400＋3（次）×2（人）×800	12,800		
	赴內政部及立法院陳情交通費			
	5（次）×2（人）×800	8,000		
	薪資損失			
	2（人）×18×3000	108,000		
全部項目經費總計			44,472,400	

CHAPTER 3

殯葬設施用地規劃選址鄰避衝突問題之解決──以風水文化為觀點之分析

殯葬設施係屬鄰避設施之一種。有關鄰避設施與社區間衝突之解決對策,一般被採用的政策工具有風險減輕、補償回饋及民眾參與等方案。由於殯葬設施涉及複雜之民俗習慣與忌諱心理,正反意見之間常摻雜主觀非理性因素,且政府、業者與社區居民之間對於選址之看法經常相持不下,因此傳統政策工具之觀點有其限制,本章試圖從民眾相信的風水文化觀點著手,探討並歸納風水理論有關殯葬設施選址之原則,進而據以檢視大坪頂規劃開發作為殯儀館火化場之可行性。

壹、前言

　　苗栗市大坪頂第二公墓旁 0.74 公頃農牧用地申設私立大坪頂殯儀館火化場，自民國八十五年十二月台灣省政府社會處核准設立，迄八十七年四月間苗栗縣政府發給水土保持施工許可，引發當地新英里里民及國立聯合技術學院部分教師一連串強烈不滿與抗爭[1]。根據歷次抗爭事件里民所持反對理由主要為：設置火葬場會帶來噪音、污染空氣和地下水，造成地價下跌，更甚者將妨礙鄰近八甲大學預定地之設校計劃。因此，里民認為大坪頂根本不適合蓋殯儀館及火葬場。而開發業者則表示：私立大坪頂殯儀館火葬場規劃位址恰位於大坪頂舊公墓之中央，四周除一座軍事練習場以及大片的墳墓之外，並沒有其他居民居住，是最適合蓋殯葬設施的地點。

　　如一般所認知，殯葬設施係屬於「不要在我家後院」（Not-In-My-Back-Yard）或簡稱「鄰避」（NIMBY）設施之一種，按現行法令雖無明文規定何種設施為鄰避設施，但由都市計畫法第 47 條規定意旨可看出，將殯儀館、火化場、公墓等設施設置範圍限制於都市邊緣，已間接說明了殯葬設施的鄰避特性[2]。筆者綜合劉錦添（1989）、黃燕如（1988）、錢志偉（1993）、曾明遜（1992）及李永展（1996）等人之見解，所謂鄰避設施係指具有污染性或

---

[1]　參見民國八十六年九月二十一日自由時報；八十七年七月二十九日聯合報及八十八年八月二十五日中國時報等苗栗地方版新聞報導。

[2]　按都市計畫法第 47 條規定：「屠宰場、垃圾處理場、殯儀館、火葬場、公墓、污水處理廠、煤氣廠等應在不妨礙都市發展及鄰近居民之安全、安寧與衛生之原則下，於邊緣適當地點設置之。」

不寧適性，而不受地方歡迎卻能增進社會大眾福祉之設施。由於該類設施替廣大地區的人民帶來效益，卻由設施附近的居民承擔其外部成本，且其設置與興建涉及高度專業科技知識的評估，一般民眾較不容易瞭解，一但專家的意見和民眾的價值判斷發生差距，而決策單位又忽視這些差距，則鄰避衝突就產生了。

　　鄰避設施與社區間衝突之解決對策，一般被採用的政策工具包括（一）風險減輕方案；（二）補償回饋方案；（三）民眾參與方案。（李永展，1998，p.p.38-40）但據了解，有關大坪頂殯儀館火化場開發案，業者除因遭抗爭而提具說明書，表示火化爐設計將採取科技的無煙爐具，絕對符合環保要求，呼籲鄉親無須顧慮之外，其他並無更積極之風險減輕保證[3]。至於補償回饋方案，因里民反對意志相當堅強，業者始終不敢也沒有機會提出，而本開發案之申請係在不敢張揚之情況下進行，政府與業者根本無意願採取民眾參與方案，以防範發生鄰避衝突。不過由於政府、業者與里民對於大坪頂之位址是否適合規劃開發殯儀館火化場，迄今仍看法相持不下，且殯葬設施涉及複雜之民俗習慣與忌諱心理，正反意見之間已摻雜主觀非理性因素，因此本文並不想從上述政策工具之觀點切入分析，而試圖從多數民眾相信的風水文化觀點著手[4]，探討並歸納風水理論有關殯葬設施選址之原則，進

---

[3]　參見聯合報八十八年八月二十五日苗栗地方版新聞報導。

[4]　根據內政部營建署民國七十三年所做的調查發現，以觀音山為安葬地點的受訪民眾，認為風水有道理或部分有道理的比例高達 73.1%，而台灣北部地區受訪民眾則相信風水者有 55.9%（內政部營建署，1985：17）。另根據筆者參與顏愛靜主持研究案，於民國八十七年針對新北市五股鄉獅子頭公墓內土葬及存放納骨塔之掃墓者進行問卷調查，結果土葬之掃墓者選擇地點之考量因素，以風水地理佳之比例最高（為 79.3%），其次是交通便利及價格便宜（分別為 62%及 27.3%）；至於存放納骨塔者考量風水因素之比例達 51%，雖不如考量價格便宜之 87%比例（顏愛

而據以檢視大坪頂規劃開發作為殯儀館火化場之可行性，以期採用民俗手段緩和正反意見之立場，俾利解決殯葬設施選址之鄰避衝突問題。

貳、風水理論之內涵

一、風水之定義

　　風水自古稱為地理學，或稱堪輿學（geomancy），故又名「地理」或「堪輿」，是選擇陽宅或陰宅吉利空間的術數。所謂「地理」係指山水的形勢且有動態的觀念，即視「地」為有生命且是動態的，蓋地有生育萬物之「生氣」，依其厚薄而直接影響到人體上，產生吉凶禍福，故堪輿家以龍稱山水；而現在一般所稱的自然地理，是把「地」看做是無生命的，是靜態的，只研究地理的各種自然現象，無關人類吉凶禍福。

　　晉朝郭璞所著的《葬書》正式確定了風水的哲學基礎，為風水下定義，並為後世的風水術奠定了基本價值觀[5]。「葬書」定義風水一辭如下：

　　靜，1999：119-126），但就整體而言，民眾選擇安葬地點顯然是以風水為最主要考量因素。

[5] 收錄《葬書》之版本繁多，本研究引述《葬書》內文主要根據婁子匡主編《國立北京大學中國民俗學會民俗叢書專號〈3〉堪輿篇》之古本葬經（婁子匡，1988：2-13）及徐試可重編《地理天機會元》正篇葬經卷之三（徐試可，1969：89-106）。至於注釋方面主要參考《地理天機會元》及施邦興撰《葬書中的風水理論》（施邦興，1989：86-124）。

> 「葬者，乘生氣也，……氣乘風則散，界水則止。古人聚
> 之使不散，行之使有止，故謂之風水。風水之法，得水為
> 上，藏風次之……。」

所謂「乘風則散」，係指聚於穴的生氣，若遇風吹則散，因此，要避風吹氣散的煞；「界水則止」，是說散於地中的生氣到水邊，自然界止。能避風以防風吹散生氣，方可藏風，能得水而不急流始能聚生氣（施邦興，1989、1992）。因此，好風水是藏風聚氣的所在，生氣棲息之所。

二、風水之方法

判斷風水吉凶之方法大別有巒頭法（又稱形法）及理氣法兩種。理氣法主要依據天上星宿分布及運行的方位，來決定地脈氣息和人生時運（艾定增，1998：149）。巒頭法則是雙腳立地，腳踏實地，形勢定優劣，採此法者是將山形地勢水流比作龍脈，地理師的任務就在於全盤把握來龍去脈，並準確地將龍脈止聚結收束之地及生氣流注匯合含蓄之穴位找出來（艾定增，1998：169-170）。《葬書》即為採用此法之著作。由於理氣法涉及陰陽、五行、八宅、二十四山、九星等操作技術，派別雜多難懂，不易以實證解謎，又因墓葬多在山野，較適合尋龍點穴之法，故本文主要以巒頭法為探討對象本研究所謂「理氣法」及「巒頭法」是風水界使用之通稱，本研究為說明方便起見亦採此稱呼。就學理上之嚴謹分類而言，理氣與巒頭（或形勢）均為風水之派別名詞。艾定增認為形勢四綱（包括龍、穴、砂、水）、賴公七十二

葬法、楊公倒杖十二法等，均屬形勢派之主要方法，至於理氣派主要方法則包括陰陽、五行、八宅、二十四山、九星等方法（艾定增，1998：149-182）。按蔡穗之分法，則派下有派，例如巒頭派可再細分為因形喝穴派、藏風得水派；理氣派可細分為三元派及三合派（蔡穗，1996：76-87）。

　　一般而言，巒頭法風水之尋求，必須配合「龍、穴、砂、水」之考察。就自然環境上的意義，龍是蘊涵地氣的山脈形態〈即山脈的走向、起伏、轉折與變化〉；穴是平地或山坡平臺；砂是穴前後左右之山脈、丘陵；水是河川、池塘或海洋。而龍穴砂水之在地球上形成，乃「造山運動」所使然。以造山運動論龍之行止，則山龍應該具備高低起伏，土質好，植物茂盛，雨後多山嵐彩虹，山多水泉等條件，即《葬書》所謂：「土高水深，鬱草茂林」也。又因「土者氣之體，有土斯有氣」，所以風水家主張尋地當到少祖山，不要到遠祖山或老祖山尋找，就現代地質科學而言，高且老的山由堅硬岩石所組成，沒有風水所謂之生氣，不宜埋葬；低而嫩的山多由土質組成，才有生氣，故適宜埋葬（一丁等人，1999：106-107）。

　　其次，土中生氣雖無形象可尋，但有諸內必形於外，故《葬書》有云：「夫氣行乎地中，其行也，因地之勢，其聚也，因勢之止。」從山脈蜿蜒起伏的形態，可以推知內中是否有生氣流動。大體而言，山勢愈陡峻，生氣流動愈快，無法凝聚結穴，惟有在來龍落脈之地勢平緩處，才能找到生氣凝聚的結穴處〈如圖8所示〉。此種觀念頗符合我國法制上以「坡度」大小，作為管制山坡地開發與利用準則之一的作法[6]，因為山勢陡峻與否，直接表

---

[6] 例如山坡地保育利用條例第十六條第一項規定：「山坡地供農業使用者，應實施土地可利用限度分類，……土地經營人或使用人，不得超限

現於坡度大小，間接反映生氣流動快慢。此外，如圖9所示，山脈之不可下葬的五種情形[7]，除重申「過山」為來龍過而不停，無穴場，及「獨山」無眾山相會，無法護衛穴場，使藏風不散之觀點外，其餘「童山」為草木不生之地，葬之易使土壤因開挖擾動而流失；「斷山」即山脈中斷不相連，地勢較不穩定，葬之易生災害；「石山」無土壤，葬之必不利於屍身腐化。由是以觀，風水理論誠植基在豐富的生態觀之上。

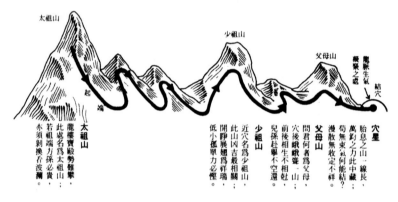

圖8　從橫面看龍脈自太祖山伸展至穴星

資料來源：宋韶光，1994：61。

利用。」其中「可利用限度分類」標準之查定分級，即包括坡度一項。又如山坡地開發建築管理辦法第五條第一項即明示山坡地有坡度陡峭之情形，不得開發之規定。

[7]　《葬書》記載：「山之不可葬者五。氣以生和，而童山不可葬也。氣因形來，而斷山不可葬也。氣因土行，而石山不可葬也。氣以勢止，而過山不可葬也。氣以龍會，而獨山不可葬也。經曰：童斷石過獨，生新凶而消己福。」可見《葬書》係以能否得生氣，或生氣能否運行無阻為觀點解釋不宜下葬的山脈類型，極富玄學色彩。

圖9　五種不可葬的凶山

資料來源：顧陵岡彙集‧徐試可重編，1969：95。

其次，穴者，朱熹認為大地山龍之穴，正有如人體氣脈之點穴，針灸自有一定之穴，是不可有毫厘之差。林俊寬則認為穴者，大地氣之吐納處也，凡活穴處必有太極氣旺，藏風聚氣而不悶，穴區植物茂盛，動物繁多，多山嵐彩虹，土質土色佳，多美石等現象（林俊寬，1997：5-7）。由於風水穴處的土質直接影響屍骨的保存，因此葬穴中的土質狀況特別重要。《葬書》判斷吉土的標準為：「夫土欲細而堅，潤而澤，裁肪切玉，備具五色」至於判斷凶土的標準則為：「夫乾如聚粟，濕如刲肉，水泉砂礫，皆為凶宅」換言之，只有文理細密、結構堅實、滋潤光滑的自然土，才能保護骸骨不受外界氣溫、水分的干擾，以使其經久不爛，保存完好；反之，如果穴土像一堆乾燥的粟粒或一塊腐肉或水岸邊粗糙的砂礫，結構鬆軟不堅實，則不可能藏聚生氣，保存屍骨，而只會使骸骨變黑或促其迅速腐爛。

砂者，穴前後左右之山丘也，其範圍主要包括有穴前方之朝山、案山；後方之樂山；穴左方之青龍崗阜等。砂有吉凶砂之分，凶砂者，例如尖射的、破碎的、狹逼的、瘦弱的、身反向的、順水走的（一丁等人，1999：120），或因破壞景觀或不利於藏風，皆凶相也。至於吉砂者，其優點如次：（林俊寬，1997：10-12）

1. 增加景觀之美。完整翠綠之崗丘，因點綴在穴之前後左右，令四周環境十分得體平穩，使觀賞者之心理十分舒暢。此外，吉砂也可遮擋不佳之破碎物體而增加美景之完整性。
2. 可引吉氣擋凶風。適當之硬體山崗或建物，常可擋住不良之北風、東北季風、海風等。同理也可緩和太強之背後落山風或前方來之溪河之風，把「招風」轉化為「引氣」。
3. 可以防禦敵人。在穴前後左右之崗伴，可以由高處觀遠方四周之事物，此在古時之城村防敵上十分重要。

水者，乃山龍之血脈也。《葬書》云：「山水來回，貴壽而財；山囚水流，虜王滅侯」，水是自然界非常重要的物質，其對調節氣候、淨化環境具有重要作用，但選址不當或使用不善，無情的洪水可能吞噬莊稼和房屋，或是引發污染，破壞生態系統。吉水應具備下列各項條件：

1. 水要活。即水要有源源不竭之源頭活水。
2. 水宜有情。有情者，表水之來去不割、不沖、不射及建物地基穴腳。有情　者，水之顧盼有情，水不直直流走，應在穴前多次彎繞而顧盼本穴也。
3. 水宜緩而軟。水本重，如能九曲環繞，水勢自必緩必軟而靜也。
4. 水質佳良。水可飲食、灌溉、洗滌、撈魚之用，水質必佳。

（林俊寬，1997：12）

至於水流形勢雖可從外表觀察，但水質佳良與否必須透過品嚐判斷。通常平川品嚐井水，山地品嚐澗水，水味以香甘為貴，酸苦則不吉。今日雖可能已有攜帶較方便之測試儀器，但就農業時代而言，以品嚐水味判斷水質，不可否認是相當科學之作法。

不過，僅就現有山水形勢論斷風水吉凶是不夠的，因為隨著時間流逝，供殯葬使用之風水地可能遭其他用途侵奪或破壞，是以好風水尚須具備防範侵奪破壞之可預測性。明會典即規定：「前期擇地之可葬者，蓋地有美惡。」「是所謂美者，土色之光潤，草木之茂盛，他日不為道路，不為城郭，不為溝池，不為貴勢所奪，不為耕犁所及，即所謂美地也。」（陳金田，1993：57）就當代土地利用觀點而言，擇葬地應全盤瞭解相關利用計畫，並考慮社經及自然條件，預測未來發展模式，以避開日後可能因都市發展而遭其他土地用途入侵的地點，此種考慮與已廢止之墳墓設置管理條例第七條及現行殯葬管理條例第八條，設置公墓或擴充墓地之地點與距離限制規定，有異曲同工之效果[8]。

三、風水之理想格局

　　單就龍穴砂水的個別條件而言，是不太具有意義的，好的風水格局必須四種條件互相配合。例如結穴之處是否適宜安葬，尚須看穴地附近的砂水形勢到底是「砂環水抱」，還是「砂飛水走」？（示意圖如圖10）風水學重視「砂環水抱」，因為「水抱」可使穴地的生氣凝聚結集，而「砂環」則可使穴地凝聚的生氣不致被風吹散，兩者均為吉穴的必備條件，故《葬書》說：「風水之法，得水為上，藏風次之。」

---

[8]　按殯葬管理條例第八條規定意旨，設置或擴充公墓，應選擇不影響水土保持、不破壞環境保護、不妨礙軍事及公共衛生之適當地點為之。其與公共引水井或引用水之水源地距離，不得少於一千公尺；與學校、醫院、幼稚園、托兒所暨戶口繁盛區、儲藏或製造爆炸物之場所不得少於五百公尺。

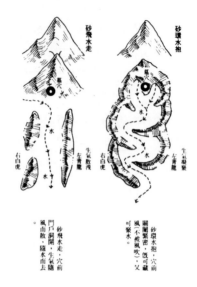

圖 10　穴地附近砂水形勢示意圖

資料來源：宋韶光，1994：68。

　　戚珩、范為等人研究風水理論認為：「吉地不可無水」，「地理之道，山水而已」。可見相度風水須觀山形，也須察水勢；甚至有「未看山時先看水，有山無水休尋地」之說法（一丁等人，1999：127），但僅就形塑風水格局空間的重要元素來看，山顯然重於水。因為水雖然也可以是作為一個「地方」的邊界元素，但形塑空間感仍得依賴像山這種有著垂直向度的體或面。所以《葬書》強調：「葬以左為青龍，右為白虎，前為朱雀，後為玄武。」又說這前後左右的山丘必須符合：「玄武垂頭，朱雀翔舞，青龍蜿蜒，白虎馴頫。」之條件（施邦興，1989：82）。《雪心賦》則進一步詮釋：「布八方之八卦，審四勢之四維。有去有來，有動有靜。」（白鶴鳴，1995a：57）亦即，四維（前後左右山丘）排

列要正，水要有來有去，水要有起伏變化，堂局要有動有靜，（參見圖11）這是風水格局空間感必備的形勢條件。

　　中國人自古以來在選擇及組織居住環境方面，就有採用封閉空間之傳統，如四合院宅就是一個圍合的封閉空間。假如殯葬設施以三合院或四合院型式建築，基址後方是以主山〈玄武〉為屏障，山勢向左右延伸至青龍白虎山，成左右肩臂環抱之勢，遂將後方及左右方圍合；基址前方有案山遮擋，連同左右餘脈，亦將前方封閉，剩下水流之缺口，又有水口山把守，這就形成了一道封閉圈。可以說，風水格局是在封閉的人為建築環境之外又一層天然的封閉環境。又誠如前一小節所述「龍、穴、砂、水」之優點或條件，吾人不難想像，具備砂環水抱格局的自然環境和封閉空間，應該很有利於形成良好的生態和局部小氣候。

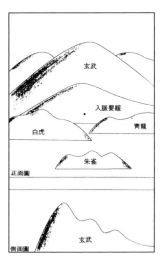

圖11　風水的布局形勢正面與玄武側面圖

資料來源：白鶴鳴，1995a：59。

四、風水之擇穴

雖然風水格局提供尋找風水穴的重要線索，但要指出風水穴的確切位置，並不容易，稍有疏忽，可能危及基址安全。例如，由現代水文地理可知，河流由於地球自轉形成的偏向力作用，往往向南形成河曲，北岸凸而南岸凹，水流夾帶泥沙堆積凸岸成灘，在凹岸則不斷淘蝕挖深，導致坍岸，基址擇於此是很危險的。

《葬書》提供風水擇穴之原則，較具體的如：「支壟之止，平夷如掌，故支葬其巔，壟葬其麓」所謂支即平地，壟即地勢高峻，雨後即乾的山地。可見不論支或壟，其末端的穴場頂面，必為一平夷之地，因此，支的穴場應出現在其巔，而壟的穴場應出現在其麓。《葬書》又云：「藏於涸燥者宜淺，藏於坦夷者宜深」就土地利用觀點，坦夷之支，地層穩定，地質堅實，埋葬開挖土地宜深；反之，涸燥之壟，環境較敏感，地質較脆弱，埋葬開挖土地宜淺。如果壟的穴場選擇在巔而非麓，則開挖勢必要更淺。

五、風水之景觀特徵

優美良好的景觀乃理想居住環境所追求。就構成風水格局的各個元素來說，以河流、水池為基址的前景，形成開闊平遠的視野。而隔水回望，有生動的波光水影，造成絢麗的畫面。而山之於人，不但較水容易被看見，其尺度和蘊藏無數可能的特性，自古便是觸發人類想像的要角（賴仕堯，1993：37）。Tuan〈段義孚〉分析認為山具有河流與平原所缺乏的獨立性（Tuan，1974：127）。因此，對於自然地景空間而言，山除了可作為包被穴地的元素之外，更以其「視覺性」與「地標性」成為視覺景觀的中心。

當山水形勢有缺陷時，為了「化凶為吉」，風水論主張透過修景、造景、添景等辦法來達到風景畫面的完整協調。而作為風水地形之補充的人工風水建築物，如寶塔、閣樓、牌坊、橋樑等常以環境的標誌物、控制點、視線焦點、構圖中心、觀賞對象或觀賞點的姿態出現，均具有易識別性和觀賞性。（一丁等人，1999：102-103）不過，人工填補風水景觀缺陷並非毫無限制，規劃者應慎防土地之超限利用，並於施工過程中確實做好水土保持。

　　俞孔堅利用小說人物魯賓遜的擇居模式[9]，來探討理想風水圖式的原型結構。俞氏認為當人類離開樹棲生活，而投身於多樣化的森林草原景觀之中，面對殘酷的自然選擇，從而進化了一系列的適應行為，使人類能利用自然景觀的某些結構，有效地進行庇護、狩獵、辨析吉凶空間和探索開拓新空間，並能有效地捍衛棲息地，爭取資源的獨享權。而有利於人類上述行為的景觀結構，便成為人類賴以生存和發展的棲息地的理想特徵，為人類偏好與追求。俞氏歸納其主要特徵包括：

---

[9] 英國著名小說《魯賓遜飄流記》有一段關於魯賓遜從海裡爬上海島的擇居過程之描述：

「第二天的頭等大事乃是尋找一個安息地："我現在的全部心思是考慮如何保護自己不受可能出現的野蠻人或島上可能存在的野獸攻擊。就目前處境來說，一塊令我滿意的地方應包括以下幾個方面的條件：第一，衛生、有淡水；第二，免受烈日薰蒸；第三，免受猛獸和野蠻人的襲擊；第四，能看見大海，以便在上帝為我派來救生之船時，不至錯過機會。」

「在一座山邊我發現了一小塊平地，山與平地相接是壁立的陡崖，所以，不會有什麼東西能從上面下來襲擊我；陡崖邊有一像門或洞口似的淺穴。在懸崖前平坦的草地上，我決定搭棚紮寨；草地不足一百碼寬，二百碼長，像是我門前的草坪，綠茵的盡頭呈不規則狀延入海濱窪地。該地座落在山的西北偏北向，所以我可免受烈日薰蒸……」（俞孔堅，1998：73-74）。

（一）圍合特徵

典型的原始人類滿意棲息地都地處山間盆地、河谷或平原之角隅，空間尺度都在一定範圍之內，視覺上構成一個具有邊界明確及很強整體感的景觀單元，在此範圍內，人類比較容易進行圍獵、捍域和庇護。

（二）邊緣特徵

棲息地位處山地、平原、盆地及河谷之間的交錯帶，是屬生態系統的邊緣地帶。此地帶的溫濕度及土壤特性適合多種食草性動物的集中分布，這就為原始人類的採集和狩獵提供了豐富的資源。此外，邊緣地帶亦具有「瞭望－庇護」的便利性，背依崇山俯臨平原的山麓，正是易攻易守的最佳地形。

（三）隔離特徵

在山間盆地或臨近大山而又相對獨立的小山丘上或孤山上，這種景觀特徵容易排除潛在的危險，且佔據制高點，具有居高臨下的進攻戰略優勢。

（四）豁口和走廊特徵

滿意的圍合空間都留有一些與外界聯繫的豁口，這些豁口常沿河流、山谷延伸而形成走廊。此種景觀結構除具有狩獵、捍域及庇護等功能之外，也是原始人類部落探索和開拓新空間的通道。當部落人口增加或資源枯竭時，部落就可以通過豁口或沿走廊向新的棲息地擴散，從而保證了部落的延續和發展（俞孔堅，1998，88-93）。

從鄰避設施設置管理來看，風水景觀之上述特徵使社區居民與嫌惡性設施間形成隔離作用，大大降低了污染的負外部性，減少設置者與居民間的衝突與抗爭。另就共同財（Common property）

管理之觀點而言，上述特徵無異是穴場與穴場隔離的天然界限，相當有利於界定財產權，進而提升資源之合理分配及有效使用。生物學家 Gorrett Hardin（1968）認為，對人人想要但資源有限的共同地，每個人都是自私自利的，Hardin 引用亞里士多德的銘言：「最多人擁有的共同地往往得到最少的照顧」，而舉牧場牧羊的例子極力強調共同地的悲劇（tragedy of the Commons）。

　　對於共同地悲劇問題的解決，制度經濟學家最常提出的辦法是（1）界定足夠而明確的財產權，及（2）財產權交換的自由，以利於建立資源使用的排他性及外部效果內部化（Furubotn and Richter，1997，90）。環境心理學家 Robert Cass 和 Julian Edney（1978）指出，將共同財分成許多個人領域，有助於共同財的管理，參與者使用資源的方式，不但使自己獲利更多，同時留給共同財的資源也較多（Gifford，1987：385-386）。選用符合理想景觀特徵的風水穴地無異於在建立人類的財產權範圍，並標記捍衛的領域，一旦有外來者侵入時，即可進行監督排除，以防資源之濫用。

參、殯葬設施用地與陽宅用地選址之風水差異

　　漢代以前，風水術偏重於陽宅方面。漢末佛道並起，神仙鬼怪、算命看相的觀念深植人心，使人們聯想到死去的祖宗對後世子孫的影響，逐步在風水術中發生了從陽宅向陰宅（殯葬設施）的轉變。這種轉變的完成，突出地表現在郭璞所著《葬書》的問世（艾定增，1998：44）。一丁等人亦認為中國風水的最初形式都只與選擇住宅

（陽宅）有關，後來這一技藝受到中國關於崇祖或孝道思想之影響，從而開始選擇墓地（殯葬設施用地）（一丁等人，1999：11）。林俊寬引四庫全書總纂官紀昀在收錄《宅經》之提要上說：「漢志，形家法，有宮宅地形二十卷，則相宅之書，較相墓為古。」由此以觀，更加印証陽宅先於陰宅之說法（林俊寬，1996：349）。

陽宅風水既先於陰宅風水而存在，自秦漢以來，便有了按宮城建王陵的模式。例如，南方居住干闌的民族有的棺材也放在木架上，或者棺材本身仿照住屋形式，甚至崖洞葬、懸棺葬、船棺葬也是對祖先居處的一種記憶。唐朝陵墓多仿京城宮殿，因山為墳，正南北向，陵丘四周以方城圍繞，按十字軸線四面開門，四角有角樓，陵前神道順坡向南延伸，神道上門闕及兩邊石雕人獸像較前代增多（艾定增，1998：85-89）。承如上述，墓葬既然仿傚城市與建築的形制佈局，不難想見，其使用之主要風水原則，即「龍穴砂水」四大端之認識與論點理應和陽宅合一。

然而，如果因此而認為今天殯葬設施用地規劃選址之風水考量，仍應完全依照陽宅之做法與看法，實不免有抱殘守缺，食古不化之憾。吾人深究原始社會之陰陽宅風水條件相同之原因，乃人們相信死人和墳墓也像活著的人在世界上一樣，需要同樣的居住條件。這樣觀念影響所及，乃大面積厚葬蔚為社會風氣，良田美宅中蔓延墳墓，屢見不鮮。然而，在人地比例尚小的時代，土地資源豐裕有餘，上述風水觀念和墓葬行為或許勉可接受，但在人口眾多，土地資源愈來愈稀少珍貴的今天，此種觀念和行為如任由繼續發展下去，將導致土地資源利用的不當配置與降低經濟效率，甚至嚴重衝擊生活環境品質。

按已廢止墳墓設置管理條例第十四條規定，私人或團體設置私立公墓應備具申請之文件包括無妨礙區域計畫及都市計畫證明

書。另已廢止之台灣省喪葬設施設置管理辦法第六條規定申請設置，增建或改建私立喪葬設施，亦應具備上述證明書。此外經查都市計畫法第四十七條規定意旨，殯儀館、火化場、公墓等應在不妨礙都市發展及鄰近居民之安全、安寧與衛生之原則下於邊緣適當地點設置之。而台北市土地使用分區管制自治條例第五條則將墓地及火化場劃入〔容易妨害衛生之設施〕組別，禁止設置於住宅區、商業區等土地使用分區。可見依現行政策與立法，殯葬設施仍被視為鄰避設施，認為其具有不寧適特性，與陽宅使用不相容，因此，在用地選址考量上，應儘量設法與陽宅用地隔離。除非殯葬設施硬體規劃設計理念及干擾生活環境之葬儀能大幅改善，將鄰避設施轉化為迎毗設施（WIMBY，Welcome-In-My-Backyard），否則殯葬用地與陽宅用地隔離之觀念與作法必然會繼續存在，而這種趨勢正是支持陰宅與陽宅風水條件應該有所區別的好理由。

　　至於殯葬用地規劃選址上，應把握那些其與陽宅用地風水條件之差異點，茲歸納如下：（艾定增，1998：167；林俊寬，1996：349-351；白鶴鳴，1995b：252-261）

　　由於墓葬多在山野，故形勢派理論更易適應；反之，陽宅多在建築聚集之村鎮城市，宅外不易有山水環境，於是尋龍點穴之法束手無策，而方位之法易行，故多採理氣派方法。（根據筆者於 2000 年 7 月 22 日訪談苗栗市著名地理師黃茂生先生，其觀點與上述相符。黃先生表示：陰宅重視龍、穴、砂、水，即巒頭法所謂山環水抱之地形與格局。至於陽宅乃活人居住的地方，不一定要講究山環水抱，但最好能夠水源豐沛，植物茂盛，交通便利，居住安全。因此，舉凡台地、平原、盆地符合上述條件者均可。）

　　陽基之龍，喜闊大開陽，氣勢宏敞；陰地之龍，喜清純緊湊，氣脈團結。（此一觀點與黃茂生先生之說法有異曲同工之妙，蓋

闊大開陽，發展腹地大，明堂不一定有案山或朝山，以利透視，活人居住其間，易培養開闊胸襟與前瞻之眼光；至於氣脈要能團結，必須砂環水抱之圍合環境，如此可發揮隔離陰地效果，以免附近居民因承受其「外部成本」（external costs），從而產生排斥與抗爭之心理或行為。）

陰地求一線，重「氣之質」，可於高山，地貧人瘦之處；陽地求一片，重「氣之量」，求陽光平基，地肥人旺。（殯葬設施之目的在治喪安葬已逝親人，以達慎終追遠，陰地既求一線，面積不必太大，以免浪費土地資源。又陰地雖可於高山，惟如屬陡坡，因地質脆弱，宜避免開挖）

陽宅取諸於易經之「雷天大壯卦」，主動，因此可隨著「人」、「宅」、「天時」、「地利」而遷居、改門、移床、易灶等；陰宅取諸於易經之「澤風大過卦」，主靜，是以主要是讓死人能「入土為悅」，除非萬不得已之天災，不該隨意「啟攢」、「移葬」，否則只是徒然的騷擾「亡靈」[10]。

肆、殯葬設施用地考量風水之規劃選址原則

規劃（planning）是一個建議未來行動方向的過程，藉由制定行動之次序關係來達成既定之目標。陳坤宏列舉規劃之目的有

---

[10] 陽主動，因雷天乃「震」「乾」二卦，皆為陽卦，震為雷動，乾則天行健以自強不息，行者動也。陰主靜，因澤風乃「兌」「巽」二卦，皆為陰卦，兌為澤兌，巽為風入。（林俊寬，1996，350）

五：既 1.追求效率；2.改進或取代市場的機能；3.擴大決策的選擇範圍；4.平衡私利與公益的衝突；5.有助於人類的成長。綜合對於環境、規劃、專業以及規劃專業與社會、公共事務之間關係等層面的探討，陳坤宏提出一個以「人本發展」為基礎的環境規劃理念，稱之為「人本環境規劃」（Human Environmental Planning）（陳坤宏，1994：96-101）。

由於規劃是經人為安排，且加以規範，而獲得整齊劃一的結果，本身就與「自然發展」相反，在今天「技術官僚掛帥」、「經濟發展至上」的時代，如再強調「人本發展」，恐會因人類慾望而導向「人定勝天」論之發展，致破壞環境生態，進而危及人類之生存。就風水之原型理想而言，既非主張「人定勝天」，亦非主張聽命於天，即「天定勝人」的思想，而是「人地協調」、「天、人合一」的互利共存之思想。一丁等人認為淵源於中國的東方文化生態是有關人們對自然環境選擇與規劃布局的概念系統，它通過人們選擇和建立吉利而和諧的環境來調節人類生態。人作用於地理環境，要因勢利導，使後來的、人為加工於客觀環境的地物與原先的環境達到新的平衡，這樣才能產生吉利的後果（一丁等人，1999：93）。

就殯葬儀式之過程而言[11]，其所需之設施包括殯儀館、火葬場、納骨堂（塔）及墓地等，而風水所重視與講究的是遺體最終安置之地點或場所，亦即殯葬設施中的墓地與納骨堂（塔），至於殯儀館、火化場僅係處理遺體之中間設施，並非最終安置場所。惟殯儀館、火化場因涉及民俗忌諱而遭民眾排斥之屬性，與墓地及納骨堂（塔）極為相似，且時下推動的規劃案例[12]，往往將殯儀館、火

---

[11] 殯葬儀式過程是指於完成守喪、入殮並舉行告別式（含家祭及公祭）後，將屍體直接埋藏入土，或火化、洗骨後再將骨灰、骨骸埋入土中或安置於靈（納）骨堂（塔）內之處理過程。

[12] 例如已規劃興建完成的宜蘭縣員山「福園」及正規劃中之新北市五股鄉

化場與納骨堂（塔）等納為公墓附屬設施而成為殯葬專用區，因此，本文將墓葬之風水條件一體適用於殯儀館及火化場，應屬合理。茲根據第二及第三節之分析，研提殯葬設施規劃選址之原則如后。

一、選擇有包被地形的規劃地點

風水好的地方必須有山丘層層包被穴地，尤其符合龍穴砂水格局者更佳。殯葬設施用地選擇有包被之地形並依其原有地形地勢創造優美的風景焦點（Focus），不但有助於降低殯葬設施帶給人之嫌惡感，且其圍合特徵可產生視覺隔離作用，間接減少對於鄰近不動產價值之負面影響。

二、包被地形之山丘必須低且嫩

低緩且嫩（生成年代較近）之山丘較適宜開發，至於高峻且老（生成年代較久遠）之山脈，如實施開發，對於自然生態及水土破壞較大，宜盡量避免。以台灣為例，符合低且嫩之山丘者，其區位多分布於海邊，高而老之山丘則靠近中央山脈。

三、避開易遭其他用途侵奪之地點

殯葬設施既然被視為鄰避設施，認為其具有不寧適特性，在用地選址考量上，應儘量設法遠離人口聚集之市街。如因交通不便，

獅子頭公墓均屬殯葬一元化之專用區。

無法遠離市街，亦須調查預測未來都市可能發展狀況，在確保相當長之年限內，不致因其他公共用途而必須遷移或廢止殯葬設施。

伍、大坪頂殯儀館、火化場規劃選址鄰避衝突與解決對策

　　苗栗市大坪頂為苗栗生活圈及苗栗縣十八鄉鎮市的地理中心，位居後龍溪中游西岸，係丘陵坡地上的平坦台地。（參見圖 12）根據苗栗市地政事務所提供資料顯示，西元 1914 年苗栗市共有墳墓用地 185 公頃，其中大坪頂就有 120 公頃，惟因大坪頂公墓西南側保留有樹林綠地 63 公頃，東北側保留 93 公頃，發揮景觀阻隔作用，且當時人煙稀少，並無土地利用衝突之問題。惟隨著人口增加，都市發展，公墓地陸續變更為學校、社區、工廠及軍事等用途，今日苗栗市僅剩下 58 公頃墓地，其中大坪頂僅有 21 公頃。

　　然而，由於後龍溪河谷平原，南北狹長面積太小，向東發展受限，必須往西邊大坪頂台地，再連接西湖溪流域台地及河谷平原，朝增加腹地的方向發展。因此，大坪頂公墓受到其他用途需求競爭，迄今其面臨變更遷移之壓力並沒有稍減。多年來，大坪頂公墓所在地區新英里居民爭取希望政府將公墓遷移，並配合納入鄰近 100 多公頃國有地，規劃為苗栗聯合工專升格為技術學院之校地，詎料業者購買大坪頂公墓毗鄰之私有農地，1996 年向政府申請設置包括火化場、殯儀館及納骨塔之殯葬專區，於是引發新英里居民及聯合工專師生之群情反對，近五年來，政府、業者與居民之間爭議不斷。

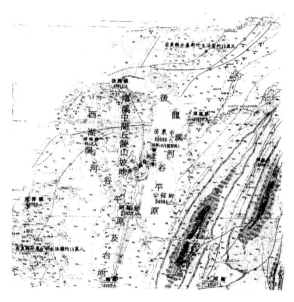

圖 12　大坪頂人口、地理與地質分布圖

資料來源：由苗栗市地政事務所李佳穆課長根據地質圖及人口資料編制提供。

　　根據筆者於 2000 年 1 月 8 日訪問業者邱光映先生指出，他所申請興建的殯儀館、火葬場，恰位於苗栗市大坪頂公墓正中央，四周除了一座軍事練習場以及一大片墳墓外，並沒有其他的居民居住。因此邱光映認為反對者無疑是盲目的反對，他說：「如果這塊地不適合蓋喪葬設施，全苗栗縣也就找不到更適合的地點。」惟筆者另於 2000 年 1 月 29 日訪問當地居民楊錦昌先生及同年 2 月 16 日訪問聯合技術學院講師李增欽先生，均極力反對大坪頂公墓旁再增闢殯儀館及火化場。他們共同的看法是：「大坪頂台地應規劃作為大學校地，現有公墓並應遷移，以利配合苗栗市之發展。」楊錦昌的理由如下：

134　殯葬管理與殯葬產業發展

1. 按風水之說，殯葬設施屬陰，其位置應選於人煙稀少之偏僻地方，不宜位處人口較密集之旺地（如大坪頂即是旺地）。
2. 由於火化場對於環境影響較明顯，故其區位應比墓地更偏遠，縱使政府保證無污染，民眾仍無法卻除疑慮。
3. 客家葬儀繁文縟節，例如，送葬行列沿途要放鞭炮、撒冥紙，故殯葬設施如位於人口繁盛區，將嚴重影響民眾之居住環境。
4. 政府平常並未妥善規劃適當殯葬用地，等到殯葬用地嚴重不足時，才病急亂投醫。大坪頂跟本不適合設置殯儀館及火化場，如僅因此地本來就有公墓，而將嫌惡設施往這裡擺，不但妨礙都市發展，且有損公平。

至於李增欽先生所持理由如下：
1. 殯葬設施之設置應考慮都市發展，如有妨礙，不但不應設置，而且應遷移。
2. 殯葬設施之設置應由政府主導，配合民俗選擇風水好的地點，且在規劃上，殯葬設施周邊宜有相當面積之隔離綠帶，以作為和陽宅之緩衝。
3. 殯葬設施之設置應打破苗栗縣市行政界限，就整體生活圈來考慮，如果僅以行政轄區為考量，一定要設在苗栗市，那麼我們是否也可以要求殯葬設施業者不能對其他鄉鎮市提供服務，果此，則以苗栗市人口規模僅9萬人而言，恐怕業者亦難以經營下去。
4. 苗栗尚有很多人煙稀少的山坳地，例如圓墩地區有山坵包被，適合殯葬設施之設置，至於大坪頂不但缺乏包被，且緊鄰都市，又曾被納入大學校地評估，就土地競用與比較利益觀點而言，該地點應大學校地用途優先於殯葬用途，

政府不應因為該地本來就有公墓，而遷就現地許可業者新設殯葬設施。

綜合上述業者與居民之正反面意見，激盪出不少鄰避設施設置值得省思的問題。首先，苗栗市長期缺乏殯儀館及火化場，新設當然有其迫切性，惟苗栗市公所原計畫於松園社區就地改建火化場，遭受當地居民抗爭而放棄，現又核准私人於新英里大坪頂公墓旁新設殯儀館及火化場，如果松園社區可以因居民抗爭而作罷，又如何能夠說服新英里居民配合呢？政府到底有沒有一套長遠而完整的殯葬建設規劃？抑或如居民所言，因為該地本來就有公墓，而遷就現地許可業者新設殯葬設施。果此，在政府缺乏魄力與積極負責之情況下，任由業者與居民透過政治過程解決問題，最後，唯有強而有力者才能得到財產權〈property rights〉，弱勢族群成為特殊利益團體競爭下的犧牲品，引發環境不正義之問題。

雖然鄰避設施致使房地產價格下降之差額，可作為設施外部性的補償基準，但房地產價格並無法反映所有與風險暴露有關之鄰避效果〈例如火葬場排放氣體對於居民健康的戕害及因忌諱死亡而引起無形的心理衝擊，均難以貨幣價值衡量〉。Platt 提醒貧民及少數種族，如果屈服於實質補償的一時利益，將使社會整體落入付出更大環境成本的「社會陷阱」（social traps）（Platt，1973：641-651）。李永展將「公平正義」、「自願性」與「衝突管理」等原則納入環境正義的鄰避設施選址概念模式中，並認為如何讓社區居民的價值與信念達到平等互動，為鄰避設施設置決策過程的一項重點，政策或法規應該確保以降低鄰避設施潛在的未補償風險為修正方向（李永展，1999：97-104）。惟根據李佳穆之粗略估計，大坪頂殯儀館及火化場之設置，將造成附近地價新台幣十億元以上之損失（林佳穆，1997：110-111），金額龐大，且殯葬

設施予人嫌惡印象，非一朝一夕形成，如堅持原規劃地點，恐難透過實質補償或降低潛在的未補償風險，予以解決鄰避衝突。

　　就風水理論觀點而言，本文認為大坪頂殯儀館、火化場鄰避衝突解決之最佳對策，應打破鄉鎮市行政界線，另覓具有包被地形之山坳地，作為設置地點。誠如居民反映意見，大坪頂台地確實非良好之殯葬設施風水吉地。因其緊鄰都市，地形平坦，幅員寬闊，氣勢宏敞，為苗栗生活圈同心圓結構中心地帶，缺乏砂環水抱，磁場由「靜」逐漸轉變為「動」，未來再受到高鐵苑裡設站、銅鑼科學園區之開發及南苗學區進一步發展影響，此地將更旺，更不適合殯葬設施之發展。經筆者訪查瞭解，苗栗地區尚有不少符合風水條件之陰地（例如苗栗市西北方後龍海邊及造橋鄉與頭屋鄉交界干珍窩一帶），恐非如邱光映先生所言如果大坪頂這塊地不適合蓋喪葬設施，全苗栗縣也就找不到更適合的地點。政府應以生活圈觀點重新規劃，配合鼓勵自然葬〈例如樹葬、水葬〉之實施，另選擇妨害生態環境與視覺景觀最小，不影響都市及區域發展之風水吉地為之，唯有如此，才能避免或減少實質補償及降低鄰避設施潛在的未補償風險。

陸、結語

　　大坪頂殯儀館火化場規劃選址之鄰避衝突長達十年，迄今政府、業者與里民之間對於大坪頂之位址是否適合規劃開發殯儀館火化場，迄今仍看法相持不下。基於殯葬設施涉及複雜之民俗習慣與忌諱心理，本文捨棄傳統解決鄰避設施與社區間衝突的政策

工具，而試圖從多數民眾相信的風水文化觀點著手，尋求大坪頂規劃開發殯儀館火葬場鄰避衝突之解決對策。

從理論內涵來看，陰宅風水目的在尋求「砂環水抱」、「藏風聚氣」之地理環境，其判斷方法必須配合「龍、穴、砂、水」之講求。此外，好風水尚須具備防範侵奪破壞之可預測性，亦即擇葬地應避開日後可能因都市發展，而遭其他土地用途入侵的地點。風水理論中有關凝聚生氣之道理及從地形、地貌、地質判斷不可下葬之方法，展現風水理論有關土地利用的豐富生態思想。人類擇居的模式則印證了我們祖先的理想風水圖式，是追求適應生存與發展的理想景觀結構，而這種具有圍合與隔離效果的空間，正符合共同財界定財產權之管理觀點，有利於資源之管理及防免資源之濫用。

原始社會之陰陽宅風水條件相同之原因，乃人們相信死人和墳墓也像活著的人在世界上一樣，需要同樣的居住條件。惟在人口眾多，土地資源愈來愈稀少珍貴的今天，陰陽宅風水條件宜有所區別，以防土地資源利用的不當配置與降低經濟效率，甚至嚴重衝擊生活環境品質。

經由風水理論之分析與歸納，本文發現合理的殯葬設施規劃選址之原則應至少包括（一）選擇有包被地形的規劃地點；（二）包被地形之山丘必須低且嫩及（三）避開易遭其他用途侵奪之地點。依此原則觀之，大坪頂屬後龍溪堆積丘陵台地，四周無更高之山丘可形成包被環境，不宜設置殯儀館及火化場，且其地點緊鄰苗栗市街，如設置殯儀館及火化場，隨著人口增加及都市發展之需要，不假多日，極可能遭致遷移或廢止並變更其他用途之議。苗栗地區民風普遍篤信風水，為解決大坪頂長年來因殯儀館火化場設置引發的衝突問題，採取風水觀點之規劃選址原則，另覓適當地點，相信應可說服多數里民及業者達成和解與共識。

CHAPTER 4

墾丁國家公園區域內
公墓景觀評估之研究

墾丁國家公園區域內現存公墓並無妥善規劃使用，在民眾對於
殯葬設施的忌諱與嫌惡尚未卻除之前，老舊公墓之存在，確實
會妨礙視覺觀瞻，影響觀光遊憩品質及生態資源發展，因此，
公墓處理之課題益顯重要。為研擬公墓景觀之改善構想，首先，
依德爾菲分析濾定出景觀評估因子。其次，採景觀評估模式，
運用傳統與模糊（Fuzzy）二種分析比較，進而確定不同公墓
對景觀衝擊的排序。最後，經由實地訪談的結果，按景觀衝擊
程度不同而研提公墓環境改善構想。

壹、緒論

　　墾丁國家公園是我國第一座國家公園，按國家公園成立之目的，兼具有保育、研究、遊憩與環境教育等多方面功能。然而，墾丁國家公園範圍內存在十八處公墓並無妥善規劃使用，蓋因國人關於身後事處理深受風水民俗及死亡禁忌等觀念所影響，使得公墓形成「亂葬崗」，對環境景觀衝擊甚大[1]，嚴重影響遊憩環境品質及國家公園之發展。

　　由環境景觀影響的相關研究歷史來看，早期美國的自然保育者先提出景觀評估的概念，當時專家學者希望藉由科學性、系統化的量化方法或美學觀點來判斷景觀的價值，以抗衡執政者以經濟為唯一目的的政策考量。景觀評估的機制化發源於1970年美國總統尼克森簽署國際環境政策法案（National Environmental Policy Act，NEPA），此法確立了美國的國家政策促進改善環境，並建立了總統環境質量委員會（Council on Environmental Quality，CEQ）[2]。藉由法令推動科技整合性的環境規劃的開創，使得景觀評估成為景觀規劃與設計決策過程的重要一環。因此，我國在公墓環境景觀評估方面倘若能運用多元價值思考分析，方有利於國土資源的合理配置利用與健全發展。

---

[1]　按國家公園成立之目的，係為保護國家特有之自然風景、野生物及史蹟等，然而墾丁國家公園區域內存在公墓並未妥善規劃，研究人員於2008年5月24、25日實地勘查墾丁國家公園區域內公墓現況，發現現存公墓確實無妥善規劃使用。

[2]　參考 Environmental Justice Guidance Under the National Environmental Policy Act，2009 年 07 月 08 日取自於 http://ceq.hss.doe.gov/nepa/regs/ej/justice.pdf。檢索日：2009 年 7 月 8 日。

然而，景觀屬非實體之類較無法直接予以量化，故常造成因個案或專家不同之價值判斷，而有不同之見解。國外所謂景觀資源評價，主要是將環境中的景觀資源，透過人的價值判斷（主觀或過去經驗累積），予以描述、反映其特性與價值，並予以系統化管理與保護。過去之研究報告顯示，人在環境知覺中，以視覺感官占的比例最高，故一般景觀資源評價以視覺為主。而且，人在從事遊憩活動時不只是在實質的環境中產生活動，更需藉由感覺器官與各種景觀資源產生交互作用的影響（Stevens, 1988）。循此理念，本文於設計問卷之前，第一階段為量化研究，首先，實地勘察公墓環境景觀，勘察內容包括公墓位置分布、視覺景觀、臨路狀況等，拍攝並挑選墾丁國家公園區域內公墓具代表性概念的照片，並依據公墓環境景觀對於遊客遊憩直接或間接之影響情形，試圖先行劃分景觀衝擊程度分別為 A、B、C 及 D 等四類組；其次，回顧公墓景觀相關文獻，廣泛歸納景觀評估因子，應用德爾菲問卷請專家學者協助篩選之；接續，應用模糊邏輯為基礎的方法設計景觀評估問卷，就前述篩選而得之評估因子，進行遊客問卷施測，以了解景觀評價者對於前述四類組之看法，由於評估因子業已精簡，因此受訪者較易於認知感受並評量衝擊程度。

　　第二階段為質性研究，承續實地勘查及量化研究的成果，拜訪公墓所在地恆春鎮及滿州鄉公墓管理相關單位[3]，透過深度訪談，以了解相關行政人員對於公墓景觀改善之態度與想法，俾期與量化研究成果相互印證，以利研擬周延可行之公墓景觀改善構想。本文的結構分為五個部分，除了第一部分緒論之外，第二部分為文獻回

---

[3]　受訪者主要為管理公墓的行政人員，且屬於未來公墓景觀改善的決策者或執行者，若能了解他們的想法和意見，對於研擬周延的改善構想有極大的幫助。

顧、第三部分為研究方法與研究設計、第四部分為實證結果與分析、第五部分為公墓景觀改善構想之研擬、最後則是結論。

貳、文獻回顧

一、環境景觀評估

　　Vining & Stevens（1986）將景觀評估的研究方法分為專家描述記錄法及非專家之大眾偏好評估法，但該文未詳細說明方法意涵，LRGCC（1988）及陳惠美（1999）進一步將研究方法分類說明其意涵其中專家描述記錄法由具有景觀、美學、生態、地理及森林等相關背景專家，依其專業知識對環境作判斷與評價，此法的評估結果能立即顯示結果，故較常為實務界所採用；非專家之大眾偏好評估法則對大眾知覺加以評估，沒有設定專業性之對象，故大眾的景觀偏好成為最佳的景觀品質或價值之評斷代表。後者藉由問卷訪談等方式蒐集一般受訪者對景觀偏好之意見，予以質化或量化分析，以瞭解受訪者對景觀的偏好，此方法較為大眾化之研究探討，經過樣本調查蒐集之資料問卷較趨向於母體，更能貼切反應大眾視覺感受的現實狀況。

　　俞孔堅（1988）說明景觀評估學派有專家學派、生心理學派、認知學派，以及經驗學派等四個學派，各學派的主要思想和評估方法有所不同。專家學派認為符合美的原則的景觀和較高的景觀品質，評估工作透過具有專業相關人員進行評估；生心理學派認為景觀與景觀審美的關係理解為刺激與反應的關係，透過測量群

眾對景觀的審美態度，得到一個反應景觀品質的量表，再進行相關量化分析得知景觀評估偏好；認知學派認為將景觀作為人的生存空間，認知空間來評估；經驗學派認為人對景觀審美評判看作是人的個性及其文化、歷史背景、志向與情趣的表現，請參閱表26。

表 26　景觀偏好學派分類

學派＼項目	定義	屬性
專家學派	形體、線條、色彩、質地四個基本元素再決定景觀品質時的重要性。	以基本元素分析景觀，景觀價值偏向形式或生態。
生心理學派	"景觀－審美"的關係看作為"刺激－反應"的關係，主張以群眾的普遍審美趣味作為衡量景觀品質標準。	以景觀因素分析為主，景觀價值偏向主觀和客觀作用產生。
認知學派	景觀作為人的認識空間和生活空間來理解，主張進化論的思想為依據，從人的生存和功能出發進行評估景觀。	以人之認知感受的評估因子為主，景觀價值在於人的生存、進化的意義。
經驗學派	景觀作為人類文化不可分割的一部份，用歷史的觀點，以人所產生其景觀的價值和背景。	以景觀作為人或整體的一部份，景觀價值在於景觀對於人的歷史背景反應。

資料來源：Kaplan, S., & Kaplan, R.（1982）、Zube, E.H., Shell, J.L. and Taylor, J.G.（1982）、Lowental（1975）、俞孔堅（1988）。

　　王小璘（1999）說明一般大眾的景觀偏好研究大致可分為景觀類型分類研究、生心理模式研究、認知模式研究及體驗模式研究等，（1）景觀類型分類研究係運用因素分析或群落分析，依據使用者偏好程度結果將景觀進行歸類。（2）生心理模式則以心理學中「刺激（S）－反應（R）」的假設為理論基礎，認為景觀環境為刺激的來源，而由個體對該刺激作出反應，因此可探討並量測在景觀環境中，由知覺判斷有關的物理特徵，並根據此等物理特徵之客觀量測，建立一項可精確預測環境品質與使用者知覺間之量化函數關係。（3）認知模式則強調過去視覺模式和所受資訊會影響使用者對景觀美質之認知，故主張環境對觀察者的刺激必

先透過知覺與認知之過程，方能產生反應。（4）體驗模式則著重於使用者與景觀環境間互動經驗，強調透過主動且敏銳的使用者表達其對環境的主觀感受，期待及解釋等反應。

另一方面，Rapopor（1977）認為人與環境的互動可分為三類：環境知覺（Environmental Perception）[4]、環境認知（Environmental Cognition）[5]與環境偏好（Environmental Preference）[6]三部份，此三部分研究的結果會影響到人的行為。然而，Kaplan, S. and Kaplan, R.（1982）認為人類對環境的偏好源自於過去物種的演化以及特殊情境所賦予的適應性價值。因此，偏好研究主要在了解人對於環境所產生的感受，並嘗試了解人從接受環境訊息，經過知覺至認知的內心感受，最後作出的行為發展歷程。本文主要想得知人們對於公墓環境景觀之感受，涉及公墓景觀影響因素較為多元且複雜，且公墓景觀評估因子的數量多寡影響一般大眾受測時的效果，先行透過專家學者的專業知識濾定適當的公墓景觀評估因子，便於後續一般大眾對於景觀偏好調查其感受及對特殊意象之認知反應，運用生心理模式類型和人對環境的互動分析，透過完善的環境景觀評估分析了解受訪者之景觀偏好。依據前述相關景

---

[4] 環境知覺是人與環境之互動的心理過程，透過人的各種感官來接收景觀的訊息並產生環境知覺，人們透過意志力的選擇、個人社會經濟背景及社會文化等來解釋環境產生環境認知，進而形成環境態度及行為反應（Zube etc, 1982）。Kaplan 等人（1985）認為環境知覺是一種心理過程，人對空間所給予刺激的直接感官經驗，而人們以過去的經驗、目前的需求和對未來的期望會對這種感官經驗產生影響，這些影響再由某些事物、環境中表達出來。

[5] 環境認知是個體在處理、儲存、回想場所以及地點安排等種種訊息的態度，存在的形式可能為腦中如圖畫式的景象或有意義的符碼，藉由對週遭環境的看法產生認知作用（Gifford, 1987）。

[6] 景觀偏好相同經歷知覺與認知的階段，隨著體驗不同的環境而產生個人對環境場所的知覺偏好（李素馨，1995）。

觀研究，從公墓景觀切入透過本身環境屬性，讓人能夠經由知覺、認知及行為選擇的過程分析環境感受，同時與空間環境進行互動，形成個體的偏好。因此，本文嘗試透過環境知覺等研究方法以影響公墓景觀對於環境的特質與空間元素，並分析受訪者之感受與環境刺激關係，以利本文後續研擬公墓景觀改善構想。

（二）景觀評估因子文獻

近幾年來雖因重視旅遊環境品質，為提升良好的旅遊環境，使得墾丁國家公園區域內之公墓景觀問題較以往更受到關注。惟截至目前，國內、外的直接與公墓景觀評估之相關研究成果仍相當稀少。然而，所幸其他研究領域之景觀評估因子頗為廣泛，舉凡生態景觀、遊憩活動、文化景觀等，尚稱豐富，這些文獻雖屬於間接相關，但由於其探究對象與墾丁國家公園設立宗旨為維護及發展生態環境、歷史文化、觀光遊憩等面向相符，或可供參考。

目前直接與公墓景觀相關的有，楊寶祥（2005）認為城市生態園林公墓建設的好壞將直接影響到城市景觀的完整性以及城市生態環境的優劣。此外，楊國柱（2003）說明完整翠綠之崗丘，因點綴在穴之前後左右，令四周環境十分得體平穩，使觀賞者之心理十分舒暢。此外，吉砂[7]也可遮擋不佳之破碎物體而增加美景之完整性。依據公墓景觀對於環境影響，從生態網絡之延續與景觀風貌完整性的功能，具有影響景觀好壞的因素。

至於間接與公墓景觀相關之文獻說明如下：

---

[7] 砂者，穴前後左右之山丘也，其範圍主要包括有穴前方之朝山、案山；後方之樂山；穴左方之青龍崗阜等。砂有吉凶砂之分，凶砂者，例如尖射的、破碎的、狹逼的、瘦弱的、身反向的、順水走的（一丁等人，1999：120）。

1. 生態自然學相關文獻

陳宜清、張清波（2008）探討發展生態旅遊或遊憩開發用地之影響評估時，其涵蓋內容有自然環境、生態環境、生活環境，以及文化、景觀及遊憩環境等。在旅遊活動對於生態環境之影響是廣泛而深遠的，而衝擊層面可分為實質環境衝擊、生物衝擊及視覺景觀衝擊等三方面，其視覺景觀衝擊是依據一個地區景觀自然發生的原則和過程，如靜態的地理上之地形特徵、植栽特性、土壤特性等，或是動態的棲地上野生動物，而人為計畫及活動，例如遊客人數的多寡、開發建設、劃分特殊景觀利用的範圍等，對於旅遊地區自然景觀、環境美質的破壞及景觀上的改變，產生了不平衡、不調和或不自然之現象，評估指標為自然性、景觀視覺、美學性等。顏家芝（2002）研究玉山國家公園塔塔加、東埔、梅山地區遊憩衝擊暨經營管理策略，對於遊憩衝擊部分亦提出類似觀點。

2. 環境美學相關文獻

Nasar（1988）提出象徵美學（symbolic aesthetics）強調形態的內涵意義和因經驗造成對物體認知不同的因素分析，亦重視環境給予人類聯想的意義，風格是其中較為突出顯著的因素。接續，Nasar（1998）提出城市意象與喜好力（Likability）有關，喜好力形成相關的五個特徵元素分別為自然性、文明性、開闊性、歷史重要性及次序性。Kaplan and Kaplan（1982）在檢測不同領域對景觀偏好的解釋能力之研究中指出，一致性（coherence）、複雜性（complexity）、神秘感（mystery）、開放性（spaciousness）、識別性（legibility）與景觀偏好之間有顯著相關。

3. 在環境敏感相關文獻

俞孔堅（1991）說明景觀敏感度是景觀被注意到的程度的量度，為景觀醒目的程度等的綜合反應，與景觀本身的空間位置、

物理屬性等都有密切關係。陳宜清、林建任（2007）說明環境敏感度（environmental sensitivity）之定義為一生態系統（人類或其他生物族群組成）對環境的一種同理性感受，亦即環境之不良變化（污染、災害及人為開發等）對生態棲息環境之安全、存活及繁衍所造成嚴重衝擊與危害下之反應程度。

4. 文化景觀相關文獻

李英弘（1999）在文化景觀意象認知提供有：獨特性，指此文化景觀非常特別且具有代表性，足以代表一地區之特色；豐富性，指此文化景觀所包含之元素多樣化，且傳達出相當的愉悅性；和諧性，指此文化景觀之景觀元素與元素間相契合，而不衝突；稀有性，指此文化景觀類型或景觀元素少見且不具重覆性；原始性，指此文化景觀中自然與人造物之間整體的秩序感。徐明福（2001）研究指出台南古蹟在維護古都的可持續發展及歷史、文化等建築視覺景觀、提升人文環境生活品質。林曉薇（2008）認為文化景觀[8]之多元及複雜性，在保存與再利用的特殊性上，必須先理解建立文化景觀的整體脈絡性結構，其說明巴那文工業地景保存的不只是工業革命時期遺留下來的建築及機器之保存，更有整體生產生活之地景與社會脈絡。

承上述文化景觀文獻獲至啟發以，缺乏對文化資產與自然資產本質意涵之認識，未能妥適處理保存取捨的價值與特色判定問題，大部分具歷史性、代表性的相關建物、生活環境、文化活動、生產空間、生物多樣性等的文化景觀特性都將在忽視中快速流失。就以公墓而言，其可視為具有刻畫著歷史的記憶、文化傳承

---

[8] 文化資產保存法施行細則說明文化景觀，包括神話傳說之場所、歷史文化路徑、宗教景觀、歷史名園、歷史事件場所、農林漁牧景觀、工業地景、交通地景、水利設施、軍事設施及其他人類與自然互動而形成之景觀。

和世代交替的意義，例如，華盛頓的阿靈頓國家公墓和華盛頓國家大教堂為美國民族心靈的代表景觀；臺灣蘇澳軍人公墓透過公園化經營，著手規劃與整建景觀，成為踏青尋幽的好地點，古人、今人怡然共處的公園，提供戰爭與和平的省思，因此公墓可視為具歷史性、文化性、獨特性、代表性的特質。

綜合歸納上述直接和間接的相關文獻，可作為公墓景觀評估的因子者，大致上有自然性等十六項，茲將公墓景觀評估因子的操作定義彙整如表 27。

表 27　墾丁國家公園區域內公墓之評估因子分類表

評估因子	本文操作定義	備註
自然性	公墓景觀對於自然環境影響的程度。	陳宜清、張清波（2008）、顏家芝（2002）、Nasar（1998）
敏感度	人們對公墓景觀的感受之反應程度。	陳宜清、林建任（2007）、俞孔堅（1991）
歷史性	整體公墓景觀區域具歷史氛圍程度。	徐明福（2001）、林曉薇（2008）、Nasar（1998）
文化性	公墓景觀具有的文化意義。	林曉薇（2008）、徐明福（2001）陳宜清、張清波（2008）
神秘性	觀光客若再深入公墓景觀中，將會獲得多於此刻可見的訊息。	李英弘（1999）Kaplan and Kaplan（1982）
和諧性	公墓景觀元素之搭配組成的協調程度。	李英弘（1999）
一致性	公墓景觀中秩序或組織的統一程度。	Kaplan and Kaplan（1982）
完整性	視覺景觀之完整程度。	楊寶祥（2005）
獨特性	由觀察者評定現地景觀獨特程度。	李英弘（1999）
美學性	整體公墓景觀美學程度。	陳宜清，張清波（2008）Nasar（1988）、顏家芝（2002）
開放度	整體公墓景觀空間開放的承受程度。	Kaplan and Kaplan（1982）
視覺接受度	公墓景觀對於觀光客接受視覺特徵及品質的承受度。	陳宜清，張清波（2008）、顏家芝（2002）、Nasar（1998）
秩序性	整體公墓景觀元素是否有秩序。	Nasar（1998）
代表性	公墓景觀在所屬類別中作為環境衝擊例子的程度。	林曉薇（2008）
稀少性	整體公墓景觀具相對重要性、稀少性。	李英弘（1999）
複雜度	公墓景觀評估中對於視覺可及範圍內之景觀元素複雜程度之評估。	Kaplan and Kaplan（1982）、林曉薇（2008）

資料來源：本文彙製。

參、研究方法與研究設計

一、研究方法

　　本文之研究方法包括量化研究及質化研究。首先搜集景觀評估方法和評估因子的相關文獻，以利於後續研究的研究方向和問卷設計。其次，單有評估因子而無評估對象，亦難實施問卷調查，因此本文採實地調查先行了解墾丁國家公園區域內公墓現況，調查內容包括公墓位置分布、視覺景觀、臨路狀況，並依據公墓環境景觀對於遊客遊憩直接或間接之影響情形，將公墓景觀衝擊程度劃分為 A、B、C 及 D 等四個等級，進而運用景觀評估問卷調查景觀評價者的看法。質言之，在量化研究方面，首先運用德爾菲法之專家之公墓景觀評估因子問卷研究，藉由專家團隊濾定出適合評估公墓景觀的評估因子，接續進行學生族群之模糊邏輯之景觀評估問卷研究調查。為了使本文研究進行更加嚴謹，政策建議更加周延可行，後續在質化研究方面，拜訪相關鄉鎮公所公墓管理單位，以進行深度訪談，最後綜合考量前述量化研究成果與分析，進而研擬公墓景觀改善構想，茲將本文研究方法運用步驟流程，繪圖表示如圖 13。

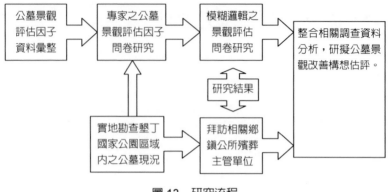

圖 13　研究流程

二、研究設計

　　本小節主要針對專家濾定公墓景觀評估因子、非專家景觀評估、實地訪談等進行研究設計。由於非專家評估偏好乃本文量化研究最終目的，其專家濾定公墓景觀評估因子僅將龐雜評估因子篩選出適合作為非專家之公墓評估因子的質量，因此該方法的實證過程與成果在本文視為研究設計之一環。

（一）專家濾定公墓景觀評估因子：德爾菲法（*Delphi technique*）

　　德爾菲法（Delphi technique）為 1960 年代美國蘭德公司（Rand Corporation）的黑默（O.Helmer）等人所發展出來的長期預測技術，屬於直覺預測方法（intuitive forecasting methed）之一。德爾菲法取名字古希臘阿波羅神廟址 Delphi，取自權威與信望的意義。1960 年代以後，Delphi 法的應用逐漸推廣到其他領域，目前已廣泛應用在高階層決策問題（Pill, 1971；Shefer & Stroumsa, 1981；Rowe et al, 1991）。

1. 德爾菲法運用簡述

(1) 德爾菲法是利用問卷或其他意見蒐集方式，實施多次、重複的意見調查，並由施測者負責統計並整理分析及回饋眾專家所回覆的意見。

(2) 每一回問卷之填寫，如同一次會議之召開。專家們就像參加一項無須面對面的會議，而無需協調集會時間與地點的困擾。

(3) 德爾菲法是以統計方式呈現出集體意見。

德爾菲法在本質上是依賴參與之專家、學者之專業經驗、直覺與價值判斷，以匿名式的群體決策技術，獲得對特定討論議題的一致結論。

2. 實施方式說明

德爾菲法通常依循下列程序進行：

（1）第一回合

在此回合中，研究者針對研究主題，蒐集並參考相關文獻後發展出各系統之景觀指標，且將問卷經前測、修改後，直接發予專家小組成員回答。

（2）第二及餘下回合

第一回合問卷調查中，專家小組成員憑據各自的專業知識及實務經驗發表個人意見後，研究者將整合其結果，設計第二回合之問卷，並附上第一回合問卷結果及其統計資料，使專家小組成員能在參考、評估其他專家對相關議題的看法後，並請專家每一項目評分需落在平均值加減一個標準差的範圍，繼續回答第二回問卷。若專家個人對某項問題與其他成員意見不同，可在問卷中說明其原因，以減少多數人意見對個人的影響。其後每一回之問卷調查均依循上一回之程序，直到統計資料顯示整個專家小組的意見已趨於一致、穩定或達到某種程度的契合為止。

3. 專家小組遴選

本次專家問卷決策群體的組成，共有十位學者專家參與及提供寶貴意見，其專長分別屬於生態、環境、工程、地政、藝術等相關領域，具有豐富之學術涵養及實務經驗，其中公部門單位代表有 2 位，專業領域為都市計劃為主；私部門單位有 1 位，此位專案經理具有公墓景觀分析及處理的工作經驗；學術單位代表有 7 位，其專業領域包含生態、環境、地政、藝術方面等，請參閱表 28。

表 28　專家小組遴選代表

專家編號	服務機構	學系／單位	職稱
1	台南市政府	都市發展處	技士
2	台南市政府	都市發展處	職員
3	政治大學	地政學系	教授
4	南華大學	生死學系	研究助理
5	政治大學	地政學系	博士候選人
6	政治大學	地政學系	博士生
7	順發工程顧問公司	景觀單位	專案經理
8	長榮大學	土開系	系主任
9	台北大學	民俗藝術研究所	副教授
10	興國管理學院	資產系	助理教授

資料來源：自行整理

4. 共識原則的分析

為了檢核專家群體成員的共識性是否達成，本文利用差異性指標（*consensus deviation index*；*CDI*）作為評判準則，若共識性差異指標越小，表示專家的共識程度越高。研究小組可事先設定共識性差異的門檻值 ε，而本文所設定之門檻值 ε 為 0.1，本文問卷調查執行於第三回問卷調查 CDI 值均小於 0.1 值，已達共

識，但稀少性的 CDI 值無法小於 0.1，專家 7 對於稀少性給予一些評論，其說明為「無法在本文的範圍值的墳墓予民眾之景觀造成之心理感知，來自存在感所帶來的影響，民眾並不太會在意景觀上的特質」，可供本文參考，惟其並不影響研究結果。再根據具有共識性看法的平均評分，計算調查項目的相對重要程度，本文設定當相對重要程度取 0.67 以上，即可刪除評估準則，可減少後續研究的困難度與複雜性。經由上述操作，本文歸納出適用且重要程度的六項評估因子，依序為敏感性（0.081）、美學性（0.077）、開放度（0.077）、自然性（0.070）、視覺接受度（0.070）、完整性（0.067），參閱表 29。

表 29　德爾菲問卷第三回問卷評估因子統計分析

評估因子	專家1	專家2	專家3	專家4	專家5	專家6	專家7	專家8	專家9	專家10	平均值	標準差	CDI	相對重要程度
自然性	6	6	6	6	7	6	5	5	7	6	6	0.63	0.10	0.070
敏感度	7	6	7	7	7	7	8	7	6	7	6.9	0.53	0.08	0.081
歷史性	4	3	4	4	4	4	4	4	4	4	3.9	0.30	0.08	0.045
文化性	4	4	5	4	4.5	3	4	5	4	4.25	0.60	0.10	0.049
神秘性	5	5	5	6	4	5	4	5	5	5	4.9	0.53	0.10	0.057
和諧性	6	6	6	5	6	6	5	5	6	6	5.6	0.48	0.09	0.065
統一性	5	5	5	5	5.5	5	5	5	6	5.25	0.40	0.08	0.061
完整性	6	6	7	5	6	5.5	5	5	6	5.75	0.60	0.10	0.067
獨特性	5	6	6	5	5	6	5	5	6	5.5	0.50	0.09	0.064
美學性	6	7	6	6	7	6	8	7	6	6.6	0.66	0.10	0.077
開放度	7	6	7	7	7	5	6	6	6	6.4	0.66	0.10	0.075
視覺接受度	6	6	7	6	6	6	5	5	6	6	0.63	0.10	0.070
秩序性	5	5	6	5	6	5	6	6	6	5.5	0.50	0.09	0.064
代表性	4	4	5	4	5	5	4	5	5	4.6	0.48	0.10	0.054
稀少性	4	4	5	4	5	4	2	3	5	4	0.89	0.22	0.046
複雜度	4	4	4	4	4	4	5	3	4	4	0.44	0.10	0.046

資料來源：本文繪製。

（二）非專家景觀評估法

非專家景觀評估方法，結合運用模糊邏輯的概念，模糊邏輯使用分析和分類資料依照受訪者對模糊集合表現區別景觀元素的影響，使得能濾定受訪者於墾丁國家公園區域內存在的公墓對景觀生態環境衝擊程度大小的不確定性，能更精確分析結果。

1. 樣本選取

基於研究者於幾所大學任教之方便，以及根據墾丁國家公園管理處的公墓管理人員接觸經驗得知，該區域的遊客以大學生族群居多。因此，本文分別以研究者在台北市政治大學、嘉義縣南華大學、以及台南市興國管理學院任教之修課學生為受訪對象，針對研究者任教班級進行景觀評估問卷調查，受訪者共計 300 位，有效樣本為 278 位，無效樣本為 22 位。

2. 景觀評估步驟

本文研究目的步驟景觀評估方法的應用包括了四個步驟：（一）描述景觀、（二）將刺激物呈現給觀察者觀看並記錄評值、（三）評估觀察者的判斷評值及（四）統計分析，其評估流程概念請參閱圖 14。

（1）描述景觀

Sheppard（1989：142）將視覺模擬定義為「在實際基地情況中，用正確的觀點來展現計畫建築物或未來狀況的視覺圖片或影像」，其目的在使人於非實質環境下，能接受到與實際環境相同的視覺訊息。本文利用投影機及照片為評估媒體，可使研究在操作上較為方便，且較能控制自然狀況不穩定而造成的誤差，但為了能避免操作偏誤影響描述內容，往往利用抽樣程序進行刺激物之拍攝。有關視覺模擬的方法甚多，且以各種不同的模擬方法配合不同的傳達媒介。較常用的有繪圖法、比例模

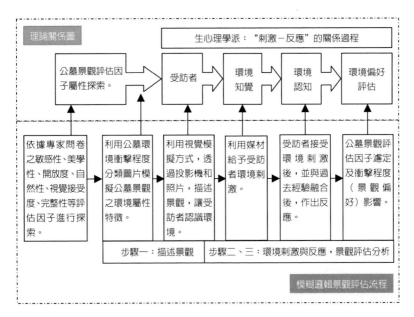

内の文字:

理論關係圖

生心理學派："刺激－反應"的關係過程

公墓景觀評估因子屬性探索。 → 受訪者 → 環境知覺 → 環境認知 → 環境偏好評估

依據專家問卷之敏感性、美學性、開放度、自然性、視覺接受度、完整性等評估因子進行探索。

利用公墓環境衝擊程度分類圖片模擬公墓景觀之環境屬性特徵。

利用視覺模擬方式，透過投影機和照片，描述景觀，讓受訪者認識環境。

利用媒材給予受訪者環境刺激。

受訪者接受環境刺激後，並與過去經驗融合後，作出反應。

公墓景觀評估因子濾定及衝擊程度（景觀偏好）影響。

步驟一：描述景觀　　步驟二、三：環境刺激與反應，景觀評估分析

模糊邏輯景觀評估流程

圖 14　公墓景觀評估流程概念圖

資料來源：自行繪製。

型法、照片處理法、電腦繪圖法、影像處理法、動態模擬法等。本文試圖採用照片處理法以了解經由觀看照片，觀賞者視域對景觀生態偏好影響，藉以探討使用標準照片評估現地環境景觀之可行性。

　　依據實地勘查與現況，將墾丁國家公園區域內十八處公墓先行分類衝擊程度，接續分類顯示出公墓的環境差異，可區別所需要的刺激物數量依據景觀地區的歧異度而定，而同性質的景觀分類衝擊程度可能由一個刺激物來表達為主。本文主要自行依據上述刺激物的屬性分類 A、B、C、D 級四種的衝擊程度的公墓，選

出具有代表性的四組不同公墓型態，每組附有衛星影像圖（引用於 GOOGLE EARTH）、實地勘查照片遠處及近處各一張，其影像資料蒐集原則，拍攝時段為天氣晴朗的週末早上至午後（早上十點至下午三點）進行拍攝為原則，嘗試捕捉公墓景觀與週邊環境所展現的空間氣氛；拍攝主題與影像構圖依據本文分類的 A、B、C、D 組四種衝擊程度的公墓為原則，進行遠處（模擬受訪者從遠處可觀望到公墓位置的距離）和近處（模擬受訪者身於公墓位置之實際現場現況）取景，相關圖片如下所述：

A 組：代表地點為恆春第二十公墓，墓主要在台 26 號道路旁，圖顯示公墓位於夏都沙灘酒店斜對面且遊客往墾丁鬧區為主要路徑。

圖15　恆春第二十公墓衛星影像

圖16　恆春第二十公墓現況

圖17　恆春第二十公墓現況

B 組：代表地點為滿州第七公墓，鄰近主要道路為縣道 200 號為觀光遊憩經過路段，遊客直接從較遠距離可看到公墓。

圖18　滿州第七公墓衛星影像

圖19　滿州第七公墓遠處

圖20　滿州第七公墓現況

C 組：代表地點為恒春第二十二公墓，恒春鎮鵝鑾里內風吹沙景點附近，
公墓位於較內陸區域離主要道路台 26 號有段距離。

圖 21　恒春第二十二公墓　　圖 22　恒春第二十二公墓　　圖 23　恒春第二十二公墓
　　　　衛星影像　　　　　　　　　　遠處　　　　　　　　　　現況

D 組：代表地點為恒春第十八公墓，公墓鄰近道路為鄉間小路，位於人煙
稀少偏遠地區。

圖 24　恒春第十八公墓　　圖 25　恒春第十八公墓　　圖 26　恒春第十八公墓
　　　　衛星影像　　　　　　　　　　遠處　　　　　　　　　　現況

（2）將刺激物呈現給觀察者觀看並記錄評值

　　　將處理好的刺激物進行編號，再經過制定的順序，依此衛星
影像圖、實地勘查照片遠處照片及實地勘查照片近處照片各一張
的順序，將刺激物呈現給觀察者觀看。觀察者先讀一段簡介，並
被告知主題為何，而後進行刺激物評分，每位觀察者以問卷所提
供對每一刺激物記錄其判斷評值。

（3）評估觀察者的判斷評值

　　　結合模糊邏輯方式設計每一項景觀評估配置重要性程度，了
解觀察者對於公墓景觀生態衝擊程度之影響，進行分析群體決
策，並依循他們對於景觀評估因子的偏好度之權重，應用整合模
糊邏輯的方法分析觀察者的判斷評值結果。

（4）統計分析

以 SPSS12 版統計軟體作進一步的分析與檢定 T 檢定，其次運用傳統與模糊二種的分析比較，計量分析每張圖片的景觀評估因子的結果，用來進行後續的差異分析。

（三）實地訪談設計：觀察與深度訪談

針對本文目的，對於墾丁國家公園涉及墳墓用地之區域質性研究分為二個階段，第一階段為實地觀察，藉由親至相關區域深入觀察公墓分布狀況進行現況調查，俾利瞭解公墓與週遭環境的影響，觀察過程進行蒐集景觀評價者的樣本規模，相關公墓景觀圖片作為後續量化研究視覺模擬的依據；第二階段為深度訪談，依據實地環境觀察和量化研究的成果，接續安排深度訪談，拜訪當地公墓管理相關單位[9]，透過深度訪談了解公墓使用現況及行政人員對公墓景觀相關問題之看法，俾利探求公墓景觀改善構想。本文研擬訪談大綱包括（1）公墓問題對於墾丁國家公園之發展影響、（2）墾丁國家公園區域內之公墓與週遭環境的影響和衝擊、（3）未來公墓景觀改善課題（4）其他課題。本文訪談對象共計有七位受訪者，請參閱表 30。

---

[9] 受訪者主要為管理公墓的重要人員，且未來在執行公墓景觀改善業務的關鍵人員，若能了解他們的想法和意見，對於研擬周延的改善構想有極大的幫助。

表 30　質性訪談人時地

訪談對象	訪談日期	訪談時間	訪談地點	受訪者背景
MTO_1	97 年 07 月 03 日	AM 8：30-10：00（120 分鐘）	鄉長辦公室	鄉長
MTO_2	97 年 07 月 03 日	AM 8：30-10：00（90 分鐘）	鄉長辦公室	鄉秘書
MTO_3	97 年 07 月 03 日	AM 10：10-11：00（50 分鐘）	職員辦事處	鄉之民政課職員
HTO	97 年 07 月 03 日	AM 11：30-12：30（60 分鐘）	課長辦公室	鎮之民政課課長
PCG_1	97 年 07 月 03 日	PM 03：30-05：00（90 分鐘）	貴賓室	縣政府民政處科長
PCG_2	97 年 07 月 03 日	PM 03：30-05：00（90 分鐘）	貴賓室	縣政府民政處課員
CTO	97 年 07 月 03 日	PM 01：00-01：30（30 分鐘）	課長辦公室	鄉之民政課課長

資料來源：自行整理。

肆、實證結果與分析

一、描述性統計

（一）基本資料分析

　　本文景觀評估問卷數為 300 份，其中有效樣本數為 278 份，無效樣本數為 22 份。由表 31 中可知，調查對象的基本統計資料，（1）性別部分：男性有 166 人，佔總人數之 59.7%；女性有 112 人，佔總人數之 40.3%，其中男性略多於女性。（2）年齡部分：因研究對象設定為學生族群，其年齡為 21～30 歲佔總人數之 70.9%。（3）教育部分：為大學程度為主佔總人數之 91.4%。（3）戶籍居住地部分：佔總人數的前三名城市分別為新北市、高雄市、高雄縣。

表 31　受訪者基本資料

（單位：百分比）

項目	性別		年齡			教育程度			戶籍居住地		
	男	女	20 歲以下	21～30 歲	其他	大學	碩士	其他	新北市	高雄市	高雄縣
百分比	59.7	40.3	20.5	70.9	8.6	91.4	6.8	1.8	10.4	12.6	8.6

　　由表 32 可知，受訪者曾經有到墾丁國家公園旅遊佔總人數之
85.6%，顯示受訪者大部分對墾丁國家公園的景觀環境有接觸體驗
的經驗。然而，受訪者認為墾丁國家公園區域內之公墓的問題，
會影響遊憩品質的佔總人數之 53.6%；不會影響遊憩品質的佔總人
數之 46.4%，顯示公墓是否會影響受訪者的遊憩品質是因人而異。

表 32　墾丁國家公園遊憩狀況

（單位：百分比）

項目	曾經到過墾丁		公墓影響遊憩品質	
	是	否	是	否
百分比	85.6	14.4	53.6	46.4

（二）景觀評估因子的相對重要程度分析

　　依據受訪者們填寫的問卷結果分析，由次數分配顯示整體的
景觀評估因子的相對重要程度分布狀況，從表 34～表 39、圖 27
～圖 32 的評估因子百分比比較得知，選擇重要等級 1 最多者為「自
然性（0.313）」、選擇重要等級 2 最多者為「美學性（0.248）」、選
擇重要等級 3 最多者為「完整性（0.241）」、選擇重要等級 4 最多
者為「完整性（0.216）」、選擇重要等級 5 最多者為「敏感度
（0.198）」、選擇重要等級 6 最多者為「開放度（0.317）」。其中「視
覺接受度（0.284）」選擇等級 1 與「自然性（0.313）」不相上下，

「視覺接受度」歸類為重要等級 1。其次，敏感性選擇重要等級 3、5 為最多，考量開放度選擇重要等級 6 最多。最後歸納整理出受訪者們對於相對重要等級的組合結果，如表 33 所示。另一方面，專家小組的德爾菲分析對評估因子的相對重要程度結果與受訪者們的結果有所差異，除了「美學性」都列為相對重要等級 2，其餘都不相同。由此顯示，專家依據專業角度考量，但受訪者們為一般認知或感受考量，使得結果有差異性。

表 33　景觀評估因子的相對重要程度

相對重要等級	1	2	3	4	5	6
學生族群（相對百分比）	自然性（0.313）視覺接受度（0.284）	美學性（0.248）	完整性（0.241）敏感性（0.209）	完整性（0.216）	敏感性（0.198）	開放度（0.317）
專家小組（相對重要程度值）	敏感性（0.081）	美學性（0.077）	開放度（0.077）	自然性（0.070）	視覺接受度（0.070）	完整性（0.067）

註：本表主要針對重要等級的排序做比較參考，對於數據值的表示不同，不討論數據部份。

表 34　自然性重要程度

重要性等級		次數	百分比
最重要	1	**87**	**31.3**
	2	48	17.3
	3	35	12.6
	4	42	15.1
	5	20	7.2
最不重要	6	46	16.5
總和		278	100.0

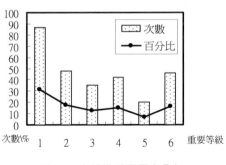

圖 27　自然性重要程度分布

表 35 敏感度重要程度

重要性等級		次數	百分比
最重要	1	21	7.6
	2	37	13.3
	3	**58**	**20.9**
	4	48	17.3
	5	**55**	**19.8**
最不重要	6	59	21.2
總和		278	100.0

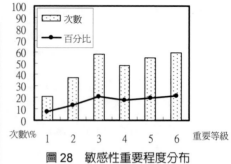

圖 28　敏感性重要程度分布

表 36 完整性重要程度

重要性等級		次數	百分比
最重要	1	36	12.9
	2	40	14.4
	3	**67**	**24.1**
	4	**60**	**21.6**
	5	53	19.1
最不重要	6	22	7.9
總和		278	100.0

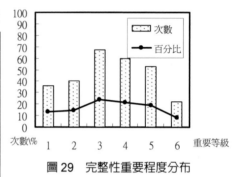

圖 29　完整性重要程度分布

表 37 美學性重要程度

重要性等級		次數	百分比
最重要	1	37	13.3
	2	**69**	**24.8**
	3	49	17.6
	4	45	16.2
	5	46	16.5
最不重要	6	32	11.5
總和		278	100.0

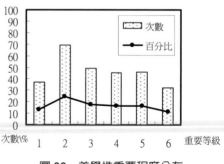

圖 30　美學性重要程度分布

表 38　開放度重要程度

重要性等級		次數	百分比
最重要	1	17	6.1
	2	28	10.1
	3	31	11.2
	4	49	17.6
	5	65	23.4
最不重要	6	**88**	**31.7**
總和		278	100.0

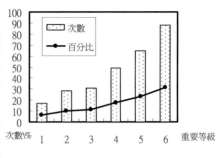

圖 31　開放度重要程度分布

表 39　視覺接受度重要程度

重要性等級		次數	百分比
最重要	1	**79**	**28.4**
	2	56	20.1
	3	41	14.7
	4	34	12.2
	5	38	13.7
最不重要	6	30	10.8

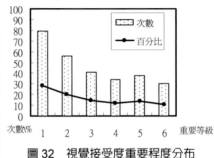

圖 32　視覺接受度重要程度分布

二、獨立樣本檢定（A、B、C、D 組景觀感受評分結果）

　　本文主要藉由四種的衝擊程度的公墓，針對 A、B、C、D 四組不同的公墓型態作為問卷的代表，受訪者依據直覺性與感受給予每組六個評估因子評分。

　　本文檢定樣本的各評估因子的平均值是否與母體平均值相符，從表 40 檢定結果顯示，B 組的「自然性」；C 組的「敏感度」、

「完整性」、「美學性」、「開放度」；D 組的「完整性」、「開放度」、「視覺接受度」皆無顯著差異，較接近母體沒有差異性。其餘的評估因子都達顯著，反應出受訪者之間對於這些評估因子的感受有所不同。在 A 組的「美學性」及「視覺接受度」差異最大，可知受訪者們對於在 A 組評分的感受的結果差異大，受訪者們對於 A 組在於美學和視覺接受度的景觀感受程度呈現不同的價值。

表 40　獨立樣本 T 檢定結果

組別	評估因子	樣本均數	總平均值	平均數差異	t 值
A	自然性	2.56	2.40	-.439	-5.5108*
	敏感度	2.51		-.486	-6.846*
	完整性	2.44		-.561	-7.705*
	美學性	2.00		-.996	-14.930*
	開放度	2.72		-.277	-3.278*
	視覺接受度	2.18		-.820	-11.422*
B	自然性	2.91	2.57	-.086	-1.103
	敏感度	2.48		-.518	-7.779*
	完整性	2.62		-.378	-5.285*
	美學性	2.36		-.637	-8.920*
	開放度	2.64		-.356	-4.882*
	視覺接受度	2.43		-.572	-7.155*
C	自然性	3.36	3.12	.356	4.756*
	敏感度	2.90		-.104	-1.489
	完整性	3.09		.090	1.356
	美學性	2.99		-.011	-.146
	開放度	3.01		.014	.190
	視覺接受度	3.34		.342	4.539*
D	自然性	3.22	2.92	.219	2.661*
	敏感度	2.86		-.144	-2.053*
	完整性	2.87		-.129	-1.730
	美學性	2.70		-.302	-3.941*
	開放度	2.92		-.083	-1.076
	視覺接受度	2.97		-.029	-.358

註：＊表＜.05

在調查 A、B、C、D 組的評估因子的平均數分析結果，從圖 33 顯示 C 組的六個評估因子皆為最高，其次為 D 組的六個評估因子皆為次高，A、B 二組的六個評估因子差異不大。從中可知，六個評估因子最高分為 C 組，顯示受訪者們最能接受 C 組。

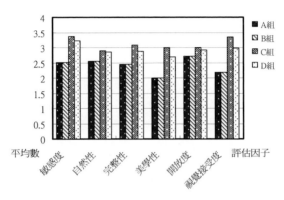

圖33　四組公墓的評估因子評分平均數分布圖

三、模糊邏輯

人們在生活中經常依靠不精確的表示反應，如同「幾乎」、「通常」、「差不多」等。在墾丁國家公園區域內的公墓景觀評估，每個受訪者接受程度因人而異，且對於程度上的認定跟表達也會出現差異。例如，一個受訪者對 A 組的圖片的接受度「高」，且按 1 到 5 分配得分為「4」，當其他受訪者也許對它評估「更高」，仍然分配得分「4」。顯示每個人察覺的感受模糊，本文藉由模糊集合論濾定處理這種灰色地帶的問題。然而，模糊邏輯是模糊的集合理論的一種方法，探討可能承擔任一在 0 和 1 之間的真正價值，代表程度元素屬於一個指定的集合。

（一）總體模糊權數值

　　本文請受訪者對於這六個評估因子按重要程度，分配排序最重要為「1」到最不重要為「6」。假設二個評估因子獲得不一樣等級，且所有等級是整數價值沒有小數位。當所有評估因子由受訪者優先地排列，表示受訪者會在指定景觀圖片以一個相似的概述尋找評估因子，例如，如果受訪者喜歡自然性超過完整性或美學性，那麼評估景觀圖片的評估因子，圖片中的自然性比完整性或美學性更具重要及吸引。為演算的便利，等級排序有經過反向處理，等級 1 為最小值到等級 6 為最大值，Si（i＝1 個，2 個，3 個……n 個）。由表 41 得知，受訪者們對圖片的評估因子為自然性、敏感度、完整性、美學性、開放度及視覺接受度，依照不盡相同的重要程度，給予排序值為 6 至 1 等值。運用權值理念探討受訪者們的認知取向對評估因子的重要性程度，計算總體模糊權重值，由該表顯示「自然性」最高、「視覺接受度」次高，「開放度」最小。

表 41　受訪者重要程度取向排序量值次數

排序丨＼ 因子	自然性	敏感度	完整性	美學性	開放度	視覺接受度
6	87	21	36	37	17	79
5	48	37	40	69	28	56
4	35	58	67	49	31	41
3	42	48	60	45	49	34
2	20	55	53	46	65	38
1	46	59	22	32	88	30

（二）個體模糊權數值

由每個受訪者對各個的評估因子的排序值除以評估因子的排序量值，可得知每個受訪者的模糊權數值。本文有 278 位受訪者的模糊權數值，藉由模糊權數值的平均數說明受訪者們的重要取向狀況，從表 42 可知，受訪者們對於「視覺接受度」、「自然性」的重要取向都是最高，最低的是「開放度」。

表 42　評估因子的總體模糊權數值

項目＼因子	自然性	敏感度	完整性	美學性	開放度	視覺接受度	總計
排序量總值	1114	856	992	1022	731	1126	5841
模糊權重值	0.19	0.15	0.17	0.17	0.13	0.19	1.00
註：1.排序量總值：各評估因子的排序權重*排序量值次							
2.模糊權重值：各評估因子之排序量總值／總計							

（三）景觀評估評分之模糊隸屬度分析

接續本文將受訪者們針對評估因子取向型態，給予四組圖片的評定分數，經過模糊權重修正後如表 43，分別計算四組所得的總體傳統平均數，從表 44 可知，C 組的論域平均數最高，表示受訪者們的接受度最高；A 組的論域平均數最低，表示受訪者們的接受度最低。

然而，本文藉由模糊理論的觀念欲濾定受訪者們的不確定性，從表 44 及圖 34 顯示，A 組的總體模糊隸屬度平均數與總體傳統平均數有所差異，可知受訪者們對於 A 組的景觀感受所反應的結果是很不確定性，值得再深入探討 A 組的景觀狀況。其次，B、C 二組的差異不大，顯示受訪者們對於這二組的景觀感受反

應的結果差異性不大。最後，D 組的總體模糊平均數與總體傳統平均數呈現一致性，表示受訪者們對於 D 組景觀感受反應的結果較為明確性。

表 43　評估因子的個體模糊權數值

項目∣＼因子	自然性	敏感度	完整性	美學性	開放度	視覺接受度
個體排序量總值	21	21	21	21	21	21
平均模糊權重值	0.21	0.13	0.17	0.18	0.09	0.22
註：評估因子的排序量值＝1+2+3+4+5+6=21。						

表 44　受訪者們的模糊平均數與傳統平均數分析

項目∣＼組別	A	B	C	D
總體模糊平均數	2.33	2.55	3.15	2.92
總體傳統平均數	2.40	2.57	3.12	2.92

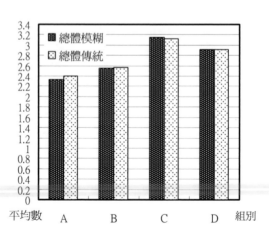

圖 34　受訪者們的模糊平均數與傳統平均數分布

四、公墓景觀衝擊程度分析

　　本文問卷設計最後一部分請受訪者們再對四組公墓圖片給予景觀環境衝擊程度的排序，依據受訪者們的感受與直覺直接排序，衝擊程度最大為「1」至衝擊最小程度為「4」。使得本文可再次確定受訪者們對於四組公墓圖片的景觀環境接受狀況。從表45和圖35可知，受訪者們對於公墓景觀衝擊程度由最大至最小排序為A組、B組、C組、D組。其次，C組和D組的等級「3」和等級「4」的衝擊程度相近，表示受訪者們對於C組和D組的公墓景觀衝擊程度感受有所差異，這二組的公墓景觀衝擊依受訪者們的接受程度形成二種不同的選擇類型，有部分會覺得C組衝擊程度小，另一部分認為D組衝擊程度小，對於C組和D組有二種看法。

表45　公墓景觀衝擊程度之次數分配狀況

排序（等級）／組別	A	B	C	D
1	**213**	41	9	15
2	35	**176**	36	31
3	12	40	**118**	108
4	18	21	115	**124**
總和	278	278	278	278

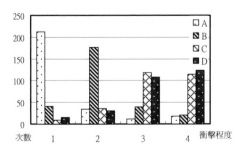

圖35　公墓景觀衝擊程度之次數分布圖

五、公墓景觀衝擊等級分析

本文之受訪者們認為墾丁國家公園區域內之公墓的問題，會影響遊憩品質者占總人數之 53.6%；不會影響遊憩品質的佔總人數之 46.4%，顯示公墓是否會影響受訪者的遊憩品質之看法呈現兩極。對於公墓會影響受訪者的遊憩品質的接受程度狀況值得探討。

針對墾丁國家公園區域內之公墓的景觀評估因子，本文先行由專家小組濾定出重要的評估因子，分別為自然性、美學性、完整性、開放度、敏感性及視覺接受度作為本文的景觀評估因子。接續由受訪者們對於這六個評估因子做重要程度的排序，並運用模糊理論計算其模糊權重值。從表 46 顯示，專家小組跟受訪者對於這六個評估因子的重要程度認知不同，除了「美學性」一致，其餘皆不相同。另一方面，在模糊權重值與傳統排序為「視覺接受度」與「美學性」不同，顯示出受訪者對這二個評估因子的重要程度具有不確定性，依據模糊權重值的排序能較貼切表達受訪者的感受，因此景觀評估因子相對重要排序為自然性、視覺接受度、美學性、敏感性及開放度。

表 46　景觀評估因子的相對重要等級比較

相對重要等級	1	2	3	4	5	6
專家小組（相對重要程度值）	敏感性（0.081）	美學性（0.077）	開放度（0.077）	自然性（0.070）	視覺接受度（0.070）	完整性（0.067）
學生族群（相對百分比）	自然性（0.313）視覺接受度（0.284）	美學性（0.248）	完整性（0.241）敏感性（0.209）	完整性（0.216）	敏感性（0.198）	開放度（0.317）
總體模糊權重值	**自然性（0.19）**	**視覺接受度（0.19）**	**完整性（0.17）**	**美學性（0.17）**	**敏感性（0.15）**	**開放度（0.13）**
註：本表主要針對重要等級的排序做比較參考，對於數據值的表示不同，不討論數據部份。						

傳統的平均值與模糊平均值分析受訪者們對 A、B、C、D 組
的公墓景觀圖片的評分狀況。檢定結果從表 44 顯示，A 組的總
體模糊平均數與總體傳統平均數有所差異，可知受訪者們對於 A
組的景觀感受所反應的結果是很不確定性，值得再深入探討 A 組
的景觀狀況。其次，B、C 二組的差異不大，顯示受訪者們對於
這二組的景觀感受反應的結果差異性不大。最後，D 組的總體隸
屬度平均數與總體傳統平均數是一致性，表示受訪者們對於 D 組
景觀感受反應的結果較為明確性。依據這二種方法計算結果，受
訪者們對四組公墓景觀圖片的評分接受程度依最高至最低排序
為 C 組、D 組、B 組、A 組。

　　為了可再次確定受訪者們對於四組公墓圖片的景觀環境接
受狀況。請受訪者們再次排序對於公墓景觀衝擊程度，分析結果
從表 47 可知，由衝擊最大至最小排序等級為 A 組、B 組、C 組、
D 組。另一方面，受訪者們對四組公墓景觀圖片的評分接受程度
依最低至最高排序為 A 組、B 組、D 組、C 組。且依據上述表 15
顯示 C 組和 D 組的等級「3」和等級「4」的衝擊程度相近，表
示受訪者們對於 C 組和 D 組的公墓景觀衝擊程度感受有所差異，
這二組的公墓景觀衝擊依受訪者們的接受程度形成二種不同的選
擇類型，有部份會覺得 C 組衝擊程度小，另一部分認為 D 組衝擊
程度小，對於 C 組和 D 組有二種看法。藉由總體評分衝擊排序
可以更確定四組最適當的的排序為 A 組、B 組、D 組、C 組。

表 47　四組景觀圖片等級比較

項目／程度等級	1	2	3	4
本文衝擊排序	A 組	B 組	C 組	D 組
總體評分排序	**A 組**	**B 組**	**D 組**	**C 組**

六、實地訪談分析

依據前述實地環境勘察和量化研究的成果，得知受訪者們認為墾丁國家公園區域內之公墓的問題，是否會影響遊憩品質者各占約 54%及 46%比例，顯示公墓是否會影響受訪者的遊憩品質之看法分歧相當大。值得注意的，對於公墓影響遊憩品質受訪者的接受程度狀況值，調查結果其四組公墓景觀圖片的評分接受程度依最高至最低排序為 C 組、D 組、B 組、A 組。接續安排實地訪談，訪談內容分析如下：

（一）公墓問題對於墾丁國家公園之發展影響

墾丁國家公園區域內對環境景觀衝擊之公墓影響遊憩品質問題為重要議題，由於在國家公園尚未設立前就有一些墳墓埋葬問題無法管制，又因公墓使用並無妥善規劃，以致公墓環境雜亂無章、墓位方向不一致，甚至公墓位置直接衝擊，為降低環境景觀衝擊，宜提出公墓景觀可行性改善方案及計畫。受訪者 MTO$_2$ 和 HTO 都有相同看法，針對此部分有表示意見有 MTO$_2$、HTO 等受訪者[10]。

（二）墾丁國家公園區域內之公墓與週遭環境影響與衝擊

本文前述依據研究者觀察將公墓對於遊客遊憩視覺景觀直接或間接影響之衝擊程度分類，由大至小依序為 A 組、B 組、C

---

[10] 「墾丁國家公園內之公墓影響遊憩觀光景觀，尤其是在大馬路旁為主（A組），且在國家公園尚未設立前就有一些墳墓了！」（MTO2）
「我個人觀點是建議公墓問題需要改善，墾丁國家公園是台灣第一座成立，對於觀光區也是很重要議題。」（HTO）

組及 D 組。從量化方析的結果，得知對於公墓影響受訪者的遊憩品質的接受程度狀況值，接受程度依最低至最高排序為 A 組、B 組、D 組、C 組。然而經實地訪談結果，受訪者對各景觀衝擊程度等級的看法與量化結果大致相符，質性訪談無法顯示 D 組與 C 組之差異，若要減少景觀環境衝擊，受訪者認為須將公墓綠美化。針對此部分表示意見的有 MTO₃、HTO、CTO 等受訪者[11]。

（三）未來公墓景觀改善課題

墾丁國家公園內之公墓問題需有相關解決方式，依環境景觀衝擊程度不同處理公墓問題有所差異，探討改善公墓問題對墾丁國家公園範圍內之遊憩品質改善及降低環境衝擊之方式，針對此部分有表示意見有 MTO₁、HTO、MTO₂、CTO 等受訪者[12]。

---

[11] 「公墓本來就是鄰避設施，尤其有種陰森的感覺，公墓與週遭環境是有影響的，若公墓附近是雜草叢生的情況，整體景觀就很不良；尚若公墓擁有乾淨的環境且能融合自然環境（C 組、D 組），這樣可以減少衝擊，例如公墓綠美化就可參考。」（MTO3）
「依據公墓照片，對於公墓景觀對於環境衝擊的程度，這個變有趣的方式，可想而知，在路旁的（A 組）環境衝擊的程度一定會比較大，因在顯眼的地方，且又是亂葬崗更是影響景觀，那距離道路比較遠的公墓（B 組）影響也不小，遊客看到也會覺得不舒服、毛毛的啦！」（HTO）
「在公墓的選址應安排在隱蔽的地方，盡量避免遊客容易發現的地點，畢竟公墓多少都會影響環境遊憩品質。」（CTO）

[12] 「對於公墓景觀改善，希望能朝公墓公園化方向，滿州鄉之公墓尚未經規劃公墓公園化，但須按照規定執行且要配合民俗風情。國家公園、國有地、屏東縣有地等之管理權分割，希望能以自己鄉鎮管理，近期也在討論管理權由鄉擁有。」（MTO1）
「我認為在大馬路旁為主的公墓應盡快處理！藉由國家公園要提出有相關條款來辦理這些問題，讓這些墳墓集中，遷葬後的土地處理可恢復原貌。」（MTO2）
「目前對國家公園範圍內之公墓無政策及計畫想改善公墓問題，若要想改善一定要有經費，像恆春鎮第二十公墓是幾千座墳墓。要遷葬工程需

（四）其他課題

　　歸納受訪者訪談意見，未來墾丁國家公園內之公墓問題的相關改善課題，包括公墓景觀處理、經費限制、配合民俗風情，以及遷葬補償費等五個面向，說明如下：

1.公墓景觀處理

　　公墓景觀處理針對環境衝擊程度及土地利用影響作為景觀改善依據，包括遷葬、公墓綠美化及保持現狀等方式，存在有礙觀瞻影響環境景觀衝擊大之公墓，受訪者們認為可實行集體遷葬；環境景觀衝擊小之公墓，可建議公墓周邊適度綠美化，改善遊憩品質之問題。（請參閱 MTO1、MTO2 之受訪意見）

龐大經費，民眾也需配合，實施要先禁葬不供使用再遷葬，要遷到哪也是問題，目前鎮公所無此計劃！」（HTO）
「未來在執行遷葬過程，因地方老百姓通俗習慣受限或遇到瓶頸，需跟民眾適度溝通及教育。」（MTO2）
「在國家公園範圍內要興建殯葬相關措施需通過環境影響評估及水育保持計畫才能核准，只要將這些要件達成我們不干涉興建部分也同意使用階段。」（PCG2）
「國立海洋生物博物館建館基地範圍包含車城鄉第八公墓，其第八公墓的遷葬過程主要作業規範依據相關規定辦理。遷葬程序過程先經公墓實地勘查查估墳墓數及現況分析，其次，藉由公告及電台廣播通知墳墓使用者公墓遷葬事宜，當時墳墓遷葬補償一座約為七萬二千元，有主墳墓約有五百座墳墓，其補償金總額約三千多萬元，無主墳墓約有三百座墳墓，其遷葬費約佔一百萬左右，由車城鄉公所自行辦理遷葬，墳墓大部分遷移至第四公墓為主，公墓遷葬過程執行期限約十年。」（CTO）
「改善公墓問題對墾丁國家範圍內之遊憩品質改善及降低環境衝擊之方式，在整體有何建議及看法：第一，如果就以恆春18公墓，尚須通過環境影響評估及水土保持計畫才能核准，再補償方面由於有些墳墓墓基超過公墓用地範圍會有所問題。第二，林務局林班地解編問題，需有林務局來辦理處理，像滿州鄉之港口公墓用地為林班地且屬於山坡地會受非都市計劃法令。」（HTO）

2.經費限制

改善公墓問題關鍵為經費需求，受訪者們因無相關經費辦理改善公墓之環境景觀影響，倘若能有公墓改善之相關經費，可執行並配合改善。（請參閱 HTO 之意見）

3.法令限制

由於國家公園相關法令限制，有關公墓改善計劃或專案皆需經由墾丁國家公園管理處理核准及相關評估核准才可通過執行。（請參閱 MTO1、MTO2、PCG2、HTO 之意見）

4.配合民俗風情

由於每個區域或鄉鎮因民俗有所差異，須考量民俗風情習慣，方克使得公墓景觀問題改善進行順利。（請參閱 MTO1、MTO2 之意見）

5.遷葬補償費

對於建議遷葬的公墓其遷葬補償費的需求，參考車城鄉第八公墓的遷葬案例，分為有主墳墓與無主墳墓，其補償費有所不同，前者為七萬二千元，後者為三萬三千元，而其中在有主墳墓數量部分約占全部的六成，無主墳墓數量部分約占全部的四成，故合理充裕的補償費是遷葬得以順利的要件。（請參閱 CTO 之意見）

伍、公墓景觀改善構想之研擬

針對墾丁國家公園區域公墓未妥善規劃使用，導致雜亂陰森之景象，甚至有些主要道路路段兩旁墳墓零散分布，對環境景觀

衝擊甚大，有損遊憩環境品質，且妨礙墾丁國家公園之發展等問題。前述量化研究中超過半數（53.6%）受訪者認為墾丁國家公園區域內之公墓的問題，會影響遊憩品質，至於此種問題如何改善，本文實地訪談中，7 位受訪者中的 4 位認為降低環境景觀衝擊，宜提出公墓景觀可行改善方案及執行計畫，又此 4 位中的 2 位受訪者認為適度維護公墓景觀與週遭自然環境能達到融合協調，使得公墓景觀減低對環境衝擊性，是景觀改善可循的方向。因此如何研提公墓景觀改善構想，已成墾丁國家公園未來發展之重要課題。

承前節景觀評估問卷調查結果，得知公墓景觀衝擊的程度從大到小排序結果為 A、B、D 及 C 等四級，此與實地訪談之意見類似，皆認為 A 級的公墓在主要道路旁，直接衝擊環境景觀，影響遊憩品質極大；B 級的衝擊程度事實上也不小，但可以透過一些景觀美化加以改善；惟值得注意的，C 級及 D 級的公墓，由質性訪談結果無法區別二者衝擊程度差異，受訪者僅提供一些建議方向。

綜上所述，本文針對景觀衝擊程度之不同而研提公墓環境改善構想，A 級因景觀影響極大，改善構想為遷葬，清理後的現址將朝綠地方向規劃；B 級景觀影響較小，為門面景觀改善及景觀綠美化；C 及 D 級景觀影響極小，且尚須考量公墓土地使用狀況及區域位置的偏僻性，分別為保持現狀，以及公墓更新、公園化的二種改善構想，請參閱表 48。

上述公墓環境改善構想欲徹底落實，尚須注意掌握配合措施。承前述專家濾定公墓景觀評估因子為自然性、視覺接受度、完整性、美學性、敏感性及開放度等六項，因此於公墓環境改善規劃中，宜求其符合上述景觀因子，例如考量公墓景觀的「自然

表 48　公墓環境改善構想

衝擊程度		說明	改善構想
A		公墓在主要道路旁直接衝擊，景觀遊憩品質影響極大。	遷葬，清理後的現址將朝綠地等方向規劃。
B		遊客直接從較遠距離可看到公墓，遠處景觀遊憩品質影響大。	建議公墓周邊適度綠美化，改善環境景觀。
C		公墓位於內陸區域，遊客間接看得到但不明顯，景觀遊憩品質影響小。	建議公墓周邊適度綠美化，改善環境景觀。
D	D1	公墓位於人煙稀少偏遠地區，遊客完全看不到，景觀遊憩品質影響最小。	保持現狀。
	D2	公墓位於人煙稀少偏遠地區，遊客完全看不到，景觀遊憩品質影響最小，且尚有空地尚未使用。	公墓更新及公園化，改善原有公墓環境墓地再利用。

資料來源：自行整理。

性」，如同質性訪談之受訪者認為適度維護公墓景觀與週遭自然環境能達到融合協調，使得公墓減低對環境景觀衝擊性。又由於國人關於身後事處理深受風水民俗等觀念所影響，使得公墓重埋疊葬，形成亂葬崗，有些公墓因無人整理或打掃而形成雜亂陰森的環境，導致整體公墓環境有礙觀瞻，亦即妨害「視覺接受度」和「完整性」，這方面須考量規劃多元方向墓位及依賴妥善經營管理，予以克服解決。另一方面，尚須考量當地的風俗習慣，例如，考量近期剛入土之墳墓需至墓基使用年限屆滿再遷葬，以免有違傳統入土為安之價值觀。此外，舉辦公聽會或說明會提供墓主和主管機關協調溝通之管道，方能使公墓改善執行順利並兼顧維護人民權益。

陸、結論

　　在墾丁國家公園針對公墓景觀評估研究，本文採實地觀察瞭解公墓現況，並依據公墓環境景觀對於遊客遊憩直接或間接之影響情形，依景觀衝擊程度由大至小劃分為 A、B、C、D 等類組。根據文獻歸納評估因子及上述景觀衝擊程度分類，藉由德爾菲法及景觀評估法實施問卷調查與分析，分析結果得知專家小組跟受訪者對於自然性、視覺接受度、完整性、美學性、敏感性及開放度的六個評估因子的重要程度認知不盡相同，除了「美學性」一致，其餘皆不相同。景觀評估法方面，在模糊權重值與傳統排序為「視覺接受度」與「美學性」不同，顯示出受訪者對這二個評估因子的重要程度具有不確定性，依據模糊權重值的排序能較貼切表達受訪者的感受，因此景觀評估因子相對重要排序為自然性、視覺接受度、完整性、美學性、敏感性及開放度。

　　在景觀評估方法中，A 組的總體模糊平均數與總體傳統平均數有所差異，可知受訪者們對於 A 組的景觀感受所反應的結果是很不確定性，值得再深入探討 A 組的景觀狀況。其次，B、C 二組的差異不大，顯示受訪者們對於這二組的景觀感受反應的結果差異性不大。最後，D 組的總體隸屬度平均數與總體傳統平均數是一致性，表示受訪者們對於 D 組景觀感受反應的結果較為明確性。依據這二種方法計算結果，受訪者們對四組公墓景觀圖片的評分接受程度依最高至最低排序為 C 組、D 組、B 組、A 組。

　　經由以上量化研究分析結果，本文進行質性研究並考量配合殯葬管理相關單位人員訪談意見，依景觀衝擊程度之不同而研提公墓環境改善構想，A 級因景觀影響極大，改善構想為遷葬，清

理後的現址將朝綠地方向規劃；B 級景觀影響小，為門面景觀改善及景觀綠美化；C 及 D 級景觀影響極小，且尚須考量公墓土地使用狀況及區域位置的偏僻性，分別為保持現狀、公墓更新及公園化的二種改善構想，另在公墓景觀改善過程應考量公墓景觀的自然性、視覺接受性和完整性等因子，此可提供墾丁國家公園管理處執行公墓處理策略的未來參考方向。

2 管理篇

CHAPTER 5

台灣殯葬立法的挑戰、思維與展望

長年以來，臺灣不僅公部門在殯葬建設及管理制度的建立有待加強，而且私部門缺乏人才與企業經營理念，導致殯葬服務市場資訊封閉，混亂失序與惡性競爭，喪家就在訊息不完全、不對稱，缺乏判斷能力的情形下，任由業者巧立名目、藉機索價、大敲竹槓，甚至媒介至公墓外違法濫葬，或導引採行有違善良風俗及妨害公共安寧與秩序的殯儀方式。然而政府對於規範殯葬行為的法律卻檢討修正腳步緩慢，其問題原因耐人尋味。本文採文獻分析法，針對政府於 2002 年廢止殯葬舊法，另立新法之政策思維與立法過程作一探討，並提出回顧與展望。

壹、前言

　　「慎終追遠」乃台灣固有傳統美德,「養生送死」則是安定民心,社會持續發展的動力。惟由於民風忌諱談論死亡,長年以來,不僅公部門在殯葬建設及管理制度的建立有待加強,而且私部門缺乏人才與企業經營理念,導致殯葬服務市場資訊封閉,混亂失序與惡性競爭,喪家就在訊息不完全、不對稱,缺乏判斷能力的情形下,任由業者巧立名目、藉機索價、大敲竹槓,甚至媒介至公墓外違法濫葬,或導引採行有違善良風俗及妨害公共安寧與秩序的殯儀方式,不僅喪家權益無法確保,往生尊嚴亦難以維護。雖然,臺灣平均國民所得已高達一萬五千美元,接近已開發國家之所得水準,然而,我們的殯葬次級文化卻仍充斥著先民社會的習性。因此,如何跨越世紀鴻溝,從事觀念革命,追求殯葬服務品質與經濟水平同步成長,以躋身文明世界,誠為當代政府必須面對的挑戰。

　　由於墳墓設置管理條例自 1983 年 11 月 11 日制定公布,施行期間長達二十年,不僅條文規定過於簡略,多所闕漏;且當時立法係以農業社會保守民風為基礎,與都市化、現代化的發展,多所扞格;又該條例僅以殯葬設施硬體的設置及管理為規範對象,至於殯葬服務業者的軟體配備及殯葬行為的規則完全付諸闕如,根本無法符合現代社會的實際需要。

　　尤其,為因應國際經濟自由化、全球化所帶來的外國殯葬業經營理念的衝擊,過去政府部門唯圖行政管理方便的防弊心態與傳統由上而下的威權式管理思維,不能不求變求新,徹底改弦更張;而台灣積極爭取加入世界貿易組織 WTO,跨國殯葬企業的併購策略及跨國保險業附帶死亡服務的經營方式,恐將威脅台灣

傳統殯葬市場，公辦殯葬設施如何加速提昇效率或民營化，傳統小型殯葬業如何加速專業化或企業化，強化競爭力，在在都是當前台灣殯葬管理機制必須嚴肅面對的課題。

貳、殯葬立法的挑戰

事實上，政府各部門已充分掌握時代走向，正戮力謀求政策調整；民間各企業在龐大的生存競爭壓力下，也都積極籌著體質改造。但不容否認地，部分傳統殯葬產業並未體認危機將至，繼續利用慎終追遠的儒家古訓，扭曲俗民敬天法祖的淳樸心理，不僅繼續炒作風水信仰，恣意破壞有限土地資源的合理利用；並透過幽冥世界的虛幻概念，大肆侵奪喪家的消費自主權；復以先人意志無從測知任遭竄改，各種商業利益導向的殯葬行為，更對善良風俗的匡正，構成極負面的反作用力。

而相對於此，政府相關的管理規範，從台灣光復之初，沿用民國 25 年於大陸時期訂頒的公墓暫行條例，以迄 1983 年另行公布施行的墳墓設置管理條例，都僅在殯葬設施方面，提供侷限的、鬆散的對應措施，甚至由於對固有墓塚形式的偏執，間接對不當的風水觀念造成推波助瀾的效果。至於相關的週邊領域，如殯葬服務產業秩序的維持，優質殯葬行為的提倡，以至喪家權益與死者尊嚴的確保等等各方面，則完全放任業者的道德良心與營運自律。

近年來，台灣內政部積極推動墓政業務改革，在公墓公園化、精緻化方面已有相當的成效，對於火化進塔的大力提倡，也

發揮相當的影響，納骨塔使用權買賣定型化契約範本的訂頒，對消費者也多了一定程度的保障。然而，為突破困境，創造私部門生存空間，配合時代潮流，提昇國家總體競爭能力，政府必須結合民間自發的力量，共同打造優質的通往天堂之路徑，營造更現代化的美麗新境界。

當前首要之務，政府在建立管理法制的角色與心態上，應適時做全盤性的調整。首先應揚棄過去以防弊為目的之行政管制設計，取而代之的是提供鼓勵產業發展誘因的管理機制，使業者願意投資從事研發更佳的產品或服務。其次，政府應多做決策，制定市場遊戲規則，少做直接的服務工作，有利可圖的公共服務工作，及執行複雜或技術性的計畫，儘量交給民間去做（楊國柱，2001：71），這是殯葬管理法規設計的重要指導原則。

但由於政府官僚的自利取向，以及公部門的檢調、會計等防弊制衡機制問題，政府能否在建立管理法制的角色與心態上調整，將面臨極大挑戰。尤其，殯葬改革所追求的儀式的人性化、服務的企業化、設施的環保化，及對遺體處理的科學化、公益化，往往囿於根深蒂固的民間習俗與風水觀念，嚴重阻礙改革措施的具體落實。因此，如何突破傳統習俗觀念的枷鎖，進行腦內革命，才是殯葬立法所面臨最重要的另一項挑戰。

參、殯葬立法的新思維

按過去墳墓設置管理之政策是以減少墓基面積、實施墓基循環利用、鼓勵火化進塔及改善、增建、遷移或廢止喪葬設施等為

手段，進而達成節省土地使用、兼顧公眾衛生觀瞻、確保人民營葬福址及配合都市發展需要等目標（立法院公報，1983：8）。惟今後為全面提升殯葬服務品質，打造不以死害生且兼具時代性與公共性的殯葬文化，則總體的殯葬管理政策思維必須有所調整，亦即，除繼續追求原有的政策目標外，並應朝下列方向調整：

一、由量的增加轉變為質的提升

在殯葬設施方面，不僅要計畫性增加建設，且要思考如何規劃使建築外觀、內部空間及動線更符合環保自然與往生尊嚴；在殯葬服務方面，為因應我國加入 WTO 後，對傳統殯葬服務業之衝擊，如何提升業者服務品質及專業形象，以提高其企業競爭能力，尤為未來管理政策上應予正視的重點。

二、以管理為導向轉變為以輔導及服務為導向

研議增訂促進產業發展的輔導及獎勵條文，一方面採投資稅賦抵減，以鼓勵業者創新研發，培訓人才，改善經營體質。另一方面就殯葬服務水準提高及經營合理化的促進等事項予以實施輔導。

三、運用民間資源減輕政府負擔

除鼓勵殯葬設施經營多採公辦民營之外，殯葬設施之增建與更新亦可借重民間資金及技術。為此，火化場是否因有作為犯罪

工具疑慮即禁止民營，又新興的「可移動式火化爐」是否宜准予開辦經營，均有待審慎評估。

四、硬體管理與軟體管理並重

　　殯葬設施管理之外，殯葬服務及殯葬行為亦應一併納入規範管理。至於殯葬服務管理機制至少應涵括業者資格限制、消費資訊透明化、建立殯葬禮儀師證照制度、建立殯葬業評鑑制度及不當經營行為之禁止等。

五、轉化鄰避效果為迎毗效果

　　殯葬設施被視為鄰避設施（never in my backyard，NIMBY），因此，除殯葬設施力求景觀無嫌惡感之外，多元化之各種環保葬法，例如火化後海葬及樹葬；骨灰除存放於納骨「塔」外，其他較精省空間或較貼近家屬感情或特殊存放處理，如納骨「牆」、家宅等，是否可予接受、推廣，均有討論餘地。希望藉此轉化殯葬設施之鄰避效果為迎毗效果（welcome in my backyard，WIMBY）。

六、保留因地制宜的彈性

　　設置殯葬設施考慮之自然條件，風情民俗，各地略有差異，因此，管理法規有關殯葬設施設置地點距離、墳墓造型、高度、

使用年限等,可研議授權地方政府斟酌訂定,以免抹殺各地方之發展特色及實際需求。

七、管理技術應有成本分析

管理法規之設計應考量執行成本,俾求花費最小成本,達到相等效益。例如設置墳墓違反規定者,除限期遷葬,並處罰鍰之外,如逾期未遷,得按次連續處罰,以迫使墓主自行遷葬,而不宜由主管機關代為遷葬,以免因政府人力經費不足或公務員忌諱於風俗民情之抗爭阻力,致無法落實代遷葬工作。

八、其他

如賦與往生者在世時對遺體處理及殯葬儀式的自主權,殯葬服務生前契約如何規範及如何透過管理機制的適當設計,導正惡劣歪風(如爭搶意外事件或不明原因死亡之屍體、任意路邊搭棚治喪、違規濫葬……等),亦為修正之重點。

肆、殯葬立法之成果

殯葬管理條例終於 2002 年 6 月 14 日由立法院三讀通過,並經總統於同年 7 月 17 日公布,公布之同時,廢止墳墓設置管理條

例。使推動多年的殯葬立法工作，又向前邁開了一大步。本次法案審議期間雖先後有少數立法委員對於埋葬必須於公墓內為之，認有違原住民傳統屋內葬文化，以及生前契約交付信託費用比例過高等問題提出質疑之外，大致尚稱順利平和。殯葬管理條例共分七章，計七十六條，茲將立法要點說明如下：

1. **第一章總則**：揭示立法目的、標舉用詞定義、各級主管機關及殯葬業務之權限。（第一條至第四條）

2. **第二章殯葬設施之設置管理**：規範殯儀館、火化場、骨灰（骸）存放設施等之設置主體、面積限制、施工期限、地點距離限制、應有設施、啟用及販售條件及自然葬之實施。（第五條至第十九條）

3. **第三章殯葬設施之經營管理**：規範移動式火化設施之經營；屍體埋葬、骨骸起掘及骨灰之處理方式；火化屍體應檢附之文件及處理期限；公墓內墓基面積、棺柩埋葬深度及墓頂高度、使用年限之限制；墳墓起掘許可之要件；殯葬設施更新、維護、遷移、管理之查核與評鑑獎勵；管理費專戶之設置；墳墓遷葬之處理。（第二十條至第三十六條）

4. **第四章殯葬服務業之管理及輔導**：明定殯葬服務業之分類、經營之許可、登記與開始營業期限；具一定規模之殯葬服務業應聘僱專任殯葬禮儀師；殯葬服務業者應將服務資訊公開、承攬業務應簽訂書面契約；生前契約預先收費之交付信託；殯葬自主權；直轄市、縣（市）主管機關對於殯葬服務業應定期實施評鑑與獎勵，其公會應舉辦業務觀摩交流及教育訓練，殯葬服務業得派員接受講習或訓練及殯葬業自行停止營業之處置。（第三十七條至第四十九條）

5. **第五章殯葬行為之管理**：將道路搭棚治喪納入管理；殯葬服務業禁止提供或媒介非法殯葬設施、應於出殯前將出殯行經路線報請備查，於提供服務時，禁止妨礙公眾安寧、善良風俗，規範不得使用擴音設備之時段；禁止憲警人員轉介承攬服務。（第五十條至第五十四條）

6. **第六章罰則**：對於違反第二章至第五章有關之規定者，分別依其情節明定其處罰之方式。（第五十五條至第六十九條）

7. **第七章附則**：為落實殯葬設施管理，主管機關應擬訂計畫及編列預算；醫院附設殮殯奠祭設施之管理；寺廟或非營利法人設立殯葬設施之處理；本條例施行前依法設置之私人墳墓，僅得依原規模修繕；明定施行細則之訂定機關、條例施行日。（第七十條至第七十六條）

伍、殯葬立法之回顧與展望──代結論

　　此一幾乎全新的殯葬管理法案之所以能在一年內完成立法，有其值得探究的背景原因，又法案雖已通過，但「徒法不足以自行」，其涉及相關配套措施必須加緊審慎研議規劃，否則新法將難以落實，管理效率恐難以提升。

　　其實殯葬改革立法構想，早在 1989 年本人接受內政部委託執行「我國墓政管理及相關法規」之研究既已開始醞釀，該研究針對 1983 年公布施行墳墓設置管理條例的政策方向、條文漏洞，及規範對象等提出修法改進構想。惟內政部遲至 1999 年 11 月才檢討修正完成殯葬設施設置管理條例（草案），並送請該部法規

委員會審議，審議期間適逢部長及主管司長人事更迭，新任民政司劉司長有鑒於時代變遷快速，殯葬業亂象時有耳聞，對上開草案中未將殯葬服務業納入管理、殯葬方式不夠多元及火葬場不准民營等規定多所疑慮，爰於 2000 年 4 月撤回該修正案，並以重新立法方式，於 2001 年 9 月檢討研擬完成殯葬管理條例（草案），隨即層報行政院送立法院審議。

由上述長達十幾年的改革過程可知，殯葬制度供給呈現「時滯」（time-lag）現象[1]。這一方面固然與殯葬管理屬於邊陲業務，不受重視有關，另一方面則因涉及上層統治者的利益。例如立法方向與統治菁英之信仰或價值觀相牴觸，或立法內容牽涉利益重分配，統治菁英擔心遭受來自既得利益團體之壓力，為免替自己任內帶來困擾，寧可選擇「一動不如一靜」之做法，使得修法工作遲遲無法進行。要不是包括學界、立委等極少數有志之士，不計毀譽，全憑熱情，從體制內或體制外持續參與或主導推動，此攸關提升殯葬業形象與往生尊嚴之立法完成將遙遙無期。

其次，殯儀文化是人們對生命的價值、禮俗、慣例等交織而成的網絡，它是內在經驗的隱含性規範系統（implicit rule system），通常會循著穩定的經驗緩慢演變，因而呈現出相當程度的「慣性」。與一個社會固有習慣和文化傳統等非正式規則所示方向相一致的制度創新方向，通常才是摩擦成本與實施成本最小的方向。如果制度創新方向與非正式規則所示方向不一致，則必須能夠有發揮社會輿論及道德力量以調整非正式規則之可能，否則制

---

[1] 制度供給呈現「時滯」現象，是經濟中常常發生的制度失衡現象，從制度不均衡狀態出現，到人們認識到這種情況，再設計出新制度、實施新制度，直到新制度發揮功效，制度失衡消除，總要有一個時間過程，這一過程有時候會是相當長的（王躍生，1997：65）。

度失衡現象將會持續下去（顏愛靜，2001：32）。此次立法之前，包括南華大學、中國土地經濟學會、中華殯葬教育學會、中華禮儀協會等學術機構或社會團體所推動的殯葬教育與學術研討，以及內政部舉辦的殯葬意願書簽署活動、殯葬改革座談會等，均多少發揮文化傳播的效果，使傳統殯葬制度之慣性提早改變，進而凝聚殯葬改革之共識，此亦為本次立法成功之因素。

　　詳審殯葬管理條例，頗能兼顧生態人文、知識經濟發展及社會公義理念。其規範內容除公墓之外，尚包括殯儀館、火化場、納骨灰（骸）設施之設置經營，殯葬服務業及殯葬行為之管理[2]，無論法案精神、架構或條文內容，均相當完整且具前瞻，實屬難能可貴，殊值肯定。惟此法規如欲運行順暢，實施有效，尚須相關配套措施，以資因應。例如從中央至地方的殯葬管理組織，多屬兼辦性質，無專責之主管單位和人力，急需調整充實。又如攸關實施殯葬禮儀師考照的殯葬教育環境，目前僅有少數大學有生死教育，而地方政府或民間團體舉辦之非正規教育，內容與水準參差不齊，如何鼓勵推動更多正規殯葬科系之設立，乃為重要課題。此外，本條例規定民眾使用道路搭棚辦理殯葬事宜，以二日為限。惟國內殯儀館等治喪場所，尚有不足，如苗栗縣、彰化縣、連江縣未設置殯儀館，又如新北市幅圓遼闊，卻僅有板橋一處殯儀館。因此，加緊腳步設置足夠之公共治喪場所，亦為當務之急。

---

[2] 殯葬管理條例草案條文請參照立法院議案關係文書，院總第 1138 號，2001 年 5 月 30 日；立法院公報，2002 年 6 月 8 日，第五屆第一會期第六十九期；及立法院公報，2002 年 6 月 15 日，第五屆第一會期第七十四期。

CHAPTER 6

私立公墓分割另行申請設置之可行性分析——以 A 公墓附設 B 納骨塔為例

私立公墓經核准設置啓用後，原為管理人（設置者）與經營者屬於同一主體，惟於經營期間，墓園因債務關係，發生部分產權移轉，致衍生同一管理人名義之下，有多個經營體之情形。在此情形下，宜否允許新經營體分割另行設置，關鍵在於分割後是否對消費者權益及公墓整體永續經營造成影響。

壹、前言

　　為滿足民眾治喪需求,以利達成養生送死之目的,及維繫慎終追遠之固有文化美德,已廢止之墳墓設置管理條例第4條規定:「直轄市、縣(市)政府及鄉(鎮、市)公所應於轄區內或轄區外選擇適當地點,依本條例之規定,設置公立公墓。」惟因顧及地方政府財政困難,無力普遍開闢足夠公墓供民眾營葬,故准許私人或團體設置公墓,以應實際需要。二十年來,隨著經濟之發展,以及私人資本之發達,愈來愈多之私人或團體有能力及意願投入開發經營公墓之行列。根據內政部統計年報顯示,截至2004年底,臺閩地區私立公墓計有75處,佔地面積5,456,323平方公尺[1]。

　　據了解,上述私立公墓經核准設置啟用後,原為管理人(設置者)與經營者屬於同一主體[2],惟於經營期間,有為數不少之墓園因債務關係,發生部分產權移轉,致衍生同一管理人名義之下,有多個經營體之情形。就以新北市為例,根據筆者向新北市政府之訪談了解,全縣27處私立公墓,其中就有處數比例約三分之一發生類似情況。為釐清原管理人與新生經營體之權義關係,使新經營體之營運順暢,發揮經營效率,不少墓園包括私立國榮公墓、私立中華海景孝園花園公墓及私立萬壽山公墓等,自1997年起,先後向殯葬主管機關提出核准同意新經營體分割[3]另

---

[1]　內政部統計處,http://www.moi.gov.tw/stat/,查訪日期:2005年12月14日。

[2]　已廢止之墳墓設置管理條例並無公墓設置者與經營者之稱呼,而通稱為管理人。現行殯葬管理條例則將公墓之設置與經營予以區分,而以設置者及經營者稱呼之。

[3]　本文所謂分割,係指部分殯葬設施經營者,與原殯葬設施設置者分離,

行設置之申請，惟殯葬主管機關均持內政部 1997 年 9 月 10 日台
（86）內民字第 8685238 號函解釋，以維護消費者權益及確保公
墓整體永續經營等籠統理由，不同意新經營體分割另行設置，令
申請之業者極為不服。

　　到底新經營體准予分割另行設置，是否真會有損消費者權益
及妨害公墓整體永續經營？反之，不准分割另行設置，是否造成
業者經營上的如何影響？有無解決問題之替代方案或權宜措
施？又這些問題之防範與解決，是否涉及法令規定之不周延？如
何改進？凡此，皆屬本文將探討之課題。其次，私立 A 公墓附設
B 殯葬設施為此類案件之典型，為方便理解，本文主要以 A 公墓
附設 B 納骨塔為實例，進行分析說明。

貳、案情說明

　　私立 A 公墓（內已附設有 C 納骨塔一座），坐落於萬里區下
萬里加投段，管理人甲，於 1989 年 4 月 27 日，變更公墓配置圖，
申請新北市政府同意辦理，增加墓園面積至同地段加投小段 128-8
地號及員潭子小段 273 地號土地。嗣因業務需要，於 1992 年 4 月
申請將加投小段 128-8 地號土地變更配置為納骨塔（即現在之 B
納骨塔），1992 年 7 月獲准後，隨即申請建築許可，起造人為甲。
　　1992 年 11 月 3 日，變更起造人為乙建設公司（代表人為丙），
1998 年，乙建設公司因債務糾紛，致加投小段 128-8 地號土地及

另行獨立申請變更設置者而言。

基地上未建築完成納骨塔建築物遭法院拍賣（期間墓園管理人仍為甲），後輾轉由丁建設公司取得前開不動產之所有權，繼續投入建設，並於 2000 年間取得使用執照（此際墓園管理人因產權轉讓等原因，由甲變更為戊），2003 年 10 月取得地下一樓、地上一樓及三樓之部分啟用許可後，由丁事業公司經營迄今。（如表 49）

表 49　A 公墓附設 B 納骨塔之歷史背景

時間	歷史背景	適用法令
1989.04.27	A 公墓變更公墓配置圖，管理人甲	墳墓設置管理條例及其施行細則（1983.11.11～2002.07.18）
1992.07	B 納骨塔獲准設置（管理人甲），建築許可起造人甲	
1992.11.03	B 納骨塔變更起造人為乙建設公司	
1998	B 納骨塔為丁建設公司取得（管理人仍為甲）	
2000	A 公墓管理人變更為戊	
2003.10	B 納骨塔由丁啟用部分樓層（必須經管理人戊同意）	殯葬管理條例及其施行細則（2002.07.19～）

有鑑於納骨塔後續建設及啟用均需原 A 公墓之設置者（管理人）同意，難免產生無法運作順暢之處，丁事業公司乃屢向殯葬主管機關（新北市政府）申請准予另就納骨塔部分變更管理人，另行設置，惟經新北市政府請示內政部結果，均以基於維護消費者權益及公墓整體永續經營[4]之理由，駁回丁事業公司之申請。

---

[4]　永續經營（Sustainable Management）與永續發展（Sustainable Development）應屬不同概念，前者係從微觀角度觀察企業本身之永續性；後者則從宏觀角度來談物種間與代際間的公平，如何在滿足當代生活所需下，不危及其他物種生存與人類後代發展之福祉，主要針對自然、生態之保育而論。內政部作函示時並無進一步解釋其所持「公墓整體永續經營」之內涵為何？殯葬管理條例中並無提到公墓「整體」永續經營，從殯葬管理條例第一條殯葬設施立法目的觀察，係為環境保護及生態保育觀點，促進殯葬設施符合環保並永續經營為目的，似乎對永續經營與永續發展之

參、適用法令分析

承前述案情得知，私立 A 公墓之設置及擴充完成於墳墓設置管理條例施行期間，其附設 B 納骨塔，則於墳墓設置管理條例施行期間申請核准設置，並建築完成取得使用執照，至於啟用許可則遲至墳墓設置管理條例廢止，殯葬管理條例公布施行後，方申請獲准取得。本案爭點在於殯葬設施經營者另行變更設置者，是否果真無法維護消費者權益以及無法使公墓整體永續經營？為方便後續准予分割與否之影響問題分析，本節就墳墓設置管理條例及殯葬管理條例兩個施行時期，按攸關消費者權益及公墓整體永續經營之規定，分別說明本案適用之相關法令條文。又殯葬管理條例業於 2012 年修正公布，法律條文或條號容或略有調整，惟本文研究調查期間屬於修正公布之前，因此條文及條號仍依 2002 年版之規定。

一、墳墓設置管理條例時期（1983 年 11 月 11 日－2002 年 7 月 18 日）

（一）私立公墓

1. 申請文件

按墳墓設置管理條例第 6 條規定，私人或團體設置公墓，均應備具下列文件報請縣（市）主管機關核准：

概念並無加以區分。因此，本文乃就殯葬管理條例相關條文依具體案例來說明適用。

(1) 設置地點位置圖。

(2) 設置範圍之地籍圖。

(3) 配置圖說。

(4) 經費、概算。

(5) 管理辦法及收費標準。

(6) 無妨礙區域計畫、都市計畫證明書。

(7) 土地權利證明或使用同意書及地籍謄本。

2. 地點距離要求

墳墓設置管理條例第七條規定：「設置公墓或擴充墓地，應選擇不影響水土保持、不破壞自然景觀、不妨礙耕作、軍事設施、公共衛生或其他公共利益之適當地點為之。與下列第一款地點水平距離不得少於一千公尺，與其餘各款地點水平距離不得少於五百公尺：

(1) 公共飲水井或飲用水之水源地。

(2) 學校、醫院、幼稚園、托兒所暨戶口繁盛區或其他公共場所。

(3) 河川。

(4) 工廠、礦場、貯藏或製造爆炸物之場所。」

3. 公墓內應有設施

依墳墓設置管理條例第 9 條規定公墓應有下列設施：

(1) 對外通道。

(2) 公共衛生設備。

(3) 排水系統。

(4) 墓道。

(5) 公墓標誌。

(6) 停車場。

(7) 其他必要之設施。

所謂「其他必要之設施」，按墳墓設置管理條例施行細則第14條規定，係指下列設施而言：

(1) 靈（納）骨堂（塔）設施。

(2) 記載管理規定及墓基配置圖之公告牌。

(3) 服務中心。

(4) 墓區標示及指標。

(5) 給水及照明設備。

(6) 金銀爐。

(7) 界樁。

4. 核准事項有變更之處理：法未明文。

（二）公墓內附設骨灰骸存放設施

上述第 9 條第 7 款所稱其他必要之設施，依墳墓設置管理條例施行細則第 14 條之解釋，係指靈（納）骨堂（塔）等設施而言。由第壹節案情說明可知，A 公墓附設 B 納骨塔應係屬於公墓內附設骨灰骸存放設施，其設置以公墓存在為前提，地點距離要求同墳墓設置管理條例第 7 條規定。

至於靈（納）骨堂（塔）之應有設施，得準用台灣省喪葬設施設置管理辦法之規定。經查 1992 年 2 月 8 日修正該辦法第 10 條前段僅規定：「靈（納）骨堂（塔）應有通風、採光、防震、防颱、防盜及祭祀設施。」直到 1998 年 10 月 13 日版管理辦法第 10 條第 1 項，才更明確地列舉應有設施設備：

(1) 祭祀設施。

(2) 金銀爐。

(3) 停車場。

(4) 服務中心及家屬休息室。

(5) 辦公室。

(6) 盥洗室及廁所。

(7) 對外通道。

又同條第 2 項規定:「前項第七款對外通道寬度不得小於六公尺。」

(三) 公墓外獨立設置骨灰骸存放設施

公墓外私立靈(納)骨堂(塔)申請設置之程序與條件,按墳墓設置管理條例第 29 條規定:殯儀館、火葬場、靈(納)骨堂(塔)及其他喪葬設施之設置,須經省(市)主管機關(精省後為縣市主管機關)核准;其管理辦法,由省(市)政府定之(精省後為縣市政府)。

根據墳墓設置管理條例第 29 條規定之授權,台灣省政府、台北市政府及高雄市政府分別訂定台灣省喪葬設施設置管理辦法、台北市殯葬管理辦法及高雄市殯儀館、火葬場、公墓、靈(納)骨堂(塔)管理辦法,有關靈(納)骨堂(塔)之申請設置,即應依不同轄區分別適用上開辦法之規定。

以台灣省為例,依 1992 年版台灣省喪葬設施設置管理辦法第 6 條第 1 項規定:「申請設置、增建或改建私立殯葬設施,應備具左列文件,向當地主管機關申請核轉社會處審核:

(1) 位置圖。

(2) 地籍圖。

(3) 配置圖說。

(4) 經費、概算。

(5) 管理辦法及收費標準。

(6) 土地權利證明或使用同意書及地籍謄本。

(7) 無妨礙區域計畫、都市計畫證明書。」

1998 年版同管理辦法同條文則增加第 8 款「依法令應提出之水土保持、環境影響評估及其他之許可或證明文件。」

申請人獲得省政府或省社會處核准設立後，必須申領雜照及完成雜項工程，領取雜項使用執照，並完成地目變更為墳墓用地。如屬山坡地開發，尚須申領開發許可。地目完成變更為墳墓用地後，靈（納）骨堂（塔）之主體建物俟取得建照後，始得發包施工，並於完工後申領建築使用執照。靈（納）骨堂（塔）設置完竣，依台灣省喪葬設施設置管理辦法第 12 條規定，應經縣（市）政府檢查合格，並報社會處備查後，始得啟用（1998 年增訂：未經報准啟用，不得預售）。

省社會處核准設立前必需審查是否符合台灣省喪葬設施設置管理辦法第 7 條規定：「喪葬設施之設置，應選擇不影響水土保持、不妨礙軍事設施及環境保護之地點為之。並與下列各款地點水平距離不得少於五百公尺。但都市計畫範圍內已劃定為殯儀館、火葬場或靈納骨堂塔用地，依其指定目的使用，及非都市土地已設置公墓範圍內之墳墓用地者，不在此限。

(1) 學校、醫院、幼稚園、托兒所或戶口繁盛區。

(2) 工廠、礦場、貯藏或製造爆炸物之場所。」

（1992 年 2 月 8 日版台灣省喪葬設施設置管理辦法第 7 條僅規定：喪葬設施之設置地點不得妨礙軍事設施、公共衛生、環境保護、都市計畫、區域計畫或其他公共利益。）

二、殯葬管理條例時期（2002 年 7 月 19 日以後）

（一）私立公墓及公墓內附設骨灰骸存放設施

1. 申請文件

殯葬管理條例第 7 條第 1 項明定形式要件如下：

殯葬設施之設置、擴充、增建或改建，應備具下列文件報請直轄市、縣（市）主管機關核准；其由直轄市、縣（市）主管機關辦理者，報請中央主管機關備查：

(1) 地點位置圖。

(2) 地點範圍之地籍謄本。

(3) 配置圖說。

(4) 興建營運計畫。

(5) 管理方式及收費標準。

(6) 經營者之證明文件。

(7) 土地權利證明或土地使用同意書及土地登記謄本。

2. 地點距離要求

殯葬管理條例第 8 條第 1 項明定：「設置、擴充公墓或骨灰（骸）存放設施，應選擇不影響水土保持、不破壞環境保護、不妨礙軍事設施及公共衛生之適當地點為之；其與下列第一款地點距離不得少於一千公尺，與第二款、第三款及第六款地點距離不得少於五百公尺，與其他各款地點應因地制宜，保持適當距離。但其他法律或自治法規另有規定者，從其規定：

(1) 公共飲水井或飲用水之水源地。

(2) 學校、醫院、幼稚園、托兒所。

(3) 戶口繁盛地區。

(4) 河川。

(5) 工廠、礦場。

(6) 貯藏或製造爆炸物或其他易燃之氣體、油料等之場所。」

3.公墓內應有設施

殯葬管理條例第 8 條第 1 項明定公墓應有下列設施：

(1) 墓基。

(2) 骨灰（骸）存放設施。

(3) 服務中心。

(4) 公共衛生設備。

(5) 排水系統。

(6) 給水及照明設備。

(7) 墓道。

(8) 停車場。

(9) 聯外道路。

(10) 公墓標誌。

(11) 其他依法應設置之設施。

4.骨灰（骸）存放設施應有設施

殯葬管理條例第 15 條規定：「骨灰（骸）存放設施應有下列
設施：

(1) 納骨灰（骸）設備。

(2) 祭祀設施。

(3) 服務中心及家屬休息室。

(4) 公共衛生設備。

(5) 停車場。

(6) 聯外道路。

(7) 其他依法應設置之設施。」

5. 核准事項有變更之處理

殯葬管理條例第 31 條規定：「私立殯葬設施於核准設置、擴充、增建或改建後，其核准事項有變更者，應備具相關文件報請直轄市、縣（市）主管機關核准。」

（二）公墓外獨立設置骨灰骸存放設施

申請設置公墓外獨立之骨灰骸存放設施，其形式要件同殯葬管理條例第 7 條第 1 項規定，至其地點距離要求，按同條例第 9 條第 1 項規定，設置、擴充殯儀館或火化場及非公墓內之骨灰（骸）存放設施，應與第 8 條第 1 項第 2 款規定學校、醫院、幼稚園、托兒所之地點距離不得少於三百公尺，與第六款規定貯藏或製造爆炸物或其他易燃之氣體、油料等之場所之地點距離不得少於五百公尺，與第 3 款戶口繁盛地區應保持適當距離。

因殯葬設施具高鄰避性[5]，其設置地點於都會區內尤其難覓，故規定都市計畫範圍內劃定為殯儀館、火化場或骨灰（骸）存放設施用地依其指定目的使用，或在非都市土地已設置公墓範圍內之墳墓用地者，不受第一項距離規定之限制。殯葬管理條例第 9 條第 2 項、第 3 項即明定：

「都市計畫範圍內劃定為殯儀館、火化場或骨灰（骸）存放設施用地依其指定目的使用，或在非都市土地已設置公墓範圍內之墳墓用地者，不在此限。

於原有公墓部分面積作其他用途使用者，不適用前項規定。」

---

[5]　歸納各項文獻調查研究得知，不論是殯儀館、火葬場、公墓或納骨塔，皆是不受一般都市居民歡迎的鄰避設施。參見楊國柱（2003），「台灣殯葬用地區位之研究——土地使用競租模型的新制度觀點」，國立政治大學地政學系博士論文，頁 23-28。

至於公墓外獨立設置骨灰（骸）存放設施之應有設施，同殯葬管理條例第 15 條規定。

（三）管理費專戶及公益信託之設立

殯葬管理條例為維護消費者權益並使公墓及骨灰（骸）存放設施能永續經營，新增加公墓及骨灰（骸）存放設施設立管理費專戶及公益信託之規定：

1. 管理費專戶之設立

殯葬管理條例第 32 條規定：「私立公墓、骨灰（骸）存放設施經營者應以收取之管理費設立專戶，專款專用。本條例施行前已設置之私立公墓、骨灰（骸）存放設施，亦同。

前項管理費專戶管理辦法，由中央主管機關定之。」

此乃為避免私立公墓、骨灰（骸）存放設施之經營者因故荒廢管理維護工作，損及消費者之權益，明文規定經營者應以收取管理費設立專戶，專款專用於管理維護工作。

2. 公益信託之設立

殯葬管理條例第 33 條規定：「私立或以公共造產設置之公墓、骨灰（骸）存放設施經營者，應將管理費以外之其他費用，提撥百分之二，交由殯葬設施基金管理委員會，依信託本旨設立公益信託，支應重大事故發生或經營不善致無法正常營運時之修護、管理等費用。本條例施行前已設置尚未出售之私立公墓、骨灰（骸）存放設施，自本條例施行後，亦同。

前項殯葬設施基金管理委員會成員至少包含經營者、墓主、存放者及社會公正人士，其中墓主及存放者總人數比例不得少於二分之一。

第一項殯葬設施基金管理委員會之組織及審議程序，由直轄市、縣（市）主管機關定之。」

此乃為使私立或以公共造產設置之公墓、骨灰（骸）存放設施能永續經營，而明定該類殯葬設施經營者應以收取管理費以外之其他費用，提撥一定比例，交由殯葬設施基金管理委員會以公益信託方式處理，作為支應重大事故發生或經營不善致無法正常營運時之修護、管理等費用，以確保民眾權益。

肆、分割與否對公墓經營及消費者權益之影響

一、准予分割之影響

（一）就納骨塔為公墓之必要設施而言

此立法目的在於方便喪家撿骨進塔，鼓勵土葬墓地之循環使用，以實現節約土地利用之政策。私立 A 公墓內已附設有 C 納骨塔一座，可存放兩萬個骨灰骸，現僅存放約一萬個，尚未用罄，即使用罄，B 納骨塔僅形式上管理人變更，實質區位不變，A 公墓內之土葬區家屬，仍可就近購買晉塔使用。實無礙於實施循環使用，以節約土地利用之政策。況且骨灰（骸）存放設施為公墓之必要設施之規定，是否一定「必要」恐亦有討論之空間[6]。因此，本案分割並無礙墓地循環使用政策之推行。

---

[6] 是否公墓設置雖已合乎殯葬管理條例及其他相關法規之規定，但並無規

（二）就公共設施使用之便利性而言

　　私立 A 公墓依墳墓設置管理條例第 9 條規定，應有下列設施：包括 1.對外通道、2.公共衛生設備、3.排水系統、4.墓道、5.公墓標誌、6.停車場、7.其他必要之設施（即 A.靈（納）骨堂（塔）設施。B.記載管理規定及墓基配置圖之公告牌。C.服務中心。D.墓區標示及指標。E.給水及照明設備。F.金銀爐。G.界樁。）

　　另 B 納骨塔如准予分割另行設置，宜適用殯葬管理條例第 15 條規定：骨灰（骸）存放設施應有下列設施：包括 1.納骨灰（骸）設備。2.祭祀設施。3.服務中心及家屬休息室。4.公共衛生設備。5.停車場。6.聯外道路。7.其他依法應設置之設施。

　　無可諱言的，對兩殯葬設施聯外道路如果是共用的情況下，尤其聯外道路所有權若為其中一方所有，主管機關將預期分割後，對消費者道路通行造成不便，如果雙方各自再經轉手易主，則可能妨礙消費者通行的風險隨之增高。在此情況，主管機關必須盡可能提出雙方解決方案。例如透過協商、支付通行費方式或其他可行方法加以解決。應避免完全否定一概不准情事發生。

　　經查 A 公墓與 B 納骨塔之應有設施，除對外通道之外，其他均各自獨立或可以各自獨立，並無共用之情形。又 B 納骨塔過去雖與 A 公墓共用對外通道，現則為結合開發十八甲生態主題公園區，另於塔位區後方自行開闢完成六米聯外道路一條，如此 A 公墓與 B 納骨塔二者除經營主體截然劃分外，其各自殯葬設施亦實質互為

劃興建或無力多興建骨灰（骸）存放設施，就不准其設置，此恐會有爭議。實務上，公墓附設骨灰（骸）存放設施，政府僅採鼓勵而非強制措施。況且就內政部 2005 年統計年報顯示，2004 年臺閩地區公墓計有 3158 座，骨灰（骸）存放設施僅有 372 座，如此懸殊比例可知，骨灰（骸）存放設施並非公墓核准設置之必要條件。

獨立個體，如允許 B 納骨塔獨立另行設置，已排除消費者對公共設施使用會造成不便之情形，對兩獨立殯葬設施之經營更無影響。

（三）就管理費專戶之設立而言

有關管理費專戶之設立，係依殯葬管理條例第 32 條第 2 項規定授權訂定之私立公墓骨灰骸存放設施管理費專戶管理辦法第 3 條規定：「本設施經營者，應於金融機構開設○○公墓、骨灰（骸）存放設施管理費專戶（以下稱本專戶）儲存管理費，並於開戶後，將開戶日期、戶名及帳號報請直轄市、縣（市）主管機關備查。

前項金融機構、專戶戶名或帳號有異動時，本設施經營者應於一個月內，報請直轄市、縣（市）主管機關備查。」

同管理辦法第 6 條規定：「本設施經營者應設置專簿，就不同殯葬設施之管理維護分別載明收支運用情形，並於每季結束後 20 日內更新資料，置放於本設施之服務中心，提供利害關係人查閱。」

由上述立法意旨，可知管理政策上希望土葬墓地、納骨塔等不同殯葬設施，其提撥管理費，雖可統籌運用，但原則上應設置專簿，分別載明因管理維護所產生的收支運用情形。本案 B 納骨塔如分割另行設置，雖喪失不同殯葬設施之管理費統籌運用，相互支援之彈性，惟此情形並非常態，最終仍期待各殯葬設施得以各自提撥足夠之管理費，並獨立進行管理維護工作，營運初期如有不足，當由經營體補足不夠之管理費。就市場機制而言，經營體如不補足管理費，致影響殯葬設施之管理維護品質，則消費者也會對殯葬設施失去信心，而減少購用意願。能否永續經營及對消費者權益之保護，管理費專戶扮演重要角色，主管機關所應關

注者，乃在於管理費能否獨立維持營運開銷，而不在於兩主體之分合。由此觀點分析了解，B 納骨塔如分割另行設置，並不會影響公墓或寶塔之永續經營，也不致減損消費者之權益。

（四）就公益信託之設立而言

按殯葬管理條例第 33 條規定，提撥費用設立公益信託[7]之目的，在於支應重大事故發生或經營不善致無法正常營運時之修護、管理等費用。因此，該公益信託具有聚集多數殯葬設施經營體之費用，成為一個保險庫，以利分攤經營風險之作用。另依殯葬管理條例施行細則第 22 條規定：「私立或以公共造產設置之公墓、骨灰（骸）存放設施經營者，依本條例第 33 條第 1 項規定提撥之款項，應按月繕造交易清冊後，於次月底前交付殯葬設施基金管理委員會。

殯葬設施基金管理委員會就前項各該經營者提撥之款項，應分戶列帳管理。殯葬設施基金管理委員會設立之公益信託，應由國內合法之信託業者為受託人。」

由上述規定可知，為達成分攤經營風險之目的，殯葬設施基金管理委員會及公益信託之設立，原則上以一個縣市設立一個為宜。由於 A 公墓與 B 納骨塔同屬於新北市政府管轄，B 納骨塔分割另行設置後，其提撥之費用仍然與萬壽山公墓所提撥之費用屬於同一個保險庫，因此其經營風險分攤之效果並未改變，無損於消費者之權益。主管機關所需關注者，是殯葬設施經營者能否依法正常提撥設立公益信託，以及該公益信託運作是否正常，以免損及消費者權益，使該等殯葬設施能永續經營。

---

[7]　有關公益信託可參見賴源河、王志誠（2002），「現代信託法論」，台北：五南，頁 169-194。

二、不准分割之影響

由於 A 公墓與 B 納骨塔之經營權各自獨立，其經營利害不但沒有一致，甚至因為 A 公墓另附設 C 納骨塔一座，而有相互競爭之關係。緣由此因，A 公墓管理人平時對於 B 納骨塔之經營情形不但不關心，甚至存有敵對或不信任心態，一旦 B 納骨塔之經營者必須以 A 公墓管理人名義申請納骨塔之啟用許可等事宜，A 公墓管理人經常不是因事不關己，延遲同意，就是因不信任而藉故干預申請內容，使得申請案之進行往往難以配合 B 納骨塔之經營時效要求。

B 納骨塔如不准予分割另行設置，則其與 A 公墓之曖昧矛盾關係將繼續存在，對於 A 公墓管理人而言固然是一種額外負擔，換個角度來看，對於 B 納骨塔而言，未嘗不是增加經營上的無謂束縛與限制，這些無謂束縛與限制將影響 B 納骨塔之經營效率，進而損及消費者之權益。此恰可說明殯葬主管機關以維護消費者權益及公墓整體永續經營之理由，硬將兩個各自獨立的經營體綁在一起，其欲達成之結果正適得其反。

另就債權債務關係以言，若殯葬設施條件已合乎殯葬管理條例設置相關規定，仍不准分割，則對往後法院有類似拍賣案件，人民必定卻步不敢投標，將會影響此類不動產價值，如此對債權人債權之滿足，債務人債務之清償能力均會大受影響，這無非間接妨礙了財產之有效流動。況且對已存放骨灰（骸）之消費者，將徒增因債權債務之懸宕所造成不確定性，連帶影響消費者權益。

伍、分割另行設置之法令適用

A 公墓與 B 納骨塔之核准設置,雖完成於墳墓設置管理條例時期,惟因殯葬管理條例公布施行之同時,墳墓設置管理條例即告廢止,因此,本案如准予分割另行設置,應適用現行殯葬管理條例相關規定。

本案准予分割另行設置涉及兩個部分必須處理。首先是,將 B 納骨塔所在基地分割出後,原核准 A 公墓之地點範圍有所變更(原面積縮減),按殯葬管理條例第 31 條規定:「私立殯葬設施於核准設置、擴充、增建或改建後,其核准事項有變更者,應備具相關文件報請直轄市、縣(市)主管機關核准。」其次,A 公墓申請核准變更公墓地點範圍之同時,B 納骨塔為求分割獨立,應具備同條例第 7 條規定之文件,依同第 7 條規定之程序,以新設置者之名義重新申請核准設置。

由於 B 納骨塔分割獨立後,性質屬於非公墓內之骨灰(骸)存放設施,因此其地點距離之審查,按同條例第 9 條第 1 項規定,應與第 8 條第 1 項第 2 款規定學校、醫院、幼稚園、托兒所之地點距離不得少於三百公尺,與第六款規定貯藏或製造爆炸物或其他易燃之氣體、油料等之場所之地點距離不得少於五百公尺,與第三款戶口繁盛地區應保持適當距離。

陸、無法獲准分割另行設置之權宜措施

　　本案在未獲准分割另行設置之前，B 納骨塔之經營者得依民法代理權之相關規定，取得 A 公墓管理人之授權，逕行依規定申請納骨塔之啟用許可等事宜。不過此種授權屬於私權關係，是否受理仍需視殯葬主管機關之態度而定。

　　惟此種做法，存在不少缺點。例如有關代理行為之要件及效力，依民法第 103 條規定：「代理人於代理權限內，以本人名義所為之意思表示，直接對本人發生效力。前項規定，於應向本人為意思表示，而向其代理人為之者，準用之。」可見代理人 B 納骨塔經營者之申請行為，必須以 A 公墓管理人之名義為之。另需注意者，如屬意定代理權之授與，按民法第 167 條規定：「代理權係以法律行為授與者，其授與應向代理人或向代理人對之為代理行為之第三人，以意思表示為之。」然而意定代理權之行使，其前提必須本人有授與代理權限，其目的在使代理人所為的行為在對外關係上，成為本人的行為[8]，代理人不可逾越代理權授受範圍。代理人若無代理權限卻以本人名義為代理行為者，應成立無權代理[9]。B 納骨塔經營者片面申請納骨塔之啟用許可等事宜，實難謂已經過本人授權，且若准此代理而為申請，萬一 B 納骨塔發生損及消費者情事，A 公墓管理人係授權人則將受牽連。因代理制度之效果直接歸屬於本人[10]，似又有所不公。

---

[8]　施啟揚，「民法總則」，三民書局，頁 280，1996 年。

[9]　王澤鑑，「債法原理（一）基本理論債之發生」，頁 309，自刊，1999 年。

[10]　王澤鑑，前揭書，頁 305。

又代理權是單方、片面的授與行為，其撤回，並無須代理人之同意。按民法第 108 條規定：「代理權之消滅，依其所由授與之法律關係定之。代理權，得於其所由授與之法律關係存續中撤回之。但依該法律關係之性質不得撤回者，不在此限。」至於授權書之交還，依民法第 109 條規定：「代理權消滅或撤回時，代理人須將授權書交還於授權者，不得留置。」再者，如代理權存續期間，A 公墓管理人名義因故變更，則代理權之授與必須重新辦理。

本案如迫不得已，必須採代理權授與方式，為證明授權關係之真實性，增加殯葬主管機關之接受程度，及防免授權者於法律關係存續中任意撤回代理權，建議依公證法規定申請公證。另一方面，此公證之代理權雖不能逕受強制執行，但萬一發生爭訟時，可提供法院作為有力之證據。

此外，亦得按照民法債篇第 10 節委任之規定，A 公墓管理人與 B 納骨塔之經營者約定，由 A 公墓管理人委託 B 納骨塔之經營者處理納骨塔之啟用許可等事務。惟此種委任方式之缺點，與代理權授與方式類似，均非解決問題之正辦。

柒、殯葬管理相關規定之周延性與改進建議

本案如准予分割另行設置，B 納骨塔基地分割獨立後，原核准 A 公墓之地點範圍，顯然有所縮減，惟不論殯葬管理條例第 7 條規定應備文件及報核程序，或同條例第 8 條之地點距離審查規定，其主體行為均僅提及「殯葬設施之設置、擴充、增建或改建」，

而未涵蓋殯葬設施之縮減。雖然此種情形勉強得因原核准公墓之地點範圍有所變更，而依殯葬管理條例第 31 條規定，備具相關文件報請直轄市、縣（市）主管機關核准，但一勞永逸之策，應研議是否於第 7 條等相關條文，增加對於「殯葬設施縮減」之規範，以利明確周延。

其次，任何嫌惡性設施，於設置當初可能附近人煙稀少，也缺乏會產生明顯外部性（externalities）的住宅、商業或工廠等設施，其地點距離尚能符合規定。惟隨著都市或聚落之發展，歷經多年後，嫌惡性設施鄰近可能出現住、商、工等設施，如依現行規定重新加以檢視，其地點距離恐已不符規定。本案 B 納骨塔之分割獨立，依殯葬管理條例第 7 條規定，以新設置者之名義重新申請核准，其應備文件及規定程序之遵循，應無問題。但有關地點距離之審查，萬一 B 納骨塔附近出現設置較晚之公共設施或場所，則按同條例第 9 條第 1 項規定，要求福田妙國與第 8 條第 1 項第 2 款規定學校、醫院、幼稚園、托兒所之地點距離不得少於三百公尺，與第三款戶口繁盛地區應保持適當距離等，則 B 納骨塔之分割獨立，另行設置，極可能無法符合規定。如此，不但對於 B 納骨塔之經營體不公平，另對於土地資源之配置與利用秩序，也有非常不利之影響。

為改進上述問題，建議殯葬管理條例第 9 條第 2 項之地點距離排除規定，增加「殯葬設施由公墓分割另行設置者」一項，亦即修正殯葬管理條例第 9 條第 2 項規定為：「都市計畫範圍內劃定為殯儀館、火化場或骨灰（骸）存放設施用地依其指定目的使用，或在非都市土地已設置公墓範圍內之墳墓用地者，或殯葬設施由公墓分割另行設置者，不在此限。」

捌、結語

　　私立公墓部分設施是否允許分割另行設置，攸關消費者權益及公墓整體永續經營，其准駁之判定，應依據事實從法律面審慎加以評估分析。本文經分析發現，無論就納骨塔為公墓之必要設施、公共設施使用之便利性、及管理費專戶與公益信託之設立而言，准予分割，並不影響消費者權益及公墓之永續經營。反之，如不准予分割，則公墓內部不同經營體之間或經營體與管理人之間，將因存在曖昧矛盾關係，使新經營體受到經營上的束縛與限制，進而影響經營效率，損及消費者之權益。

　　其次，對新經營體而言，如果仍然無法獲准分割另行設置，雖勉可依民法規定取得原公墓管理人授與代理權或委託書方式，進行相關業務之申請，但無論代理權授與方式或委任方式，原公墓管理人均握有撤回代理權或終止委任契約之主動權，實質上仍無法解決新經營體在經營上受牽制之問題。

　　最後，現行殯葬管理條例有關殯葬設施之申設規定，其主體行為僅提及「殯葬設施之設置、擴充、增建或改建」，而未涵蓋殯葬設施之縮減。又地點距離之排除規定，未納入「殯葬設施由公墓分割另行設置者」一項，似有立法不週之處。為促進土地資源之配置與利用秩序，並確保消費者權益及公墓整體永續經營，相關條文允宜配合檢討修正。

　　綜上可知，殯葬設施經營是否會損及消費者權益及妨礙殯葬設施之永續經營，並不在於分割與否，而在於經營者經營能力是否健全。期望行政主管部門在作決定時，應能提出相當充分之說明，使民眾信服，避免僅以籠統理由，即駁回民眾實際上並無妨礙之任何申請。

CHAPTER 7

從大陸推動火葬制度比較兩岸火葬之策略及其發展趨勢

兩岸政府過去進行火葬改革，頗有成效，惟在制度設計上是否已兼顧到文化、制度、資源、技術四面向的改變，使火葬政策能確實落實。此有待對兩岸過去的火葬制度變遷過程深入瞭解，並對變遷的影響因素確實掌握，方能找出兩岸未來火葬制度的發展模式，以及殯葬產業競爭與合作之道。

壹、前言

　　台灣地區與大陸地區過去在儒家禮儀教化下形成的殯葬傳統，發展出「慎終追遠」之美德，而「養生送死」則成安定民心，社會持續發展的動力。然而在儒家傳統下或基於孝道文化觀，或由於火化技術簡陋以材火焚屍，或因火化不足以體現階級，因此火葬常為歷朝所禁（王夫子，1998：557-778）。但從現今兩岸官方統計數據卻發現，兩岸似乎一反以往，都向火化率提升邁進。大陸地區火化率從 1986 年的 26.2%攀升到 2008 年的 48.5%[1]。台灣地區火化率也由 1988 年的 26%提升到 2008 年的 88.1%[2]。為何分屬不同政經體制，且過去為歷朝所禁的葬俗，今日兩岸卻同往火化率提升邁進？雖同樣朝火化率提升，但由於兩岸政治上抱持不同理念，遂使制度亦發生極大差異，表現在殯葬制度上也發生根本性的變化。例如台灣地區殯葬管理條例所強調的是個人與公共利益間的調和，大陸地區殯葬管理條例則將社會主義奉為圭臬，其管理方針則為「積極地、有步驟地實行火葬，改革土葬，節約殯葬用地，革除喪葬陋俗，提倡文明節儉辦喪事」（第 2 條）來體現殯葬制度之精神，其實務上又往往以火化率之是否提高，來判定殯葬改革的成敗。

---

[1]　火化率根據大陸地區民政部規劃財務司，〈2008 年民政事業發展統計報告〉。資料來源：http://cws.mca.gov.cn/article/tjbg/200906/20090600031762.shtml。檢索日：2009 年 9 月 2 日。

[2]　火化率根據台灣地區內政統計通報 2008 年死亡人數計 14 萬 3,594 人。（參見台灣地區內政部統計處 http://sowf.moi.gov.tw/stat/week/week9821.doc。檢索日：2009 年 9 月 2 日），除以 2008 年全年火化具數 126,442。（參見台灣地區內政統計年報 http://sowf.moi.gov.tw/stat/year/y01-07.xls。檢索日：2009 年 9 月 2 日。）所得數據。

兩岸政治上雖處於對立狀態,然而經濟上交流卻日益頻繁的趨勢下,尤其在 2001 年兩岸同時加入 WTO 後,根據「服務貿易總協定」的規定,成員國服務貿易上必須具體承諾包括市場准入、國民待遇和附加承諾以及逐步自由化（岳彩申,2003：338-341）,因此,大陸地區殯葬市場的開放乃是未來趨勢。台灣地區擁有龐大資金、先進技術與專業服務的優勢,如何在國際化與世界分工下,與大陸地區殯葬產業既競爭又合作,此有必要先對大陸地區火化制度變遷深入瞭解,同時掌握其殯葬規定與台灣地區之差異,方能有效預測未來殯葬市場之趨勢,以取得殯葬市場先機。

　　制度變遷乃制度主體依據外在利潤與制度創新成本之比較,而進行用新制度代替舊制度的過程（王躍升,1997：82）。當新制度擁有外部利潤,舊制度存在外部成本,預期利潤大於成本時,則提供制度變遷之條件。然而在制度變遷過程中,新制度實施為了使制度變遷之過程順利,制度設計使監督執行成本與服從成本等交易成本愈小愈好,進而避免發生路徑依賴（path dependence）。殯葬是歷史久遠的傳統產業,其含有根深蒂固的文化價值系統及風俗習慣,當政策有所異動時,新舊勢力的攻防常關係到改革的成敗,因此兩岸政府過去進行火葬改革的同時,在制度設計上是否已兼顧到文化價值系統的改變,使火葬政策能確實落實。此有待對兩岸過去的火葬制度變遷過程深入瞭解,並對變遷的影響因素確實掌握,方能找出兩岸未來火葬制度的發展模式,以及如何在殯葬產業上尋求競爭與合作。

　　綜上所述,本文依循制度變遷之理論基礎,藉由文獻分析、比較研究法及實地訪談,進行大陸地區火葬改革之分析,同時比較兩岸火葬改革之異同,歸納研究目的包括：1.瞭解大陸地區火

葬制度變遷過程及其主要影響因素；2.比較兩岸火葬規定變遷，以發掘兩岸火葬制度之差異；3.就火葬制度變遷的過程以預測未來兩岸火葬制度之走向，供台灣地區政府擬定殯葬政策，從事火葬改革之參考。

本文結構分為八部分。依序為前言、研究方法、文獻回顧、理論基礎、大陸地區火葬制度變遷軌跡、兩岸火葬策略之比較、兩岸火葬策略之發展趨勢，最後為結論。

貳、研究方法

一、次級資料分析法

廣泛蒐集兩岸政府公文檔案、殯葬統計資料，予以精讀，將精讀後之資料做綜合分析與歸納，另蒐集兩岸相關殯葬書籍、期刊、論文等次級資料，分析其研究結果與建議，進行整理與歸納，以形成本文之研究理論架構。

二、比較研究法

比較研究法可廣泛適用於各領域之研究，在法律制度比較的運用上，主要是以實定性法律制度為論述中心。依比較法之理論及實踐目的而言，其可深化法的認識與擴大法學視野、確認法的發展趨勢、認識各法律秩序的共同基礎與確定理想類型、為立法

提供材料及法的統一功能（大木雅夫，2001）。本文乃先探索大陸火葬制度變遷之歷史軌跡，再就過程、原因及成效等面向，藉由比較法歸納比較兩岸火葬策略之差異；透過比較法可確立大陸火葬制度變遷發展趨勢，並藉比較之結果以預測未來兩岸火葬策略之走向，供台灣地區政府擬定殯葬政策，從事火葬制度改革之參考，就理論面而言，則可藉以檢視及深化制度主義的應用性。因此，本文於第陸節兩岸火葬策略之比較及第柒節兩岸火葬策略之發展趨勢，以比較法貫穿其中。

三、實地訪談法

因大陸火葬制度變遷相關研究實屬欠缺，而文獻資料相當零散，欲彌補資料之不足，實有就教大陸火葬事業崗位工作多年之專家，及對大陸地區有多年火葬研究學者之必要。具體訪談對象包括大陸地區民政部（社會福利及社會事務處）、上海民政局（殯葬管理處）暨所屬殯葬服務中心、中國殯葬協會、上海殯葬協會以及長沙民政學院殯儀系等單位[3]，受訪人員代號如表 50。至於訪談大綱詳見文後附錄。

---

[3] 訪談對象中黨委書記之業別歸類，乃依其服務之場域加以區別，例如服務於行政管理部門者，歸類於官方，服務於事業單位或行業協會者，歸類於產業界。

表 50　受訪人員代號說明表

編號	地點	背景	職稱
C1	長沙	學界	教授
C2	長沙	學界	講師
C3	長沙	學界	講師
C4	長沙	官方	副處長
C5	長沙	產業界	黨委書記（殯儀館）
B1	北京	產業界	主任
B2	北京	產業界	副館長
B3	北京	產業界	秘書長
B4	北京	學界	所長
B5	北京	學界	副所長
B6	北京	學界	副所長
B7	北京	官方	主任
B8	北京	官方	處長
S1	上海	產業界	已退休主任
S2	上海	官方	主任
S3	上海	官方	主任
S4	上海	官方	經理
S5	上海	官方	處長
S6	上海	官方	科長
S7	上海	學界	所長
S8	上海	官方	黨委書記
S9	上海	產業界	秘書長
S10	上海	學界	所長
S11	上海	產業界	黨委書記
S12	上海	產業界	科長
S13	上海	產業界	副經理

資料來源：本研究整理。

參、文獻回顧

　　有關兩岸火葬比較相關文獻不多，與本研究較直接相關的為殷章甫《中外墓政法規之比較分析》、王上維《殯葬管理法令之研究——兼論德國、日本、中國大陸制度之比較》及葉修文《台灣與中國大陸殯葬法規之比較研究——以殯葬管理條例為中心》，有對兩岸火葬正式制度之法規進行比較研究。

　　殷章甫（1993）撰著中外墓政法規之比較分析，在該研究第十章即針對海峽兩岸火葬法規進行比較，乃以台灣地區墳墓設置管理條例與大陸地區國務院關於殯葬管理的暫行規定為研究對象，區分三部分加以說明條文內容並進行比較，發現兩岸在管理機關、法規性質、管理理念與方式上之差異，進而提出墳墓設置管理條例參考改進方向。該研究為兩岸火葬法規制度比較之先驅，並點出兩岸火葬法規制度之基本差異，此擴展了對不同法制的認識。惟該研究僅單純比較兩岸法律制度之差異，並無分析差異背後所造成之原因。

　　王上維（2002）在其《殯葬管理法令之研究-兼論德國、日本、中國大陸制度之比較》一文中，分別對大陸殯葬管理條例、北京市殯葬管理條例、及上海市殯葬管理條例做介紹，再與台灣地區 2002 年公布施行之殯葬管理條例進行比較。該研究認為兩岸在火葬管理體系與火葬設施使用規定方面頗有差異，並將比較之結果歸納整理，列出法令規定異同處。王文對兩岸火葬法規制度比較之努力與發現雖值肯定，然而其仍停留於制度表面文字之比較，尚無釐清兩岸火葬制度異同背後之深層原因。

葉修文（2006）在其《台灣與中國大陸殯葬法規之比較研究——以殯葬管理條例為中心》一文，係運用比較法學方法以瞭解兩岸殯葬法規之異同，並輔以功能法學之方法，分別觀察兩岸殯葬法規之具體成效，其第一章之立法沿革部分，就兩岸火葬法規之歷史發展加以介紹，並進行初步比較，可約略看出火化制度變遷之過程。除此之外，該文主要以台灣地區與大陸地區之殯葬管理條例條文內容為主要比較課題，大部分係就現行殯葬正式規則進行比較研究，雖然已涉及兩岸火葬制度異同背後深層原因之分析，但由於該文重心並非對火葬制度變遷文化、制度、資源、技術等四個變項進行瞭解，因此，在預測未來發展方向仍有其侷限性。

　　此外，其他大部分文獻分別僅對台灣地區或大陸地區殯葬法律制度、文化或歷史作考察。其中針對台灣地區殯葬歷史研究者，主要有徐福全（2001）於《台灣殯葬禮俗的過去、現在與未來》中以殯葬禮俗歷史發展的脈絡，分析台灣殯葬禮俗的流變，其中亦涉及火化設施建設及推行措施。朱國隆（2001）於《從台灣地區殯葬設施問題探討強制火化可行性》中，經相關係數、多元迴歸分析結果後，認為台灣地區土地面積、公墓面積及粗出生率等之比率越低，各縣市火化率越高，進而建議為增加土地資源有效利用及增進公共利益原則之下，從「全面禁止土葬、部分強制火葬」政策方向進行，尤其對無主墳墓及墳棺遷葬檢骨後應強制火化，並對墓地埋葬年數予以限制。

　　對大陸地區殯葬文化、歷史研究者有王夫子（1998）的《殯葬文化學》，將大陸地區殯葬改革分為倡導階段（1949～1985 年）與法制階段（1985 年以後）。認為經過 40 多年的宣傳和努力，大陸地區殯葬改革取得幾方面的成就，其中建立分布於全國的殯儀

館服務網絡，迄 1997 年 6 月殯儀館、火化場、公墓等殯葬事業單位 2300 多個[4]；火化率已由 1989 年占 25%強，提升到 1996 年火化率達 35.2%[5]；而 1996 年省、直轄市的火化率達 95～99%，認為大陸地區推行火化有相當的成就。王計生（2002）撰述《事死如生-殯葬倫理與中國文化》認為，土（棺）葬侵佔耕地、山坡、林地，有礙自然環境美觀，不僅不科學、不衛生，而且助長了封建迷信活動，不利精神文明建設。至於火葬在全國推廣效果甚微，是因為與人們的思想觀念和風俗改變的難度有關，從根本上又與當地經濟發展及科學文化普及程度有關。經濟落後、科學文化素質低下的地區，往往是封建迷信和陳規陋俗滋生的溫床。

陳川青（2002）《臺北市殯葬設施及其管理服務所面臨的困境之探討與因應對策之研究》對大陸地區殯葬管理條例條文表面做簡要介紹後，解讀認為：一、大陸地區火葬政策相當有計畫的規劃設計與推動執行，真正達到現代化、優質化及簡約化等多重殯葬社會功能。二、大陸地區對具有民族性風俗及僻壤地區有條件允許土葬，但採不留墳頭的葬法，這意味著朝向簡葬目標在規劃。三、殯葬設施由官方經營管理，禁止民間設置殯葬設施與預售墓基及塔位。陳文僅呈現大陸過去火葬制度部分事實，亦未對兩岸制度進行比較。

火葬的發展乃是社會經濟發展的一環，上述文獻並未真正切入到制度理論之核心。一方面欠缺理論性之探討，另方面並無觸

---

[4] 截至 2003 年底大陸地區殯儀館 1515 個、火化爐 4159 台。見大陸地區民政部統計資料。資料來源：http://www.mca.gov.cn/artical/content/WGJ_TJBG/2004429141724.html。檢索日：2004 年 12 月 6 日。

[5] 至 2003 年底火化率已達 52.7%。參見大陸地區民政部民政統計年報。資料來源：http://www.mca.gov.cn/artical/content/WGJ_TJSJ/20041119182329.html。檢索日：2004 年 12 月 5 日。

及社經發展所必要的制度、文化、資源、技術等面向，忽略殯葬是社會經濟發展的一環，也無法真正瞭解火葬制度變遷及其背後原因、關鍵與成敗意涵。即使與本文直接相關文獻亦僅就火葬正式規則的法律作比較分析，同樣並無就文化、資源、技術對制度的影響作深入探討，因此難以找出兩岸過去火葬制度變遷之脈絡，也無法推測兩岸未來互補之基礎，因此未來兩岸經濟講求競爭合作需要之下，以理論研究作為實踐基礎，需要對大陸火葬制度變遷及兩岸火葬規定做深入瞭解。

肆、理論基礎

一、制度與制度變遷之意涵

所謂「制度」（Institution），是人類相互交往的規則。它抑制著可能出現的、機會主義的和乖僻的個人行為，使人們的行為更可預見並由此促進著勞動分工和財富創造。制度要有效能，總是隱含著對某種違規的懲罰（Kasper & Streit, 1998:30），且「制度」和「規則」這兩個詞經常被互換使用。依規則的起源不同，制度可區分為內在制度和外在制度，內在制度（internal institutions）是從人類經驗中演化出來的，它體現著過去曾最有益於人類的各種解決辦法，其例子如既有習慣、倫理規範、良好禮貌和商業習俗等。違反內在的制度通常會受到共同體中其他成員的非正式懲罰，例如，不講禮貌的人發現自己不再受到邀請（Kasper and Streit, 1998：31）。

外在制度（external institutions）是自上而下地強加和執行的。它們由一批代理人設計和確立。這些代理人通過一個政治過程獲得權威。司法制度就是一個例子。外在制度配有懲罰措施，這些懲罰措施以各種正式的方式強加於社會，並可以靠法定暴力（如警察權）的運用來強制實施（Kasper and Streit, 1998：31）。

其次，按實施懲罰的方式究竟是自發地發生還是有組織地發生予以區分，內在制度（internal institutions）可以是非正式的（informal），即未得到正式機構支持的，如各種習慣（conventions），而違反這類規則會損害這些個人的自我利益；再如內化規則（internalized rules），違反這類規則將主要受到內疚的懲罰；最後是習俗和禮貌（customs and manners），它會受到來自他人反應的非正式懲罰，例如受排斥。也可以是正式化的（formalized），即由某些社會成員以有組織的方式實施懲罰（Kasper and Streit, 1998：105-108）。至於外在制度永遠是正式的，它要由一個預定的權威機構以有組織的方式來執行懲罰（Kasper and Streit, 1998：110）。

North（1990）認為制度界定了社會與特殊經濟的誘因結構，確能規範個人的行為，故為經濟能否發展的關鍵因素（劉瑞華譯，1994：7-15）。制度既然如此重要，即須與日俱進，當要素價格比率、訊息成本（資源）、技術與偏好（價值觀）發生變化，加上原有制度均衡被打破，制度供給不能滿足制度需求，則人們將創造新制度以取代舊制度，此種過程即所謂「制度變遷」（Institutional Change）（王躍生，1997：69-72）。

理論上，制度變遷可分為誘發性制度變遷（induced institutional change）和強制性制度變遷（imposed institutional change）。前者指的是現行制度安排的變更或提倡，或者新制度安排的創造，是由一個人或一群人，為響應獲利機會而自發倡導、組織和施行

的；後者則是指由政府行政命令或法律強行推進和實施的制度變遷（王躍生，1997：83、88-89）。誘發性制度變遷的特色為滿足盈利性及邊際性，而強制性制度變遷則以國家為主體，雖節省協商成本，卻增加強制執行成本。實際世界中所發生的制度變遷，往往是強制和誘發的某種折衷形式，在誘發和強制的兩極之間，存在豐富的具體型態，但透過兩極的「理想型」的瞭解，則有助於對實際制度變遷的分析。

二、制度變遷與交易成本

所謂的交易成本（transaction costs），各家學者的定義及強調的重點並不十分一致。從較狹隘的觀點來說，交易成本是一種人與人在交易過程中所必須投入的各種成本（時間、精力、金錢），其中包括了尋找交易對象、衡量交易商品、監督契約執行、防止對方投機、確保交易利得等等的成本，廣義而言，則涵蓋創造與操作制度或組織的成本，包括管理交易成本與政治交易成本[6]。

---

[6] 經濟學者 Coase 於其 1960 年所發表的「社會成本的問題」（The Problem of Social Cost）論文中籠統的指出：為了進行一項市場交易，人們必須尋找他願意與之進行交易的對象；告知交易的對象與之進行交易的意願以及交易的條件；與之議價並敲定價格；簽訂契約；進行必要的檢驗以確定對方是否遵守契約上的規定等等（陳坤銘、李華夏譯，1995：132）。這些工作通常需要很大的花費，而從事這些工作所耗費的資源（例如，時間、精力、金錢等），就是所謂的交易成本（transaction costs）。蘇永欽認為理性的經濟人會不斷地調整財產權架構，這種調整所造成的成本即為 Coase 所說的交易成本，更具體而言，是指第二次（實際）財產權架構與第一次（原始）財產權架構之間支出的社會成本（蘇永欽，1994：29）。North 將交易成本視為：「在交換時訂定與執行契約的成本，它包括了所有為了獲取交易利得所付出的成本」（North, 1984）。Furubton and Richter

新古典經濟理論以不花交易成本（costless transactions）之概念來看待制度，新制度經濟學者則認為在真實的世界是不可能的，Stigler 即直言：「零交易成本的世界顯示出與沒有摩擦的物理世界一樣怪異。」（Stigler, 1972:12）Coase 於其「廠商的本質」（The Nature of the Firm）一書即明白的指出，廠商出現的原因，是因為使用價格機能也需要成本（Coase, R.H., 1937:p. p. 390）。而廠商一旦形成，就能減少市場上訂約的數量，從而節省搜尋與訂約的交易成本。Williamson 則強調經濟組織的產生，是為求降低交易成本（Williamson, 1985:114）。由此知悉，制度出現的基本功能就是在降低交易成本，提高交易的經濟效率。

　　不過，制度出現的目的雖為了降低交易成本，但安排供給制度卻非免費的。安排供給制度的因素十分複雜，歸納起來有制度設計的成本、制度實施的成本、是否符合憲法秩序、現有的知識累積和社會科學知識的進步、以及植根於文化傳統的非正式行為規範。此外，一種制度形成以後，總會產生一批該制度下的既得利益者和利益集團，這一集團會反對策劃偏離該制度的變遷，陷入所謂路徑依賴（path dependence）的循環中[7]。

　　與文化傳統脫節的新制度，其實施成本較高，容易發生路徑依賴現象。因此，在制度變遷過程如果注意到交易成本的存在，當預期的成本小於收益，制度才會創新，制度創新之後，又要去

則認為所謂「交易成本」，除了一個體系運行的經常性成本外，尚包括基本制度架構的建立、維護或改變的成本（Furubotn，E.G. & Richter, R., 2000, p. 42-49）。

[7] 新制度主義學者 North 曾經指出，一個社會一旦選擇了某種制度（不管是如法律般的正式規則，或像禮儀或習俗般的非正式規則），不論是好是壞，總會沿著既定的軌道走下去，形成對該制度的路徑依賴（path dependence）（王躍生，1997：79-81）。

改變時，若只制定法律，可是民眾的觀念、文化價值系統沒跟著改變，制度變遷將較難成功。

三、制度變遷與社會發展

　　學者 Hayami 及 Ruttan 於研究農業發展時，將制度變遷（institutional change）併入發展過程，以取代制度不會改變或制度改變對於經濟制度係外生變數及不可預測之假設，進而提出誘導性發展（induced development）的 Hayami-Ruttan 模型（Hayami, Y. & Ruttan, V.W., 1985）。按該模型之內容，影響農業發展之變數有資源賦與（Resource Endowments）、技術（Technology）、制度（Institution）及文化賦與（Cultural Endowments）等四項（Stevens and Jabara, 1988:89），其中文化賦與在新制度經濟學中係被歸類於非正式制度，至於資源與技術則原屬於新古典模型的經濟因素範疇。Hayami 於「發展經濟學」（Development Economics）一書中，則根據上述模型基礎更進一步提出社會系統發展的廣義概念架構。

　　如圖 36 所示，圖的下半部表示作為社會次系統（subsystem）的經濟部門，此次系統包括技術與資源間的互動，廣義地被界定為涵蓋資源、勞力與資本的生產因素（factors of production），其中技術是創造產品價值的關鍵因素，在經濟學上一般稱為生產函數（production function）。至於構成社會系統成分的文化與制度表示於圖的上半部，其對於圖下半部的經濟次系統有深遠的影響，例如所得儲蓄比例是決定投資率的重要參數，而此參數多半決定於人們相對於即期消費的未來偏好，此為人們文化（價值系統）的一部分（Hayami, 1997: 9-11）。

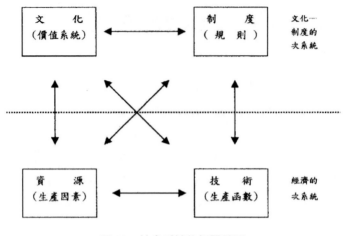

圖36　社會系統的相關發展

資料來源：Hayami（1997），p.11。

　　以火葬改革而言，人們過去受到階級觀念、入土為安等文化價值系統的影響，而採遺體土葬之方式，但由於都市的發展、人口的增加，土地資源相對日漸稀少，因此不得不採取火化土葬的方式，又加上此時火化技術的改進，例如火化設備過去以材火為燃料，現今改良成以電腦控制火化設備及除塵裝置而減少環境污染，因而消除民眾對衛生上的顧慮，使民眾接受度也將隨之提升，是以資源稀缺與技術因素的提升，而更有力於創造火葬改變的環境與條件，使人們更願意接受火化的處理方式。為了讓火葬改革的實施有所遵循，所以相關法律制度便因應而生。因此研究火葬制度變遷必須對文化、制度、資源、技術等四個變項，及其相互關係進行分析與觀察，以掌握此四變項及其相互之間的影響。

四、本文之理論切入點

綜觀 North 及 Hayami 等人之論點，制度乃社會經濟發展之關鍵因素，因此探討兩岸火葬發展，制度面最屬急迫。就外在制度言，包括成文的規定、管理機構之組織安排及一般執行規定或程序性規則（procedural rules）等，惟由於經過民意機關審查通過的成文正式規則，因獲得國家機器的龐大執行資源支持，往往規範效果較大，因此本文偏重於成文規定之分析，也包括了成文規定出台前，領導人的政策性宣示。又徒法不足以自行，不論政策或法令，尚需健全之組織，方能落實，因此探究制度變遷之軌跡，同時說明殯葬管理組織之設置及組織之作為。

其次，外在制度是由統治共同體的政治權力機構自上而下地設計出來，強加於社會並付諸實施的，此要由一個預定的權威機構以有組織的方式來執行懲罰。有些外在制度以非限制性的抽象方式起作用，如私法適用於無數的個人和場合，其中成文規定對社會成員的行為最具有規範性影響，尤其是當它們與通行的內在制度相一致時更是如此。本文雖以蒐集成文規定為主，但配合文獻分析及訪談意見之佐證，據以探索火葬制度變遷之過程、原因、方式及成效，尚屬合理。

此外，就內在制度而言，本文僅探討傳統葬俗是否改變及其改變的可能原因，例如領導人的帶頭示範及管理機構的宣傳教育等，至於如何改變，內化規則在何種臨界點時被突破，而改變文化價值系統或失去懲罰之約束力，又領導人的帶頭示範、管理機構的宣傳教育、資源與技術、甚至外在制度的強制力等，到底影響程度大小為何，因受限於研究資源不足，本文暫未處理，容待後續研究。

伍、大陸火葬制度變遷之軌跡

　　大陸由人治逐漸邁向法治的過程中，影響火葬改革較關鍵的為重要領導人倡導階段、行政法規性質的國務院關於殯葬管理的暫行規定階段、以及為適應改革開放較具強制力的殯葬管理條例階段。本文分析大陸火葬制度變遷，即按此三階段劃分來進行。

一、重要領導人倡導階段（1949 年至 1985 年 2 月 7 日以前）

　　大陸地區人治色彩濃厚，中國共產黨取得大陸地區統治權之初，廢除國民政府時期之法規，公墓暫行條例即被廢止，但新法卻遲至 1985 年 2 月 8 日才產生，在這之前有關殯葬管理，常常是以重要領導人的言論為指導方向。

　　1949 年中共取得大陸地區之統治權後，至國務院關於殯葬管理的暫行規定這一階段中，殯葬方面欠缺法律規範，往往透過重要領導人之言談左右殯葬發展方向。1956 年毛澤東等國家領導人帶頭簽署「自願死後遺體火葬」的倡議書後，揭開大陸地區火葬改革的序幕。受訪者 C2 表示：

> 「實際上我們推行殯葬改革在 1956 年就開始了，56年的時候，那個毛澤東啊，親自帶領 152 名黨員聯名簽署要推行火葬。」

　　C4 也表示：

「第一個是倡導，沒有強迫的，只是當時作為一個帶頭示範，大陸這邊就是從毛澤東啦，就是老一代的是說革命家嘛，他們提倡身後不留遺體，實行火化。實行火化當時的這個中共中央這些領導人，所以就一百多個都簽了這個名，也就是死後火化，就是說它是什麼觀點出發，……，一個是改變習俗，一個是保留這個有限的資源。」

　　上述倡議書中提到由於土葬占用耕地，浪費木材，加上歷代把厚葬久喪定做禮法，常使許多家庭陷於破產；實行火葬，不占用耕地，不需要棺木，可以節省裝殮和埋葬的費用，也無礙於對死者的紀念（聶嫦媛，2006a：15）。但當時受傳統屍體土葬觀念影響，並認為「把親人火化，於心不忍」，怕親友說「不孝順」，懷疑火化「剝光衣服燒」，怕把骨灰「搞亂」等等，而使火化推行困難。於是展開廣泛階級教育、無神論、火葬好處之宣傳，在政策上，對貧困者減免火化費用，積極鼓勵民眾實行火葬，儘管當時火化場條件較差，在受此一大環境的影響下，火化率也逐年提升，但是由於入土為安觀念深植人心，加上當時火化資源欠缺及技術落後，火葬仍不能全面地推行，於是嘗試在屍體土葬進行改革，希望改變民眾傳統觀念（聶嫦媛，2006a：17）。

　　1965 年 7 月 22 日當時內務部[8]有鑑於火葬一時不能普遍推行，屍體土葬在相當長的時期內還不能不採用，但必須加以改

---

[8]　大陸地區民政部的前身是成立於 1949 年的「中央人民政府內務部」，1954年改稱「中華人民共和國內務部」。1966 年 5 月，「文化大革命」開始，內務部機關搞起了運動。1968 年 12 月 11 日，最高人民檢察院、最高人民法院和內務部的軍事代表聯合公安部領導小組向中央上報了《關於撤銷高檢院、內務部、內務辦三個單位，公安部、高法院留下少數人的請示報告》，毛澤東主席批示：照辦。1969 年撤銷，1978 年設立"中華人民共和國民政部"，並延續至今。資料來源：大陸地區民政部網站http://www.mca.gov.cn/article/zwgk/jggl/lsyg/。檢索日：2009 年 11 月 6 日。

革，於是頒發內務部關於殯葬改革工作的意見（民政部 101 研究所編，2001：1-4），針對推行火葬、改革土葬問題提出意見。就大力推行火葬方面，必須改進現有火化場的設備和環境，搞好新建火化場的建設，加強對火葬的教育工作，認為火化場要有基本的防污設備和整潔的環境是辦好火化場的重要條件。另對土葬改革要求公墓要統一規劃管理，盡可能設在荒山瘠地；墓穴面積應盡量縮小；無主舊墳可以平掉再利用；墓地多植林木果樹；有的地方徵得墓主同意後，實行平地深葬，或拾骨裝罈另埋；禁止郊區社隊對外出賣墓穴。惟遺憾的是，此種以「推行火葬，改革土葬」為主要內容的殯葬改革，於文革時中斷（王夫子，1997：598）。

1966 年至 1976 年文革時期經歷「破四舊、立四新」運動，內容之一就是破除封建迷信，墳頭即屬於「舊事務、封建迷信」，因被取締而被平掉（韓恒，2003：9）。以上海為例，1966 年 8 月 22 日，上海的「紅衛兵」在棺柩外運站開棺取屍，就地火化。上海隨著公墓的全部被毀，除長興、橫沙兩島外，火葬成為上海市民處理屍體的唯一葬式[9]。受訪者 S1 回憶說：

「文革前上海有五家殯儀館，四家火化場，一共是九個殯葬單位，那麼公墓還有三十幾個，文化大革命一開始紅衛兵造反破四舊，就把三十幾個公墓全部砸掉，五家殯儀館也弄掉了，只保留四家火化場。為了吃住方便，紅衛兵都跑到大城市阿，大城市每個機關有教堂騰出來給他們紅衛

---

[9] 〈第十七章殯葬管理〉。《上海民政志》。資料來源：http://www.shtong.gov.cn/node2/node2245/node65977/node66002/node66042/userobject1ai61641.html。檢索日：2009 年 11 月 6 日。

兵。可以說到文化大革命時（上海）就不許土葬而全部火
葬，百分之一百火葬。這是行政命令，那時候誰敢說我要
睡棺材，敢說的話紅衛兵就把你家裡都要砸掉了。」

　　紅衛兵和革命群眾搞開棺火化，全大陸地區的年火化屍體數
由 1965 年的幾萬具迅速提高到百萬具，文革中一味以強迫命令
推行火葬，隨著 10 年動亂的結束，有些人就把火化說成是極左
的產物想加以否定，火化率急遽下降，1981 年僅火化 85 萬具屍
體，比 1978 年的 116 萬具下降近 30%（聶嬿媛，2006a：19）。
為迅速改變火化設備技術落後狀況，加強科學技術研究，以提升
火化率，民政部於 1980 年 7 月 4 日以民政部關於委託籌建火化
設備科研所的通知委託遼寧省民政廳在原瀋陽建新機械廠（現農
機齒輪廠）內，籌建火化設備科研所，該所並於 1981 年 2 月 24
日開始辦公，並受民政部委託擬定燃油式火化機通用技術條件於
1985 年 1 月 25 日經民政部審批實施。
　　1981 年 12 月 18 日民政部副部長張邦英在全國殯葬改革工作
會議上的報告中指出，從 1950 年代中期到 1980 年，殯葬改革取
得很大的成績（民政部 101 研究所編，2001：14-22）。就推行火
葬方面，50 年代中期開始在城市提倡火葬以來，截至 1980 年底，
全國已建成火化場 1183 個，共有殯葬職工 18,000 多人，有火化
爐 2,508 台，而且 85%以上的城市和 30%以上的縣推行了火葬。
但火葬改革仍存在許多問題，例如推行火葬的地區，很多地方出
現土葬回升，火葬下降的情形，尤其在縣以下農村特別嚴重；許
多城市，尤其是農村，舊的喪葬習俗抬頭；火化場經營管理不善，
常有虧損甚至貪污竊盜等現象。

土葬回升火葬下降，主要是長期封建禮教和習慣勢力在人們思想裡還有較深的影響，許多人對火葬改革的重要意義認識不足。針對當時火葬改革所遭遇到的問題，張邦英特別提出以下意見：一、提高認識，堅持殯葬改革工作的方向：積極推行火葬，改革土葬，破除舊的喪葬習俗，節儉辦喪事，建設社會主義精神文明。在人口稠密、交通方便的地區，原則上都應該推行火葬。在地廣人稀，交通不便等不適宜實行火葬的地方，要切實搞好土葬改革。二、認真整頓火葬場，改善經營管理：建設新場，要制定規劃、合理布局、經濟實用、方便群眾，防止貪大求全。……四、大力進行宣傳教育，鼓勵群眾進行改革。五、加強領導，切實做好殯葬改革工作（民政部 101 研究所編，2001：18-22）。

　　大陸國務院副總理楊靜仁於 1981 年 12 月 24 日同樣在全國殯葬改革工作會議上的講話中，提到殯葬改革四點看法，補充張邦英的意見，其中火葬改革方面，楊靜仁主張：「廣大幹部、共產黨員要在殯葬改革工作中起到模範帶頭作用」（民政部 101 研究所編，2001：23-28）。關於此點，中共中央於 1983 年 12 月 9 日由其辦公廳轉發民政部黨組「關於共產黨員應簡辦喪事、帶頭實行火葬的報告」的通知，更具體要求黨員起模範帶頭作用。

　　由火化率變化趨勢來看（參見表 51），此階段前期數據尚無可考，後期則火化率自 1978 年的 19%，至 1984 年為 21%，僅增加 2%。其間自 1978 年至 1981 年由 19% 下降至 13%，印證文革動亂結束，火化被說成是極左的產物，火化率急遽下降的事實，而 1982 年之後由下降轉持續上升，自 1981 年至 1984 年短短 4 年，火化率還由 13% 上升至 21%，計增加 8%，由此可見大陸政府建設殯葬管理和服務機構並推行火葬，是有其成效的。

表 51　大陸地區 1978 年-1984 年火化統計資料

年份	1978	1979	1980	1981	1982	1983	1984
全年遺體火化數（萬具）	117.5	102.1	98.6	85.3	96.1	107.9	128.1
火化率	19%	17%	16%	13%	15%	17%	21%

資料來源：左永仁，2004，p.12。

二、國務院關於殯葬管理的暫行規定實施階段（1985 年 2 月 8 日至 1997 年 7 月 20 日以前）

　　1985 年 2 月 8 日大陸地區國務院以國發（1985）18 號文件發布實施國務院關於殯葬管理的暫行規定共 14 個條文，此係大陸地區所發布的第一個關於殯葬管理方面，適用全國的最高行政法規，大陸地區的殯葬管理由人治漸漸邁入法治階段。國務院關於殯葬管理的暫行規定是根據中共中央辦公廳轉發民政部黨組「關於共產黨員應簡辦喪事、帶頭實行火葬的報告」的通知，在總結各地經驗的基礎上起草制定的。立法目的係為了進一步加強殯葬管理工作，改革舊的喪葬陋俗，樹立文明節儉、健康科學的新習俗，解決亂埋、亂葬問題，破除封建迷信活動，建立適合中國國情之新的殯葬制度，實現殯葬管理法制化，促進社會主義精神文明和物質文明建設（多吉才讓編，1993：302）。

　　國務院關於殯葬管理的暫行規定第 3 條前段明文：「凡人口稠密、耕地較少、交通方便的地區，應逐步推行火葬；其他地區允許土葬，但應進行改革。」區分逐步推行火葬地區與允許土葬地區。在推行火葬的地區依同規定第 4 條：「市、縣人民政府應制定推行火葬的具體規劃；建立火葬設施和殯儀館的費用，列入地方基本建

設計畫。」在不宜推行火葬或尚不具備推行火葬條件的地區，依第5條：「當地人民政府應本著有利於發展生產建設的原則，規劃土葬用地。可以鄉或自然村為單位，利用荒山瘠地建立公墓。提倡平地深埋、不留墳頭的葬法。」在此階段，透過地區劃分為推行火葬與允許土葬區域，在不宜推行或尚不具備推行火葬條件的區域，可以利用荒山瘠地建立公墓，並提倡平地深埋、不留墳頭的葬法。受訪者 C2 表示：

> 「土葬改革它是這樣，以前土葬區它是……沒有規劃……劃定為土葬區，那麼你興建的墳墓就要推行那種公益性公墓，農村講公益性公墓，就是集中把那些墳墓埋在一塊是吧，再要求你土葬不留墳頭、平地深埋，這樣還有一個概念就是一些土葬區的喔，超過年限的墳啊，提倡那個把它平墳。平掉以後把它還原成這個良田，包括周恩來，他的祖墳都是平掉的，所以我們國家在土葬區有平墳還成良田。因為你土葬要改革，你不能像以前的土葬建那麼大一個墳是吧，堆那麼高一個山頭，要土葬改革去，那怎麼改革呢，你就提倡不留墳，不留墳頭，土地深埋。」

至於火葬推行仍以漸進式為主，但對在實行火葬地區的國家職工不實行火葬的，依國務院關於殯葬管理的暫行規定第 10 條：「不得享受喪葬費，所在單位也不得為其喪事活動提供方便。國家職工拒不執行本規定，情節嚴重、影響很壞的，應給予行政處分。」自該規定發布以來，「推行火葬，改革土葬」有所進展，喪俗改革不斷深化，殯葬事業管理和服務水平也相對提高，到 1996 年的火化率達到約 36%（民政部 101 研究所編，2001：284）。

在國務院關於殯葬管理的暫行規定實施階段中，為改善火化技術，民政部於 1990 年成立 101 研究所，直屬民政部處級科研事業單位，其主要任務是進行火化技術基礎理論的研究，遺體處理新方法和殯儀館系統工程的研究；新型火化設備的研製；國內外情報的研究交流；開展技術培訓等工作（民政部 101 研究所編，2001：124）。雖然大陸地區以「推行火葬，改革土葬」為殯葬改革之大方向，為了滿足民眾入土為安的傳統觀念，火化後仍以實行骨灰土葬為主，但為節約土地資源，對於骨灰處理方式，亦朝多元葬法發展。例如上海於 1991 年 3 月 19 日有骨灰灑海活動，另壁葬、植樹葬、塔葬亦分別展開。另外，為了落實火葬政策，上海成立了殯葬文化研究所以及火化機研究所，透過對技術的科研，改善殯葬環境；透過文化的科研，以找出可行的火葬改革路線。上海年火化屍體數，也由 1949 年的 9,796 具，增至 1997 年的 96,852 具，現今上海火化率幾乎達 100%。

由火化率變化趨勢來看（參見表 52），此階段火化率自 1985 年的 25%，至 1997 年為 36.8%，增加 11.8%。其間除 1992 年及 1993 年稍有下降之外，其餘各年均保持上升趨勢。由此印證國務院關於殯葬管理的暫行規定對推行火葬之正面影響。

表 52　大陸地區 1985 年-1997 年火化統計資料

年份	1985	1986	1987	1988	1989	1990	1991	1992	1993
全年遺體火化數（萬具）	155.2	155.5	162.0	180.9	182.3	201.3	215.6	242.5	247.6
火化率	25%	26.2%	27.0%	29.5%	30.1%	31.5%	34.0%	31.2%	31.6%

年份	1994	1995	1996	1997
全年遺體火化數（萬具）	257.1	262.7	282.7	295
火化率	33.4%	33.2%	35.2%	36.8%

資料來源：整理自大陸地區民政部 1998 年統計年報。

三、殯葬管理條例實施階段（1997年7月21日至今）

　　為適應改革開放和建立社會主義市場經濟體制的新形勢，強化殯葬管理，全面推進殯葬改革，促進社會主義精神文明和物質文明建設。民政部在國務院關於殯葬管理的暫行規定的基礎上，起草了殯葬管理條例，並於1997年7月21日發布施行（民政部101研究所編，2001：184）。1997年8月5日民政部副部長楊衍銀特別對制定殯葬管理條例的必要性和重要性說明，他說在改革開放和建立社會主義市場經濟體制的新形勢下，一些單位和個人受利益驅動，擅自興建公墓；一些地方亂埋亂葬、喪事大操大辦、封建迷信回潮、殯葬市場混亂相當嚴重，由於殯葬管理的規定力度不夠，難以適應新形勢下依法強化殯葬管理的需要。為了大力推進殯葬改革，促進社會主義精神文明和物質文明；為了依法強化殯葬管理，並大力發展殯葬事業，滿足人民群眾日益增長的對殯儀服務的需要，因此訂定殯葬管理條例。

　　殯葬管理條例對火葬的推行較國務院關於殯葬管理的暫行規定更具強制性，依殯葬管理條例第4條第1項明文：「人口稠密、耕地較少、交通方便的地區，應當實行火葬；暫不具備條件實行火葬的地區，允許土葬。」受訪者B8表示：

> 「葬式在大城市人口密集發達的地區呢，我們都提倡火化，那在偏遠的交通不便的地方，人口稀少的地方呢，我們允許土葬。」

　　將應當火化的遺體土葬，或者在公墓和農村的公益性墓地以外的其他地方埋葬遺體、建造墳墓的，依同條例第20條規定：「由

民政部門責令限期改正；拒不改正的，可以強制執行。」此處所謂強制執行，係民政部門對於拒不改正者，可以用公權力強制排除違法行為，但也因此造成地方有執法不一的情形。例如根據2005年11月25日標題為「村民死後違規土葬鎮政府強制火化就地起屍焚燒」新聞報導，四川省邛崍市一屍體不火化，被副鎮長帶人來強制當場開棺焚燒屍體。類似的情形亦發生於湖南省鄉潭，受訪者C2提到：

> 「長沙一個棉衣紡織廠，在城區嘛是吧，區裡面的一個退休職工，他跟在長沙的一個兒子住，由於他家裡頭有土葬的傳統，又因另一個兄弟住鄉潭，他臨終，還沒死之前家人偷偷地把他拖到鄉潭去，等他到那裡嚥氣之後，就準備到鄉潭那個允許土葬的農村地區土葬。結果被長沙的民政局殯葬管理處知道了，就與鄉潭那邊連繫，連繫就上門勸導說，你這個人本來生於火葬區的長沙，死後要火化，不許土葬。結果他家屬說我們會火化，我們肯定會火化，等領導一走以後，他們就偷偷的埋掉，而且在墳的周圍用水泥搞這麼牢固，事情被知道以後啊，這個長沙市殯葬管理處就與鄉潭殯葬管理處聯合執法，就地挖起來，在鄉潭火化，所以很多方面我們國家政策還是起了很大作用，一個是老百姓啦自主，一個是國家政策推動起了一定作用。」

其他如C1、C4及B8等受訪者均有相似說法。此種執法方式，難道不會遭到民怨與抗爭嗎？C2表示：

「民怨難免會有，但儘管他不舒服，但是他感受上、心理上還是覺得理虧，因為國家早就制定好法規，總覺得自己做錯了，還是有一點理虧。」

　　邛崍市民政局社會事務科認為就地火化的操作是沒有技術要求的，但四川省民政廳社會事務處卻認為，對就地起屍火化這一方式，民政廳早就制止過，是不允許這樣做的，殯葬執法一定要講究人性化[10]。

　　另根據韓恒在《規則的演變——對豫南 G 村喪葬改革的實證研究》中指出，殯葬管理條例施行後，G 村雖被劃為火葬區，直到 1999 年 7 月該法才起作用，但有村民仍按傳統土葬，後來只要向鄉民政所繳「火葬押金」就可屍體土葬，即使沒繳火葬押金而偷埋，被發現時，主管部門也沒有強制「起屍火葬」，只要家屬補繳 300 元的押金，就可以不了了之，後來上級法規實施的不斷加強，火葬押金上升到 1000 元，但不要聲張就沒事，到 2002 年則提高為 2000 元，一般人負擔不起，只好進行火葬（韓恒，2003：23-24）。可見地方對「強制執行」的看法及作法仍有不同，甚至有與民政部不同調之情形，但基本上殯葬執法的意思多指強制施行火葬（王夫子，2003：3）。

　　大陸地區雖然一直以火化率提升為殯葬改革之重要任務，但城鄉火化率差距相當懸殊，例如 2005 年大陸地區火化率 53%，上海市火化率幾乎已達 100%，而海南省全省平均火化率卻僅 3% 左右，海口市也僅 30% 左右。可見大陸地區火葬政策的推展，城

---

[10] 參見〈村民死後違規土葬　鎮政府強制火化就地起屍焚燒〉之相關報導。資料來源：http://www.longhoo.net/big5/longhoo/news2004/society/userobject1ai439638.html。檢索日：2009 年 11 月 6 日。

鄉差異很大。由於大陸地區殯葬改革的成敗以火化率為標準,卻也造成地方為求火化率表面數字的提升,而將原本劃分為火葬區的改為土葬區,限縮火葬區面積,使火化率提升,美化了統計數字(王夫子,2003:9)。

為了節約土地資源,殯葬管理條例第 5 條明文:「在實行火葬的地區,國家提倡以骨灰寄存的方式以及其他不占或者少占土地的方式處理骨灰。縣級人民政府和設區的市、自治州人民政府應當制定實行火葬的具體規劃,將新建和改造殯儀館、火葬場、骨灰堂納入城鄉建設規劃和基本建設計畫。」所謂不占土地方式,例如骨灰拋灑,以上海為例,自 1991 年 3 月 19 日首次骨灰灑海至 2006 年 3 月 25 日,共組織 90 次骨灰灑海,計 11,941 人。所謂少占土地方式,例如壁葬、植樹葬、塔葬等,以上海為例,1990 年息園骨灰寄存處開闢壁葬;1993 年 4 月 9 日在奉新公墓舉行植樹葬;1994 年 3 月 29 日上海天馬塔園開業(黃碩業,2006a:28)。土地的稀缺與人口的增長構成強烈的衝突,尤其在大型城市,連骨灰葬的土地資源也日益緊缺,一些新型的葬法如植樹葬、海葬、壁葬開始出現(陳蓉霞,2006:47)。這一類的殯葬方式更多是追求人們對亡者精神上的哀思和寄託,而不在於有形的物質實體,改變死人與活人爭地的矛盾及觀念上的大更新(朱新軒,2006:51)。

新型葬法出現固然與土地資源的稀缺有關,但要不是火化技術改善,使燃燒出來的骨灰顆粒更細小,新型的葬法亦難以實施。火化技術的提升,污染相對較少,連帶地使一般民眾較樂於接受火化。大陸地區火化遺體,經歷了燒木頭、燒煤、燒氣、燒油的階段,朝低污染、低耗能、高效能的環保方向發展。例如上海寶龍火化機研究所在 1999 年研製出 GC-H 型綠色火化系統,

2001 年又研製出噴射排煙室式綠色火化爐，降低火化環境污染，並提高火化工作效率（黃碩業，2006b：25）。

由火化率變化趨勢來看（參見表 53），此階段火化率自 1998 年的 39.6%，至 2005 年為 53%，8 年期間共增加 13.4%，其間無遲緩或下降之情形，各年均維持上升趨勢。相較於前兩階段，此階段火化改革成效勝於 1985-1997 階段，1985-1997 階段則勝於 1949-1984 階段，可謂漸入佳境。

表 53　大陸地區 1998 年-2005 年火化統計資料

年份	1998	1999	2000	2001	2002	2003	2004	2005
年遺體火化數（萬具）	319.7	336.4	373.7	386.7	415.2	435	436.9	450.2
火化率	39.6%	41.5%	46%	47.3%	50.6%	52.7%	52.5%	53%

資料來源：整理自大陸地區民政部 2006 年統計年報。

陸、兩岸火葬策略之比較

前一節大陸火葬制度變遷之分析，主要說明了大陸的殯葬法令規定。至於台灣的殯葬規定概可劃分為公墓暫行條例在台實施階段（1945 年至 1983 年 11 月 12 日以前）、墳墓設置管理條例實施階段（1983 年 11 月 13 日至 2002 年 7 月 18 日以前）、以及殯葬管理條例實施階段（2002 年 7 月 19 日至今）。

公墓暫行條例階段，主要規定公墓地區內，得附設火化場及火葬辦法之訂定。另領導人倡導者為蔣中正先生於 1953 年發表〈民生主義育樂兩篇補述〉認為解決喪葬問題，除建設公墓外，宜由

公家供應火化設備提倡火化，因為火化，不僅適於保持公共衛生、節約土地，更可以永久保持紀念（蔣中正，1988：18-19）。謝東閔先生提出「公墓公園化」之構想，1976 年遂有「台灣省公墓公園化十年計畫」以期逐年更新公墓，撿骨進堂塔。此外為根本解決本省喪葬問題，政府自 1985 年起陸續訂定改善殯葬設施計畫，興（修）建納骨（堂）塔、殯儀館及火化場（趙守博編，1986：2）。

其次，墳墓設置管理條例階段，規定骨灰（骸）安置於靈（納）骨堂（塔）內者，減免收費，骨灰（骸）應盡量安置於靈（納）骨堂（塔）或其他專門藏放骨灰（骸）之設施內。其立法意旨在於藉助佛教火葬因勢利導，以期落實鼓勵火化進塔（立法院秘書處編，1984：2）。至於地方政府方面，為鼓勵火化進塔，台北市於 1989 年 8 月 18 日起，凡申請使用火化爐者皆免費（耀興輝，1990），並於 1993 年 1 月 4 日訂頒臺北市殯葬管理辦法，有禁止火化或撿骨再行土葬之規定。高雄市則於 1997 年 10 月 24 日發布高雄市海葬實施要點，以作為實施海葬之依據。

至於殯葬管理條例階段，為節約土地資源，規定火化土葬每個骨灰盒 0.36 平方公尺。為提倡多元葬法，將樹葬、骨灰拋灑或植存等予以明文規範，殯葬管理條例並授權地方政府發布相關管理辦法，據此台北市於 2004 年 5 月 11 日發布台北市骨灰拋灑或植存實施辦法、基隆市 2004 年 7 月 21 日發布基隆市海上骨灰拋灑實施辦法。

由火化率來看台灣火葬改革之成果，公墓暫行條例階段因僅有 1982 及 1983 兩年統計資料，對於成果判斷助益不大。墳墓設置管理條例階段由 1983 年的 18.4%，增加至 2002 年為 74.3%。殯葬管理條例階段則由 2002 年增加到 2005 年為 82.1%（參見表 54）。

表 54　台灣地區 1993 年-2003 年火化統計資料

年份	1982	1983	1984	1985	1986	1987	1988	1989	1990
全年遺體火化數（具）	14,147	16,694	17,550	19,180	18,826	18,610	26,754	28,507	34,554
火化率	16.2%	18.4%	19.6%	20.9%	19.9%	19.3%	26.2%	27.6%	32.7%

年份	1991	1992	1993	1994	1995	1996	1997	1998	1999
全年遺體火化數（具）	39,006	41,112	50,869	53,852	58,256	63,939	70,998	71,532	79,364
火化率	36.7%	37.2%	45.9%	47.3%	50%	52.2%	58.7%	58.1%	63%

年份	2000	2001	2002	2003	2004	2005
全年遺體火化數（具）	84,275	90,597	95,521	101,294	106,530	114,478
火化率	67%	71%	74.3%	77.4%	78.9%	82.1%

資料來源：1982-1987 年引自楊國柱，1980，p.36；1988-1992 年引自殷章甫，2004，p.332；1993-2005 年整理自台灣地區內政部統計處內政統計年報。

　　承上述分析與了解，本節按火化制度變遷之過程、原因、方式及成效等面向，比較兩岸火化策略如下：

一、變遷過程方面，台灣地區先獎勵火化進塔，再增加允許火化土葬；大陸地區則先實施強制火化土葬，再提倡骨灰寄存

　　台灣地區於公墓暫行條例階段先投入資源對公墓與火化場進行改善，並實施公墓公園化，更新增建納骨堂塔，以達墓地循環利用。墳墓設置管理條例時期則對火化或撿骨後之骨灰（骸）進塔給予減免收費，對於火化土葬基本上不鼓勵，最後到殯葬管理條例則增加允許火化土葬及環保自然葬法。

大陸地區於重要領導人倡導階段先「推行火葬、改革土葬」為主要內容，對火化場的設備進行改善，要求公墓盡可能設在荒山瘠地，縮小墓穴面積，但在文革時大陸地區一度強迫火化、平毀公墓，文革後則又回到推行火葬，改革土葬，到國務院關於殯葬管理的暫行規定階段開始推行劃分火葬地區與允許屍體土葬地區，呈現半強制性的推行火化，最後到殯葬管理條例劃分為「應當實行火葬，與允許土葬地區」對火葬區的用語更為強烈，今於火葬區則強制火葬、提倡骨灰寄存並推廣綠色殯葬。這由 C4 說法可得印證：

> 「大陸地區殯葬改革：第一個階段就是火葬……就是土葬變火葬，第二個就是說呢，在公墓的管理上，就是說骨灰埋葬實行花葬、草坪葬，所謂就叫臥碑啊，外國那種臥碑，不留墳頭那種形式，這是第二個階段。第三個階段什麼呢？就是不留骨灰。」

　　上述變遷過程中兩岸最明顯異同處，乃均為節約土地資源利用，但台灣地區採火化進塔，大陸地區卻採火化土葬。台灣地區雖於 2002 年在制度上開始允許骨灰土葬，惟較大陸地區遲了至少 40 年，而大陸地區後來雖也允許骨灰寄存方式安葬，但較台灣地區慢了 20 年。此外，兩岸殯葬改革存在不少問題，例如大陸地區推行火葬的地區，在文革結束後，很多地方出現土葬回升，火化率下降的情形，可見為期十年的文革，仍難以澈底改變長期封建禮教和習慣勢力在人們思想裡的影響。至於台灣地區雖明文規定設置私人墳墓或納骨設施的程序與條件，但違章墳墓或納骨堂塔卻林立於所謂好風水的山間與田野，與大陸地區皆曾出現制度變遷過程中的路徑依賴問題。

二、變遷原因方面，兩岸同受相對價格變化之影響，但影響偏好變化，大陸地區領導人的帶頭示範作用強過台灣地區

　　兩岸歷次火葬制度變遷之主要原因，不外乎是由於相對價格的變化及偏好的變化。由於土地資源係固定有限，但人口卻不斷增加，使得土地要素變的更加稀少，價格相對提高，若再不創新制度對土地利用加以節制，恐將造成共同財悲劇（commons tragedy）[11]。台灣地區從早期公墓暫行條例明文限定公墓墓基為200平方市尺（約22.22平方公尺），到墳墓設置管理條例限縮為16平方公尺，再到現行殯葬管理條例則更縮減為8平方公尺，並從屍體土葬改為火化進塔，及推行自然葬。大陸地區則由早期屍體土葬，變為火化土葬與屍體深埋不留墳頭葬法，到殯葬管理條例則有不占或少占土地面積的葬法，而有綠色殯葬之推動，均反映要素相對價格變化促使人們進行制度創新。受訪者C2即表示：

> 「現在火化率大概到54%的囉，就是還土葬的是一半，他每年佔用的耕地是50,000畝，這樣的話耕地將愈來愈少。王（夫子）教授做了一個調研，以前我們湖南省如果火化，我們土葬……火化率比較低的，湖南內地這裡面大概是百分之一、二十是吧。如果還不改善的話，那十年、二十年

---

[11] 生物學家Gorrett Hardin（1968）認為，對人人想要但資源有限的共同財，每個人都是自私自利的，Hardin引用亞里士多德的銘言：「最多人擁有的共同財往往得到最少的照顧」，而舉牧場牧羊的例子極力強調共同財的悲劇（tragedy of the Commons）。

以後，我們留給子孫的是什麼呢，湖南有六、七千萬的人口，我們留給子孫的難道是每個人分一個墳頭嗎？生存的空間就會愈來愈小，所以主要是從資源方面去考慮。」

此外，兩岸先後實施改革開放，並頻繁進行包括國際性的交流，加上網路發達，人們獲取與交易有關的訊息費用降低了。又火化技術及建塔技術的提升，使得火葬實施的交易成本變少了，甚至骨灰拋灑植存變的比較容易。這些因為訊息成本變化或技術變化所產生的相對價格變化，引發火化土葬或進塔及綠色殯葬等制度創新的動力。

偏好的變化是制度創新的另一個重要原因。雖然兩岸初期重要領導人對殯葬問題皆有所重視，但台灣地區重要領導人僅就殯葬問題提出看法。例如蔣中正先生在喪葬問題上，所強調的是以喪禮的制定與殯葬設施的建設為主，並無起帶頭示範作用。大陸地區早期重要領導人的以身作則，起到一定帶頭示範作用，例如1958 年 2 月黃敬接受火化，接著如賴若愚、林伯渠、李濟深、沈鈞儒等重要幹部死後皆踐行火化，為火化工作作了榜樣（聶嫄媛，2006b：17）。甚至 1958 年周恩來先生率先把他死去的父親，其妻鄧穎超女士把自己死去的母親以及重慶辦事處的一些死去的同志的墳墓平掉，進行深埋。周恩來先生還把他在淮安幾代親人的墳墓，也托人平掉，改為深埋，把土地交給公家使用[12]。其死後不保留骨灰，發揮可貴的名人效應。

---

[12] 資料來源：http://9link.116.com.cn/globe/4e2d5916540d5c06/540d4eba8f764e8b/4e2d56fd540d4eba8f764e8b/546860694f864e347ec87eaa5b9e。檢索日，2006 年 9 月 1 日。

三、變遷方式上，台灣地區偏採誘發性變遷，大陸地區偏採強制性變遷

　　兩岸火葬制度所採用的策略並不相同，台灣地區在墳墓設置管理條例第 19 條即明文骨灰或骨骸安置於靈（納）骨堂（塔）內者，減免收費。而墳墓設置管理條例施行細則第 20 條規定：「骨灰或骨骸應盡量安置於靈（納）骨堂（塔）或其他專門藏放骨灰或骨骸之設施內。」並無強制要求火化後一定要存放於骨灰（骸）存放設施內，僅屬於宣示性質，並藉著減免收費的誘導，使民眾更樂於接受。又由於台灣地區佛教信仰相當普及，因此，藉由源於佛教教義之火化進塔，可以有效改善民眾過去土葬習俗。例如為鼓勵火化進塔，台北市於 1989 年 8 月 18 日起，凡申請使用火化爐者皆免費。透過獎勵誘導的方式，先改變民眾的傳統文化土葬價值觀，當觀念改變後自然會去遵行。

　　大陸地區在推行火葬的過程，則偏向透過強制手段達到火化目標，例如 1966 年至 1977 年的文化大革命「破四舊、立四新」，將傳統墳頭平毀，以及 1985 年以後火葬區與土葬改革區的劃分，強制火葬區屍體必須火葬，違反者就地起屍火化，即使火葬押金的繳交，也是強制火化的權宜之計。透過強制手段達到推行火葬的目的，強制手段推行一久，民眾觀念也就隨之改變。

　　從表面上來看，台灣地區採誘發性變遷策略，似乎較大陸地區採強制性變遷略勝一籌。但其實由於兩岸政經背景之差異，台灣地區偏向自由經濟體制，因此，殯葬服務業全面開放民間經營，但也使得政府較無大力投入基礎研發。大陸地區以共產主義為建國方針，自鄧小平實施改革開放以來，實施計畫經濟，殯葬服務業雖仍以公營為主，但卻大力投入基礎研發工作。基本上兩

岸畢竟人口數、都市化程度及人地比例並不相同，因此，變遷策略應無優劣之分。一個政治較民主，經濟較自由的社會，只要制度變遷能夠獲得外在利潤，個人或團體自然會去響應或推動新制度的實施。一個政治較威權，經濟較不自由，民智較不成熟的社會，採強制性變遷，可以節省龐大的組織和協調成本。

四、改革成效上，台灣地區的火化率成長雖快，但建塔對環境衝擊較大；骨灰存放設施的普及與規劃興建專業雖優於大陸地區，但火化設備及技術的研發不如大陸地區

兩岸在改革成效上，從近 30 年的火化率來看，台灣地區火化率由 1982 年的 16.2%提升到 2005 年的 82.1%，平均每年增加 2.7%；大陸地區火化率從 1978 年的 19%上升到 2005 年的 53%，平均每年增加 1.3%，由數據顯示台灣地區火化率成長速度較大陸地區為快。但由於台灣地區都市化程度較深，人口密度較高，由兩岸火化率成長差異，很難分辨葬俗改革成效之優劣。不過由於台灣地區推行火化進塔，大陸地區實施火化土葬，從環保永續的觀點考量，台灣地區動輒設置量體龐大的納骨堂塔，增加環境的負荷，實非明智之舉[13]。其次，兩岸現階段皆在推行自然葬，以上海市與高雄市海葬數來看，上海截至 2,006 年 3 月近 15 年將近 12,000 具海葬，近幾年年海葬量皆破千具，為高雄市 2,005 年海葬數 60 餘具的 17 倍。另按人口數來看，2005 年上海約 1,800

---

[13] 設置量體龐大的納骨堂塔，不但明顯影響視覺觀瞻，且樓層愈高，開挖地下室愈深，對土地擾動大，相較於火化後小面積土葬，未符環保永續。

萬人[14]，為 2,005 年高雄市人口 150 餘萬人[15]的 12 倍，相對而言，上海市的海葬成效勝於高雄市。

　　兩岸對火葬設施的建設亦各擅所長，由於大陸地區早期即實施火化土葬，且政府設有相關研發機構，例如中央的民政部 101 研究所，地方的瀋陽市及上海市火化機研究所，每年編列預算，投入在火化設備及技術的研發，因此這方面的發展較台灣地區健全。至於台灣地區則由於火化進塔推行較早，且私人資本較發達，因此骨灰（骸）存放設施的普及與規劃興建的專業均優於大陸地區。

柒、兩岸火葬策略之發展趨勢

一、兩岸火葬將由都市更普及鄉村，火化所需設施或設備勢須相應配合增加

　　由於大陸地區城鄉火化率相差懸殊，若從政策推展角度觀察，大陸地區對火化率的提升相當重視，若要使全大陸地區火化率更為提升，則未來改革著眼點必須將火化率提升的焦點放在鄉下地方，畢竟大城市火化率幾乎已達 100%，僅能要求維持現狀。如此勢須更多資源投入鄉下地區，以興建火化設施及採購火化設備。

---

[14]　《上海概覽》。資料來源：http://www.shanghai.gov.cn/shanghai/node2314/node3766/node3783/node3784/index.html。檢索日：2006 年 7 月 9 日。

[15]　中華民國統計資訊網。資料來源：http://win.dgbas.gov.tw/dgbas03/bs8/city/default.htm。檢索日：2006 年 7 月 8 日。

大陸民政部張明亮司長在前述「全國綠色殯葬與和諧社會研討會」發表文章中另提到，修正中的殯葬管理條例已將火化和殯儀服務劃分成為兩部分。火化為公益性非營利性質，殯儀服務則採取市場化。這樣有利於進一步爭取政府投入和財政支持，屆時國家財政或福利基金將相應支援火化部分[16]。

　　雖然台灣地區城鄉差距比大陸地區小，但由於城市中都市化程度較深，人口密度較高，一般民眾接受火化意願相對也高。例如截至 2004 年，台北市火化率接近 100%，而台灣地區火化率約 73%。因此，未來火化推動重點也應向鄉村拓展，則火化相應的設施與設備勢需提供充足。此外，由於台灣地區民眾治喪有擇日之習俗，使得現有火葬場遇上吉日，火化爐即不夠使用，因此，在設法增建火葬場之餘，同時如何改變民眾擇日習慣，也將是火化策略成功的重點。

　　至於火化後骨灰存放問題，台灣地區已出現存放格位供過於求的現象。以內政部 2004 年統計年報為例，骨灰格位有 540 餘萬個，卻僅使用不到 100 萬個[17]，假設現有每年死亡人口 13 餘萬悉數火化進塔，剩餘塔位三十幾年也消化不完，因此塔位不虞匱乏。大陸地區骨灰寄存政策起步較晚，納骨堂塔興建數量不多，好在由於民眾多數仍習慣火化後土葬，尚無骨灰存放設施不足問題。但由於工、商、高科技、服務業等用途日益增加，上海市等部分地方政府已研議縮減公墓內骨灰土葬面積。加上大陸地區放寬宗教信仰，佛教在大陸地區已漸為人們接受，預期火化進塔的習慣將逐漸養成，如何提供足夠的骨灰存放設施，必須儘早因應。

---

[16] 民政部網站：http://www.mca.gov.cn/artical/content/200431210146/2006329 1807.html。檢索日：2006 年 8 月 24 日。

[17] 內政部網站：http://www.moi.gov.tw/stat/。檢索日：2006 年 7 月 10 日。

二、環保自然葬之採用漸增，相應之儀式及用品有待制定或研發

　　兩岸葬俗現階段已從傳統屍體土葬轉為火化進塔、骨灰土葬或環保自然葬，以不占或少占土地的葬法為未來發展趨勢。隨著兩岸民智更加成熟，年輕一代較無傳統殯葬價值系統之束縛，預期未來環保自然葬之採用會逐漸增加，此際，相對應的殯葬用品、殯葬設備、殯葬設施必須配合跟上，例如低污染、高效能的火化機，環保棺木，可溶解或腐敗的骨灰盒的研發等，方有助於環保自然葬之推動。

　　大陸地區透過政府的力量，在中央設立民政部 101 研究所，地方如上海也有火化機研究所，對火化技術與殯葬相關用品的研發不遺餘力。反觀，台灣地區對於火化技術的研發僅靠業者的投入，但由於業者所重視者是短期能回收的投資報酬率，對於長期見效的研發工作，若非能力不足，即是缺乏興趣，如何提供誘因鼓勵投入更多資源在殯葬技術之研發與創新，乃未來台灣地區政府需努力的課題。

　　再者，由於自然葬將衝擊到傳統殯葬儀式（徐福全、陳繼成，2005：523-541）[18]，現行內政部頒布之國民禮儀範例，難以滿足需求，未來如何擬定相關符合環保自然葬之儀式，有待審慎研議。由於環保自然葬之殯葬用品應盡量接近自然，不可使用無法溶解或腐敗之骨灰容器，則傳統骨灰盒的販售，必然大受影響，為確保經營利潤，應多從事殯葬用品之研發創新，例如研發海葬使用之可溶解追思骨灰盤，以取代傳統骨灰盒。

---

[18] 環保自然葬對傳統殯葬儀式之比較，可參見徐福全、陳繼成（2005），〈以台北市為例探討現代環保葬儀節〉，《殯葬與環保》，第 523-541 頁，上海市：上海殯葬文化研究所，第 523-541 頁。

三、大陸地區持續以政府資源大力支持殯葬交流與研發，台灣的優勢喪失不遠矣

　　大陸地區近幾年來對殯葬改革相當熱中，例如上海已經舉辦過國際性殯葬研討會，邀集世界各國進行殯葬交流，對於火化理論與實務，討論頗多。而大陸內部又有許多研發單位，例如民政部有 101 研究所，上海有殯葬文化研究所、遺體防腐研究所以及火化機研究所，政府部門每年投入相當的預算在支持。並透過興辦殯葬期刊雜誌，以及出版《殯葬學科叢書》一套 24 本，以做為殯葬教育之用。

　　另外，民政單位有殯葬相關課程安排外，長沙民政學院成立了大專程度之殯儀系，現在更擴展為殯儀學院。其對基礎研發的重視外，並透過殯葬教育以及與國內外交流，提升殯葬專業水平。反觀台灣地區，雖然市場較為自由，但由於缺乏政府資源投入殯葬基礎研發工作，雖然過去台灣地區在殯葬軟硬體居於優勢，但現今大陸部分重點地區的硬體設施已超越台灣地區，殯儀服務專業方面大陸地區亦正在急起直追，台灣地區政府若不能儘早因應，則過去的優勢將可能不在。

捌、結論

　　制度變遷乃制度主體依據外在利潤與制度創新成本之比較，而進行用新制度代替舊制度的過程。當新制度擁有外部利潤，舊制度存在外部成本，預期利潤大於成本時，則提供制度變遷之條件。殯葬文化屬於內在經驗的隱含性規範系統（implicit rule system），它呈現出相當程度的「慣性」。當殯葬制度創新方向與非正式規則所示方向不一致，將產生妨礙制度變遷之阻力。如何使傳統殯葬制度之慣性提早改變，進而凝聚殯葬改革之共識，必須對殯葬制度變遷過程深入瞭解方能竟其工。

探討並比較兩岸政府過去進行的火葬改革，可發覺明顯差異。在變遷過程方面，台灣地區先獎勵火化進塔，再增加允許火化土葬；大陸地區則先實施強制火化土葬，再提倡骨灰寄存；變遷原因方面，兩岸同受相對價格變化之影響，但影響偏好變化，大陸地區領導人的帶頭示範作用強過台灣；變遷方式上，台灣地區偏向誘發性變遷，大陸地區偏向強制性變遷；改革成效上，台灣地區的火化率成長雖快，但建塔對環境衝擊較大；骨灰存放設施的普及與規劃興建專業雖優於大陸地區，但火化設備及技術的基礎研發不如大陸地區。

承上述火葬改革變遷過程之比較，展望未來兩岸火葬發展之趨勢包括：兩岸火化將由都市更普及鄉村，火化所需設施或設備勢須相應配合增加；環保自然葬之採用漸增，相應之儀式及用品有待制定或研發；大陸地區持續以政府資源大力支持殯葬交流與研發，台灣地區如不加緊趕上，過去的優勢將很快喪失。

海峽兩岸經濟交流日益頻繁，相較於大陸，台灣擁有充裕資金、先進技術與專業服務的優勢，如何在國際化與世界分工下，與大陸地區殯葬產業既競爭又合作，共創雙贏，甚至取得制度優勢與殯葬市場先機，勢必因應上述殯葬發展趨勢，而從事制度規則的調整。台灣地區才於 2003 年全面實施新制定殯葬管理條例，大陸地區也正檢討修正殯葬管理條例草案，將更擴大民間參與殯葬服務業，一旦審查通過，公布施行，屆時兩岸將進入殯葬制度競爭的另一個里程碑。

附錄　訪談大綱

1. 大陸火葬場概念似乎與臺灣並不全然相同。大陸火葬場中除了可分設操作（如火葬間）、業務接待、職工生活等設施以外，仍可設立殯儀（如禮廳），請問這種殯儀設施之作用，與殯儀館有何區別？是否具有如同殯儀館的禮廳供停棺（屍）及舉行殯葬儀式之功能。

2. 火葬是否有使用火葬棺木？屍體用什麼裝或者純粹將屍體直接送入火化間。（火葬地區禁止出售棺木）

3. 殯葬職工守則提到要服務周到，待人熱情，積極參加「五講四美三熱愛」活動是指什麼？加強職工的思想政治工作，開展了「四有」教育指什麼？

4. 1993 年民政部、勞動部關於頒發《民政行業工人技術等級標準》的通知，將殯葬職工依等級劃分，例如屍體整容工、防腐工、屍體火化工、殯儀服務員、墓地管理員、屍體接運工等等，請問他們是否需通過怎樣的測試才能從初級、中級、到高級。

5. 在 1985 年《國務院關於殯葬管理的暫行規定》第一條有促進社會主義物質文明和精神文明的建設，為何到 1997 年《殯葬管理條例》第一條時，刪除了物質文明這規定，其理由何在？

6. 就殯葬管理的方針，1985 年《國務院關於殯葬管理的暫行規定》第二條提到「破除**封建迷信**的喪葬習俗」，為何到 1997 年《殯葬管理條例》第二條卻成為「革除喪葬陋俗」？二者主要區別何在？為何會有如此的轉變？在《殯葬管理條例》第十七條仍然有使用「封建迷信」，如此修改具有什麼樣的特殊意義？對封建迷信方面實際取締成效如何？

7. 1985 年《國務院關於殯葬管理的暫行規定》第三條規定允許土葬地區，應進行改革，請問具體改革的作法有哪些？（是否可以將土葬區改為火葬區？如何作？）

8. 1985 年《國務院關於殯葬管理的暫行規定》第十條「在實行火葬的地區，國家職工（包括哪些？）不實行火葬的（是指自己死亡或服務其他死者不實行火葬？），不得享受喪葬費（有什麼樣的喪葬費？檔

能否提供。），所在單位也不得為其（指的是職工、職工家屬或殯葬職工服務的喪家？或其他？）喪事活動提供方便（國家職工已死，如何對其產生方便與否的拘束？）」的意思是什麼（是指對職工個人死亡後的喪葬福利嗎？）？火葬地區是以生時（戶籍地、居住地）或死亡地來認定？如果遷移非火葬地區呢如何防範？本條規範物件是誰（所有國家職工、殯葬職工、喪家？）是否強制所有「國家職工」自己在火葬地區一律必須火葬？立法理由何在？「情節嚴重、影響很壞的應給與行政處分」有哪些具體案例？

9. 殯葬管理條例第四條「人口稠密、耕地較少、交通方便的地區」判斷標準是上述三條件皆需同時具備才是應當實行火葬或者合乎其中之一即應當實行火葬？

10. 對應當火化的遺體土葬，拒不改正，而強制執行，此處所謂「強制執行」所指為何（由法院還是哪個單位來強制執行）？是單純取得執行名義，還是可以進一步處罰到什麼程度？有什麼具體案例加以說明。

11. 請問文革時期大陸地區火葬政策的各級主管機關是如何推動的（例如運用了哪些強制性或柔性的方式？）？火葬後是否仍需要公墓？如果火葬後到公墓埋葬，則公墓興建是如何作具體規劃？文革時對於土葬的處理方式如何看待？對喪葬習俗如何認定是否屬於迷信，有無一定客觀標準？

12. 目前大陸《殯葬管理條例》在具體實務運作過程中碰到了哪些難題？有哪些需要修改（例如不合時宜）以及需要補充增加的規定（例如規範仍有不足的地方、希望開放的殯葬項目）？

13. 火葬墓和土葬墓除了面積大小不同外，還有哪些區別？

14. 大陸地區公營殯葬設施民營化走向如何？

15. 能否描述從共產黨執政以來火葬推動的方式、碰到的難題、以及具體成果如何？

16. 1997殯葬管理條例等階段中主要運用了哪些手段推行火葬？取得哪些成效？各階段中碰到哪些難題？又存在了哪些不足或缺失？

CHAPTER 8

觀音山風景專用區濫葬清除與善後處理之研究

長期以來，觀音山地區被視為風水極佳之地，但因政府管理不善，以致濫葬情形相當嚴重，不但破壞水土保持，妨礙視覺觀瞻，且導致土地資源配置失序，利用效率難以提升。因此，如何對區內的濫葬行為加以取締，以遏止新設墳墓或骨灰骸存放設施，並且將墓地進行清除與善後，以還原觀音山之美麗風貌，實乃當務之急。

壹、前言

　　觀音山地區向來以有純樸的自然景觀及優美的山巒天際線聞名，因有良好的地理景觀，長久以來成為民眾偏愛選擇的墓葬地點，形成該地區嚴重的濫葬問題，充斥違規設置墳墓及骨灰（骸）存放設施，對自然資源保育及觀光遊憩發展衝擊甚大。

　　觀音山地區濫葬問題形成原因，除自然條件的促成之外，政府管理不善，以致濫葬、亂葬情形相當嚴重，同時由於墳墓設置管理條例等相關法令對執行取締之規定不夠明確，且處理方式亦不盡妥當，不但無法有效防止濫葬，反而增加了取締上的困難；如此惡性循環下去，勢將導致難以收拾的情況。為求觀音山系優美的風景得以提供大眾遊憩機會，必須設法改善當地濫葬的情況。因此，如何對區內的濫葬行為加以取締，以遏止新設墳墓或骨灰骸存放設施，並且將墓地進行清除與遷建，以還原觀音山之美麗風貌，爰引發本文研究之動機。

　　本研究目的在於了解觀音山地區濫葬現況及問題原因，分析相關計畫與法令，進而研提觀音風景區內之濫葬處理策略，全文共九部分，除第一部分前言之外，第二部分為研究界定與方法、第三部分為文獻回顧、第四部分為理論基礎、第五部分為觀音山地區濫葬現況、第六部分為相關計畫與法令分析、第七部分為濫葬處理策略之研擬、第八部分為策略處理之配合措施，最後為結論。

貳、研究界定與研究方法

一、研究界定

（一）名詞界定

1. 濫葬

所謂濫葬，顧名思義，乃違反法令規定任意埋葬之謂。依發生時間不同，適用不同法律而有不同之涵義。發生在民國 72 年11 月 11 日墳墓設置管理條例頒行之前者，係指違反公墓暫行條例第十七條規定而設置之私人墳墓，即於市縣政府已設置公墓區域而為自由營葬之墳墓[1]；發生在後者，係指未依墳墓設置管理條例第十四條規定請准設置私人墳墓而擅自設置埋葬屍體者。至於民國91 年 7 月 19 日之後凡於公墓外設置之私人墳墓，按新制定殯葬管理條例第二十二條第一項規定，均屬濫葬[2]。此外，違規設置之骨灰（骸）存放設施，如屬於家族自用者，依照立法意旨，宜按殯葬管理條例第五十六條第一項規定處罰；如屬於經營

---

[1] 按已廢止之公墓暫行條例第十七條第一項規定略以，在市縣政府設置公墓所屬區域內營葬者，應於公墓內為之。同條例第三十三條規定，違背第十七條第一項之規定者，市縣政府除處以三十元以下之罰鍰外，並得限期勒令遷葬於公墓內（臺灣省政府民政廳，1883：156）。

[2] 殯葬管理條例第二十二條第一項規定：「埋葬屍體，應於公墓內為之。骨骸起掘後，應存放於骨灰（骸）存放設施或火化處理。骨灰除本條例或自治法規另有規定外，以存放於骨灰（骸）存放設施為原則。」至於違反規定者，其處罰依同條例第五十六條第一項規定：「違反第二十二條第一項規定者，除處新臺幣三萬元以上十萬元以下罰鍰外，並限期改善，屆期仍未改善者，得按日連續處罰；必要時，由直轄市、縣（市）主管機關起掘火化後為適當之處理，其所需費用，向墓地經營人、營葬者或墓主徵收之。」（按 101 年版殯葬管理條例係規定於第七十條及第八十三條）

性質者，按殯葬管理條例第五十五條規定處罰[3]，至於殯葬管理條例公布施行前違規設置者，墳墓設置管理條例等特別法並無處罰規定，而係依都市計畫法、區域計畫法、森林法以及水土保持法等相關法令處理，皆納入本文研究對象。台灣地區較集中的濫葬區，主要分布於北部區域之台北盆地及宜蘭平原，其中以觀音山風景區最嚴重。（楊國柱，1990：41-42）。

2.風景專用區

按觀音山風景專用區土地使用分區管制要點第（一）點規定意旨，所謂「風景專用區」似可解釋為「為維護自然景觀及水土資源而劃定之專用區」。內政部都委會（84.6.20 第 386 次會議審議）變更「林口特定區計畫」同意將觀音山區域公園、保護區修正為觀音山風景專用區。配合發展現況規劃各種使用分區，包括：（1）第一種風景專用區（景觀保育區）；（2）第二種風景專用區（景觀遊憩區）；（3）第三種風景專用區（服務設施區）；（4）第四種風景專用區（景觀維護區）。新北市政府並配合訂定觀音山風景專用區土地使用分區管制要點，自 87 年 6 月 22 日起發布實施，作為管制依據[4]。

（二）範圍界定

本研究主要以觀音山地區都市計畫劃定之區域為範圍，主要清除與處理範圍以觀音山風景區「第一種風景專用區」、「第二種

---

[3] 殯葬管理條例第五十五條第一項規定：「殯葬設施經營業違反第七條第一項或第三十一條規定，未經核准或未依核准之內容設置、擴充、增建、改建殯葬設施，或違反第十八條規定擅自啟用、販售墓基或骨灰（骸）存放單位，經限期改善或補辦手續，屆期仍未改善或補辦手續者，處新臺幣三十萬元以上一百萬元以下罰鍰，並得連續處罰之。」（101 年版殯葬管理條例規定於第七十三條）

[4] 請參見升格前台北縣政府 87 年 6 月 16 日 87 北府工都字第 169198 號公告。

風景專用區」及「第三種風景專用區」為主要的範圍，含括地區以新北市為主，同時包含部分台北市以及桃園市之土地，至於觀音山區域內之合法「公用墓地」以及「第四種風景專用區」兩種容許喪葬設施使用之地區，由墓政主管機關逕依有關規定辦理，不屬本文研究範圍。觀音山風景專用區之位置範圍概略如圖 37 所示。

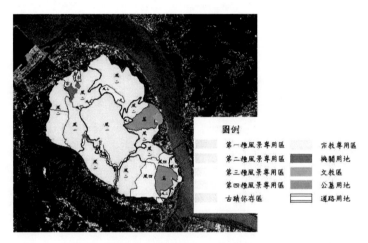

圖 37　觀音山風景專用區位置範圍示意圖

資料來源：新北市政府。

二、研究方法

（一）文獻分析法

　　透過次級資料的蒐集分析，包括相關文獻及殯葬法規解釋函令等文件資料等，以提供濫葬清除與善後分析之切入點及研提策略構想之遵循或參考。

（二）實地訪談法

利用清明掃墓之際，實際至觀音山第一種、第二種以及第三種風景特定區內訪問濫葬墳墓之墓主或拜訪專家學者等，以了解其對於濫葬清除策略之看法，作為策略研擬以及改進參考之依據。本研究之訪談對象分為三類：A：相關主管機關人員；B：專家學者；C：觀音山地區內墓主及地主。以下列表格表示之。

表 55　訪談對象一覽表

對象		專業背景	訪談日期
A	A1	縣市殯葬相關管理人員	95/4/6
	A2	鄉鎮市地政人員	95/3/25
	A3	觀音山風景區管理行政人員	95/3/29
B	B1	曾參與並研究澎湖地區濫葬處理課題之人員	95/4/6
	B2	從事殯葬風水與造園景觀之研究教學專家	95/2/23
	B3	國立大學教授，專長為土地利用與管理	95/6/30
	B4	國立大學教授，專長為建築與空間規劃	95/6/30
	B5	地政博士，專長為不動產開發與財務管理	95/6/30
C	C1	墓主群，包括觀音山一帶以及其他地區之墓主	95/3/29
	C2	觀音山一墓主	95/4/2

資料來源：本研究整理。

（三）實際案例之訪談

針對國內清除濫葬成功案例進行實地調查，或對於參與執行相關人員進行訪談，以了解該案例之背景、制度、規劃構想及相關經營管理措施等，俾供本研究研擬策略參酌借鏡。

參、文獻回顧

根據本研究搜集文獻發現，與濫葬處理相關者，為數不少，但以觀音山風景區為探討對象者，只有一篇，其餘或研究台北市大崙山區濫葬及澎湖縣墳墓濫葬、或研究台灣喪葬問題及墓地管理制度，其中部分內容涉及濫葬問題之解決。

林惠暇（1980）認為，解決墓地滿葬與濫葬問題，應實施墓地公園化，其在「台灣墓地公園化之研究」論著中，從需求面、風水觀念、合葬制、民族性及管理收費等方面檢討，獲得墓地公園化在台灣地區實施具可行性之結論，並建議建立墓地公園化制度且立法嚴格執行，如設置執行組織、訂定使用與管理辦法、建立完整的資料等，俾保持墓地公園化之成果。台灣地區目前對於公墓管理依然缺乏具有組織以及效率管理方式，由林文提供之啟發，本研究擬定未來觀音山地區取締、防杜新濫葬的控管策略，將特別對於墓地完整資料的建立以及管理組織與相關法規的成立與修訂，更進一步考量配套措施，使之真正落實。而墓地公園化的概念，亦可做為尚未遷葬墓區景觀改造及遷葬後景觀恢復的參考方向，減少濫葬墓區景觀對於遊客之負面影響。

殷章甫（1988）在「規劃區域公墓可行途徑」一文中指出，風水觀念深植、厚葬習俗仍然盛行、公立公墓環境與設施不佳為造成濫葬之原因，故建議規劃區域性公墓以資防止濫葬之發生，其規劃原則為：（1）規模不可過小，俾提供完善的設施，發揮較佳的服務功能；（2）明定墓基使用年限，俾實施有計畫的循環利用；（3）加強墓園的綠化與美化；（4）研擬完善的管理制度與辦法，並廣徵管理人才。殷文中所提之規劃區域公墓的概念，不失為防

杜濫葬的好策略，但礙於台灣地窄人稠，同時各地方政府面臨經費不足的窘境，因此是否能將所規劃之區域公墓，提供完善的設施，不無疑問。據了解鄰近研究地區範圍外有新北市五股區公所經管七十公頃獅子頭老舊公墓，如得更新規劃設置殯葬一元化墓園，以提供濫葬墳墓遷移安置之場所，將有助於濫葬問題之解決。

上述解決構想與鍾溫清之研究結論不謀而合。鍾溫清（1993）於「觀音山風景區墓地整治規劃」文中認為，觀音山風景區濫葬之解決，宜先更新濫葬區鄰近由五股區管有 70 公頃之合法公墓用地，建設納骨塔、殯儀館、火葬場等相關設施，以利違法墳墓起掘遷入使用。首先對較集中之濫葬區進行清除，再鼓勵其他零散分布墳墓之墓主自行遷移。

黃有志（1988）撰「我國傳統喪葬禮俗與當前台灣喪葬問題之研究——以北部區域喪葬問題研究」一文，亦從規劃面著手研提解決構想。黃文針對台灣北部地區公墓建設無法滿足喪家的實際需要，間接促成濫葬的盛行，主張應依人口分布與發展需要、民眾使用公墓活動半徑，合理提供不同層級與規模之公墓；同時，為求墓地使用更具效率，墓地更新適於利用現有公墓，以增加墓地的供給量。另外，針對公墓之建設與景觀，必須進行整體的規劃配置，以及其他相關公共設施之建設。由黃文獲至啟發，未來濫葬遷移之策略，宜針對現有之公墓進行更新，同時對於現有公墓之使用情形進行清查，以利未來濫葬地區墓地遷移與安置的作業，同時，亦鼓勵家屬以火化入塔的方式安置，來避免目前公有墓地供不應求的問題，使未來觀音山濫葬清除與安置的作業能夠徹底落實完成。

楊國柱（1988）於「打造往生天堂－台灣墓地管理的公共選擇中」強調，為解決濫葬問題，防免土地資源被繼續濫用以及誤

用，應從治本與治標兩方面著手。關於治本方面，應增加公有墓地之供給並疏導墓地需求，同時變更傳統喪葬習俗與觀念；而治標方面，則應加強土地使用管制與處理既有墳墓，並調整濫葬取締處理執行組織之職責，尤其強調墓政主管以及土地使用管制兩機關相互配合。此提供本研究未來研擬濫葬處理策略之思考方向。

關於濫葬取締處理執行組織之問題，楊國柱（1990）於其「台灣地區墓地管理制度之研究」中，分析更加深入。他強調針對濫葬問題，各縣市雖成立「濫葬取締執行小組」，其成員包括社政、建設、工務、地政、衛生、警務等單位代表。責任歸屬主要由目的事業主管機關依相關法令執行管制，社政（殯葬）機關則除管理已編定為公墓地內之申請外，大致處於被動的地位，接受各目的事業主管機關之要求，辦理違法墳墓之遷葬。但濫葬協調組織卻因政府內各部門不能配合作業，往往成為相關機關之間推託爭執之舞台，又其中濫葬的巡察與處理工作均分別屬不同組織機關之權責，此種權責劃分的方式，對於濫葬墳墓之管制，成為各相關機關配合與執行時效上之一大阻礙。有鑑於此，未來於濫葬處理作業上，宜以一主管機關管理為主要作業原則，同時相關機關應協力配合，是組織發揮應有的統籌權力以及效率，此論點值得本研究擬定觀音山濫葬處理策略之參考。

盧春田（2003），針對澎湖境內墳墓濫葬解決之道，彙集法規、問卷調查、深度訪談結果研提對策如下；（一）訂定自治條例及獎勵基準，（二）限期鼓勵民眾撿骨進塔，全面執行濫葬墳墓清理，（三）清除風景區周邊墳墓，提昇觀光遊憩品質，（四）廣建納骨塔供民眾撿骨進塔。澎湖地區墳墓濫葬之解決方法，根據問卷調查及訪談結果顯示，受訪民眾普遍表示「興建納骨塔」為解決澎湖地區墳墓濫葬之最佳方法。是以為解決墳墓濫葬問題，納骨塔

應興建的美侖美奐，公共設施配置齊全以吸引民眾撿骨進塔。至於現有散佈非法濫葬墳墓，由政府酌發獎勵金鼓勵墓主自行遷移最受民眾認同；其次，為免費提供塔位供墓主遷移。而在風景區墳墓濫葬部分，受訪民眾贊同政府限定一定期間撿骨進塔。

李咸亨（1989）於台北市大崙山區濫葬善後處理個案分析中，認為濫葬是一個長期被忽視的結果，究其原因，不能單純的歸咎於國人的風水觀念，其他尚有公墓密集埋疊葬、滿葬、超葬，喪家缺乏相關資訊，管理體制不善，立法不周等原因。針對此問題的解決，必須先了解民眾實質的需要，再做完善的規劃，提供能滿足需求的條件以及環境，進而因勢利導方有助本案解決。李文對於濫葬清除以及地景恢復方面，特別重視山坡地保育的部分。尤其在現場的植生調查、水文調查、土壤調查和其他的自然環境相關探查必須十分詳盡，以利未來遷葬後之大地工程與水土保持設計之施工完善，使防災設施得以健全。本研究可參考此構想，針對觀音山濫葬地區未來於遷葬之後，其原基地之基礎建設必須納入防災的考量與概念，使此山坡地濫葬處理區之善後處理不僅考量社會層面的問題，同時也考量到工程方面的衝擊，事先加以規劃安排，以免事後滋生沖蝕、水災與崩塌等問題。

綜合回顧以上文獻，啟發本研究進行之思考面向。針對觀音山濫葬處理除現有濫葬清除安置的作業之外，更必須對未來新葬加以控管，以防止新設墳墓的產生。在濫葬清除方面，必須包含人力、組織以及經費方面的配合，以達有效率以及真正落實之目的；在觀音山景觀復原方面，必須考量山坡地開發與水土保持以及其他防災層面的問題；針對未來新濫葬的防杜，除了透過宣導以及法令的禁止之外，相關單位更應有效率的實際展開查緝濫葬之工作。

肆、理論基礎

一、新古典經濟理論的區位因素

　　西元 1826 年，德國農業經濟學者屠能（Johann Heinrich von Thünen）於其所發表的「關於農業經濟與國民經濟之孤立國」（Der Isolierte Staat in Beziehung auf Landwirtschaft Nationalökonomie）一書中，對區位可及性之優劣與地租的關係實施詳細之分析。依屠能所見，當在同品質的土地上生產穀物時，距離城市較近的土地，必然比較遠的土地享有地租的優勢。優勢的大小則與從此兩地運送產品至中心市場的運輸成本高低有關。距離市場越遠的土地自然會有較高的運輸成本，所產生的地租也會較低，反之，距離市場較近的土地作任何使用都會產生較高的地租。土地使用的不同直接受運輸成本變動的影響。運輸成本又因產地與市場距離的遠近、運輸的難易、產品體積、數量、易腐性等因素的不同而不同。基於這些假設，屠能認為圍繞中心城市的土地使用會形成同心圓狀的土地使用（Barlowe, 1986:276-278）。1964 年美國學者 Alonso 出版「區位與土地使用」（Location and Land Use）一書，以都市的中心商業區（central business district，CBD）替代孤立的城市，以通勤居民替代農民，重新詮釋屠能的模式時。由於當時住宅為美國的主要土地使用型態，Alonso 將研究焦點置於住宅土地，但 Alonso 也注意到住宅土地使用與農業及其他都市產業用途之市場均衡。

　　Alonso 都市競租模型的基本假設前提（assumption）如下：

　　（一）在一毫無特徵的（featureless）平原之上有一座城市（顯示土地之稀少性）。

（二）平原上之一切土地地力相等，不須改進，立即可用或買賣。

（三）土地之買賣雙方市場均具有完全知識，不受任何法律或社會限制（例如沒有土地使用規劃管制）。

（四）地主賣地之目的在求收益極大化。

（五）土地買者就廠商而言，在求利潤極大化，就個別消費者而言，在滿足或效用極大化（Alonso, 1970:15-17）。

基於上述假設，Alonso 認為住宅、都市產業及農業占有的位置規模大小及區位，決定於競標價格的使用及競租曲線。根據競租函數導引出競租曲線，Alonso 藉此說明土地使用者於距離市中心不同地點所願意支付的土地租金，而租金支付能力之高低，則取決於該經濟生產活動利用土地之邊際生產力而定。因此，在不同的經濟生產活動中，隨其支付租金能力之高低，而決定競爭土地使用之區位，從而決定了不同之土地利用型態（Alonso, 1970:76-100）。

如圖 38 所示，在單核心的都市中，圖中的 O 點為市中心所在，橫軸表示與中心距離的遠近，愈靠近市中心則區位愈佳，所需支付地租也愈高；縱軸表示各種用途相互競價所致地租額度高低。該圖地租線 CC、II、RR、AA，分別代表商業、工業、住宅及農業等用地的競租曲線，由於商業使用，最重視區位，人潮匯集、交通順暢、交易活絡的市中心地點，往往能賺取高額利潤，故能支付最高地租，佔用最好的區位，其次，依序為工業使用、住宅使用，及農業使用。至於各類用途土地所在區位的分界線，可由相鄰用途地租線的交點得知。如圖所示，地租線 CC 與 II 相交於 E1 點，所引直線與橫軸交於 C'點，表示在 OC'範圍內，開發商場所創造的地租大於設置工業，而超過 OC'處，則開發商場

不如設置工業，因其地租線 CC 已居 II 的左下方，前者的付租能力已然降低。同理可推，其他地租線的交點 E2、E3 所引直線與橫軸分別交於 I'、R'點。若設該都市四方通行無阻，則可以 O 點為圓心，OC'、OI'、OR'為半徑，繪成幾個同心圓，由內圈至外圈的用途，依序是商業、工業、住宅與農業；而每個地點競租線最高處（曲線 CE1E2E3A），便是所謂的「地租坡度線」（楊國柱，2003:67～69）。

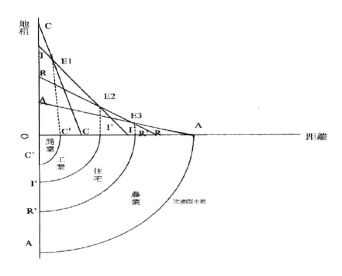

圖 38　競租下土地利用型態圖

　　假設農地對於地租之負擔能力提高，則其地租曲線 AA 則會上升至 A'A'，由下圖 39 可知，農業用地將入侵至住宅以及次邊際土地。故住宅用地之範圍將由 I'I 縮減至 I'S，農業用地之範圍則會由 R'A 擴張至 SA'。

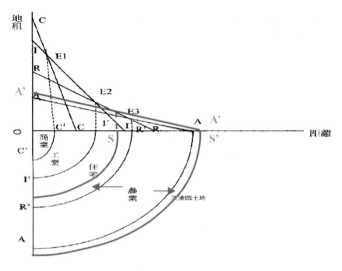

圖 39　農地對於地租之負擔能力提高時，競租下土地利用型態圖

　　如果將單核心都市的土地利用簡化為殯葬用地與非殯葬用地兩種，則按新古典都市地租理論之解釋，人們對殯葬用地之土地用途需求增加，殯葬用地之生產財貨或勞務價格上漲，地租負擔能力提高，在非殯葬用地需求不變之情形下，殯葬用地將入侵非殯葬用地生產圈域，反之，人們對非殯葬用地需求增加，非殯葬用地亦將入侵殯葬用地。本研究將以新古典地租理論來檢視濫葬形成之原因，俾利於濫葬清除策略之研擬。

二、John Forester 溝通式規劃理論

　　John Forester 指出了規劃者的角色與技能是多元的，其必須擅長傾聽、認知、協調、溝通組織等。溝通規劃者認為知識的來

源是社會建構與互動的，而規劃的本質則是互動與溝通的，一方面探討科層組織中的，資本主義以及不民主的機制如何以扭曲的溝通方式進行政策討論；另一方面提出人民如何以相互瞭解自我決策的方式來集體地促成民主決策（Forester, 1988）。Forester 進一步提出，根據 Habermas 的溝通行動理論參與者要能夠還原被扭曲的公共論述。同時，更重要的溝通規劃還要加強在找出那些社會、政治、經濟關係造成扭曲溝通、模糊焦點與操縱人民。同時指出了規劃者的角色與技能是多元的，必須擅長傾聽、認知、協調、溝通組織等，在目前規劃體系中，其為最缺乏的概念。

規劃者必須與民眾建立一溝通平台，將規劃之意涵與概念與民眾溝通，並及時接受民眾意見，作為日後方案執行之參考。

於本研究中，針對土地利用和空間規劃專家學者以及殯葬相關作業人員，從其形成原因中，了解仲介造墓者、地主、墓主以及相關主管部門，不僅涵蓋經濟利益層面，同時包含宗教信仰社會習慣之因素，按溝通式規劃理論與精神，於擬定觀音山濫葬清除之策略，將兼顧多方權利以及民眾之需求，做出最適當且合理之規劃。

三、行政學組織理論

行政學中組織理論雖已發展至權變時代，但其基本的內涵及原則仍不變。故任何組織架構仍有一定的標準可循，這些原則乃是針對如何建立良好而健全的組織所提出的法則。我國行政學者張金鑑氏綜觀各家之理論，加以歸納，得出下列幾點組織原則：

（一）完整統一原則

要求組織結構間要能妥適分配與安排，使成為脈息相通休戚相關，不可分離的完整有機體或統一體。

（二）協同一致原則

組織的工作人員在完成共同使命之過程中，要使集體的努力得到分工合作有秩序的安排，因而能產生團結無間的行動。

（三）指揮運如原則

組織結構的安排，應力求在權力行使的過程中，組織的上下層級間能夠相互的配合，彼此呼應。

（四）管理經濟原則

行政組織或機關設置的多寡及其編制的大小，要完全適應事實的需要，並以事務的繁簡為依據。

（五）事權確實原則

事權確實的組織才能綜何名實，因任督導以及信償必罰。透過劃分各部事權，建立權責分明的組織結構，達到專業化、標準化、簡單化以達到效率。（楊國柱，1990:109～110）

任何一種公共政策都至少包括一種目的與一種手段，而如何選擇實行政策之手段，乃係政府機關（執行人）之職權[5]。由於

---

[5] 任何一種政策都至少包括一種目的與一種手段。實現某種特定的政策目的往往有多種不同的手段可以採用。每種不同的手段，又受各自不同的條件（包括社會、政治、經濟情況及現行制度）所限制。究竟如何選擇實行政策之手段，就公共政策而言，乃係政府機關之職權。因之，就行動體系而言，任何一個政策方案都包括以下四個要項之考慮。那就是：執行人、目的、手段、客觀的條件等四種要素。請參見蘇志超（1981），

不論濫葬清除或善後，均須有健全組織方能達成，行政學組織理論之原則正可用於檢視濫葬處理以及濫葬防杜之組織與分工是否健全。

伍、觀音山地區濫葬現況與問題

一、濫葬地理空間分布與濫葬造成之問題

（一）觀音山地區濫葬現況與空間分布

就大台北都會區域而言，觀音山西麓之坡地，頗符合作墓地使用[6]，惟相當諷刺的是，根據調查發現，實際上觀音山坡地被用作墓葬使用者，最多的區位是東南隅，面積約有 443 公頃。區內除五股鄉的公立公墓之外，其餘多數土地不論是公有或私有均遭濫葬（台灣省政府交通處旅遊事業管理局，1993：56、69）。

按土地使用分區規劃，研究地區主要為第一種、第二種以及第三種風景專用區，故依觀音山風景專用區土地使用分區管制要

土地政策之比較研究，台北：中國地政研究所，頁 25-26。

[6] 施清吉研究台北市墓地使用問題，經設計問卷調查台北市民及墓園開發經營業者之意見，歸納理想的墓地區位必須符合旱地、林地等邊際土地，以及人口密集處附近，又要避免與未來都市發展交通路線衝突等條件，施文認為就大台北都會區域而言，觀音山西麓之坡地，頗符合作墓地使用，因其具備下列條件：一、氣候乾燥，水土流入及崩塌少；二、面向無人的台灣海峽，位於台北盆地視界之外，景觀不受影響；三、面積廣大，足供長期使用；四、西向坡西麓與日射線垂直，西曬不宜人居而宜墓；五、在基隆、台北、桃園發展走廊外；六、集水區不與台北盆地相連。（施清吉，1981：59-62）

點之規定，嚴格限制其作為殯葬設施之使用。除位於第四種風景專用區內之墓地為合法之墓地外，其餘位於第一種、第二種以及第三種風景專用區之墓地，皆為違規使用之墓地。

就行政區劃觀之，觀音山風景區內濫葬之墳墓用地，多分布於淡水國際商港、大崁腳、淡水、八里、觀音山區、龍形、中坑以及成子寮，以八里、觀音山和龍形地區所佔墳墓數量最多，約有 205,000 座墓塚[7]；同時估計觀音山風景區之濫葬地區面積共達485 公頃（黃有志，1988：409）。

（二）濫葬造成之問題

1. 對自然資源與環境所造成之影響

觀音山風景專用區區內之自然景觀資源豐富，生態多樣性高，但由於濫葬數量龐大，同時墓區內多呈現密埋疊葬、凌亂荒蕪之景象，使得原本美好之自然景致受到破壞，剝奪區內自然物種之生存空間，同時妨礙公共衛生、環境景觀、生活品質以及土地資源之合理利用。再者，因墓地之開發，嚴重影響觀音山地區之植被，使得水土保持的問題面臨一大挑戰，區內易形成土壤流失之問題，釀成災害。

2. 阻礙相關計畫與開發之進行

「北觀國家級風景區」包括既有北海岸、觀音山等兩處風景區，加上連接兩處風景區的周邊地帶，總面積達 1 萬 2,351 公頃，地形包括山區與海岸，未來希望透過風景區公共建設，並成立統一管理單位，使這兩處鄰近風景區連成一氣，並擴大到周邊地區，以增進北台灣遊憩區服務品質。

---

[7] 由「形塑觀音山風景區」新意象——濫葬清查作業計畫中，其觀音山風景區濫葬墳墓之查估表之總數加總而得知。

觀音山濫葬問題，是「北觀國家級風景區」升格的一大障礙，故迫切急需擬定濫葬問題解決措施，逐步解決國家風景區內濫葬問題；同時，為配合台北港之擴港計畫以及觀音山風景區建設計畫規劃，區內之濫葬問題必須全面性的解決，否則將使得觀音山一帶的相關規劃與計畫無法如期落實。

二、濫葬形成之背景與原因之分析

　　一般而言，濫葬之成因錯綜複雜，其中最主要的原因如下：

（一）風水觀念深植，一時難以破除

　　好的風水講究進深、靠山、雙籠以及扶手，因此能符合此非水條件之墓地，實際上十分難尋得。因觀音山風景區背山面海，有優良風水區位之勢，故長期以來形成了嚴重的濫葬問題。

（二）政府長期坐視，並未積極取締

　　雖政府於民國 72 年施行墳墓設置管理條例及 91 年新定殯葬管理條例，對於違規濫葬之懲處有相關的規定，主要由縣市主管機關執行相關工作。但礙於政治因素，擔心流失選票或縣市執行機關彼此間無法相互配合等問題，故觀音山風景區之濫葬問題，迄今仍未能妥善處理。

（三）土地使用管制不嚴謹，地主因經濟考量擅自或轉售設墳

　　土地使用管制係依循土地使用計畫之目標，而對該地區內之土地種類以及使用程度所加之限制，但因地方政府可能因管制經費、人力不足等問題，故實際並未完全落實執行違反管制之罰

則。同時農業生產亦隨經濟體系之變遷，逐漸無利可圖，因此農業用地面臨了變更使用的壓力。尤其位於山林地區之農業用地，出售提供設置墳墓，其買賣價格較原農用地價高出五至十倍[8]，如此豐厚之經濟誘因，乃形成觀音山風景區濫葬蔓延之推力。（楊國柱，1990：44-48）

　　如圖 40 所示，單核心都市僅有非殯葬用途之「農業用地」和殯葬用途之「殯葬用地」兩種用途需求，圖中的 O 點為都市中心所在，縱軸 R 代表地租，橫軸 t 表示與市中心距離之遠近，HH 及 FF 分別代表農業用地與殯葬用地之競租曲線。由於早期生活水準較低，且國際貿易未盛行，國人對國內農產品依賴甚深，農地從事種植的利益較高。另一方面對於殯葬儀式及處理需求都較為簡單，從事殯葬之獲利較低，因此殯葬用地通常較農業用地遠離市中心，如圖地租線 HH 與 FF 相交於 E1 點，所引直線與橫軸相交於 H'點，表示在 OH'範圍內，從事農業所創造的地租大於作為殯葬用地，而超過 OH'處，則作為殯葬用地較佳，因其地租線 HH 已居 FF 之左下方，付租能力已然降低。後因隨著國人生活水準的提高，使得國人對於殯葬儀式以及地點的選擇需求都較為注重，又由於台灣的經濟型態逐漸於農業轉變為以工商業為主的社會，農業生產價值降低，故相較之下，土地作為殯葬用地，其價值較高，故殯葬用地之地租線將上升至 GG，殯葬用地的範圍將入侵至部分的農業用地（G'H'範圍）當中。

---

[8]　據訪談 c1 地主表示：觀音山風景區內之土地受到非都市土地使用管制規則之使用限制開發，僅能作為農業使用，每坪價格平均為 1～2 萬元，使其土地獲利較低，其價值亦較低，故其往往出售其使用權作為墓地使用，則每坪價值約為 5～6 萬元，甚至可賣到更高之價格。

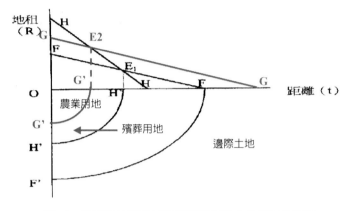

圖40　競租下之農業用地與殯葬用地土地利用型態圖

（四）相關人力組織無法配合

以前述行政學中組織理論歸納出之組織原則來檢討新北市之濫葬管理與處理體系：

1.組織職掌劃分不當，上下機關缺乏聯繫

新北市政府由民政局負責墓政相關作業，在鄉鎮階層於民政課負責。濫葬之查報主要由區公所階層之農業課以及民政課負責，其查清之後將違規濫葬之事實送交市政府處理，但市政府之民政單位往往礙於處理經費不足或民情壓力，僅能消極的罰鍰處理，並依地方自訂法令規定，限期六年遷移[9]。因此市政府真正

9　新北市政府處理違規濫葬要點第七點之第一款規定：「經本府依本要點第六點規定限期改善遷葬，屆期未改善者，分別就埋葬屍體、埋葬骨骸情形，依下列情形裁處：（一）埋葬屍體：亡者亡故日期為九十三年四月三十日以前違規案件，如經違規人提出民情風俗尚無法遷葬理由，檢附亡者除戶謄本，並切結同意於埋葬者亡故日期起算六年之屆滿前日完成改善者；由本府裁處罰鍰新台幣六萬元，並限違規人於該特定日起二個月內完成改善；期限屆滿仍未改善者，得連續處罰；每次處罰新台幣十萬

強制遷移濫葬之情形少之又少，無奈地方鄉鎮單位僅有巡查、通報之權限，無監督執行之權限，因此造成處理上的漏洞。

2.平行機關間未能配合，致產生管理漏洞

新北市目前仍未成立濫葬處理之專案小組，加上各機關之本位主義心態卻無法卻除，組織間難免爭功委過，以致濫葬取締以及處理工作多停留於紙上作業階段，無法發揮協同一致之作用，徒有濫葬處理組織，但卻無法真正運作落實。

3.組織編制不足，違反管理經濟原則

近年來我國政府基於喪葬設施資源應予以保持維護立場，乃對墓地管理工作一改消極處置為積極作為，並以管制以及服務政策取代自由放任政策。為中央墓政主管機關，其推行政務之人員編制並未隨日漸繁雜支業務作適度之調整，嚴重影響政策規劃之人力需求。同時，另外一大因素為政治考量，故此議題長期會被忽視，民意代表往往不願得罪人，同時也受到傳統風水民情的影響。

就目前新北市之濫葬處理程序，就觀音山地區而言，主要是以八里區公所之民政課、農業測量課以及水土保持單位巡山隊之人員為濫葬查緝作業之主要基層人力，其所查緝之濫葬，經確認後將呈報新北市民政局殯葬處理單位或相關之墓政機關，其將依殯葬管理條例或是相關法規進行懲處作業。就新北市目前之濫葬處理流程，可將其繪製如圖41。

元至改善完成日止。亡者亡故日期為九十三年五月一日以後或埋葬期間超過六年之違規案件，期限屆滿仍未改善者，得連續處罰；每次處罰鍰新台幣六萬元至改善完成日止；情節重大者並得加重罰鍰額度。」至於骨骸埋葬之規定，依同要點第二款之規定：「（二）埋葬骨骸：期限屆滿仍未改善者，得連續處罰，每次處罰鍰新台幣六萬元至改善完成日止，情節重大者加重罰鍰額度。」

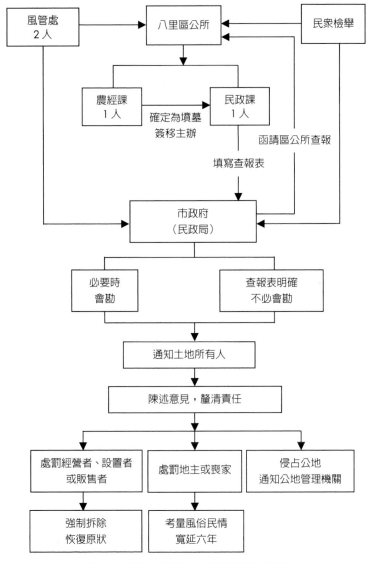

圖 41　新北市觀音山之濫葬處理流程圖

資料來源：本研究彙整。

（五）缺乏有效之監控系統

目前台灣濫葬清除之作業，主要仍仰賴傳統人力作業，但因執行單位人力有限，所以往往造成濫葬情形無法達到有效的控制。目前地理資訊系統（GIS）系統已被廣泛的應用於土地測量以及都市規劃作業程序中，故未來如何應用此資訊系統，成立監控濫葬系統，有效遏止濫葬情況繼續產生。

陸、相關計畫與法令分析

一、相關計畫分析

於「台灣北部區域計畫」中，觀音山風景特定區在北部區域計畫的土地使用分區計畫以及分區管制中是列為都市計畫的範圍中，其中的 70 公頃已列入公墓用地中，其餘仍列入保護區（觀音山風景區墓地整治規劃，1993）。承上，與之相同配合措施有「台灣省公墓公園化十年計畫」、「台灣省改善喪葬設施計畫」、「基層建設改善喪葬設施計畫」、「國家建設六年計畫」、「喪葬設施示範計畫」等，又於民國 78 年由台灣省交通處旅遊事業管理局委託中國文化大學規劃「觀音山風景區建設計畫」，其中規劃面積達 1970 公頃，主要內容包含自然環境資源、景觀之維護以及針對濫葬、濫墾、濫採等問題建立合理之土地開發型態，同時必須加強水土保持以及服務設施。

針對觀音山地區改善，台灣省政府交通處旅遊事業管理局於民國 78 年擬定「觀音山風景區建設計畫規劃」，以維護觀音山景

觀環境之完整以及針對濫葬濫墾等問題建立土地合理開發之型態，同時主張加強水土保持以及服務設施，確保環境以及遊憩之品質。同時，又於民國 82 年「觀音山風景區墓地整治規劃」中，其針對觀音山之濫葬問題主張必須將舊有之公墓區更新，公墓區外之濫葬則必須依法進行遷移及清除之作業，進而導入更多的遊憩活動以及設施，充分利用當地現有之資源。

二、殯葬法律分析

　　我國現行墓地管理之基本法規為民國 91 年 7 月 17 日公布之殯葬管理條例及其施行細則，此外，尚有縣市及直轄市政府為執行上需要依法訂頒之單行法規或自治條例，如「新北市政府處理違規濫葬要點」、「台北市殯葬管理自治條例」及「高雄市殯葬管理自治條例」等。於本文研究地區範圍中，因濫葬墳墓年代不一，而適用不同之殯葬法律，茲分述如下：

（一）公墓暫行條例時期（民國 35 年至 72 年）

　　於此法中，對於墳墓用地之相關規定，僅針對公墓區域之位置有部分的限制，對於非公墓用地私自建墓者，則准許自由營建，無相關之規範。依法律不溯既往之原則，此時期違反規定設置之墳墓，尚無墳墓設置管理條例第廿六條處罰規定之適用[10]。

---

[10] 未報經主管機關核准，擅自設置墳墓，致違反墳墓設置管理條例之規定者，應依該條例第二十六條規定處理，依法律不溯及既往之原則，僅於該條例公佈施行後濫葬者，始有其適用。（參見內政部八十一年十月二十九日台（81）內民字第八一八九三二〇號函）

（二）墳墓設置管理條例時期（民國72年至91年）

　　未報經主管機關核准，擅自設置墳墓，致違反墳墓設置管理條例之規定者，應依該條例第二十六條規定實施限期遷葬及罰鍰等方式處理[11]。至於公墓外獨立設置骨灰骸存放設施違反規定者，其處罰依台灣省喪葬設施設置管理辦法第廿二條規定：「喪葬設施之設置或管理違反本辦法之規定者，縣（市）政府除依有關法令處理外，得視實際情形停止其使用，或以書面通知限期改善，情節重大或屆期未完成改善者，得報社會處撤銷核准。」相較公墓暫行條例，此時期違法濫葬處理規定較為嚴謹，處罰亦較為嚴厲。

（三）殯葬管理條例時期（民國91年以後）

　　此時期對於墳墓設置限制規定更加嚴格，按91年版殯葬管理條例第二十二條第一項規定：「埋葬屍體，應於公墓內為之。」換言之，除設置公墓之外，不得設置私人墳墓，如有違反規定者，其處罰依同條例第五十六條第一項規定，除限期遷葬、並處罰鍰外，如逾期未遷，得按次連續處罰，以迫使墓主自行遷葬。至於未經核准或未依核准之內容設置、擴充、增建、改建殯葬設施（含公墓外獨立設置骨灰骸存放設施），依殯葬管理條例第五十五條第一項規定：「經限期改善或補辦手續，屆期仍未改善或補辦手續者，處新臺幣三十萬元以上一百萬元以下罰鍰，並得連續處罰之。」發現有未經核准或未依核准之內容設置、擴充、增建、改建殯葬設施之情形，應令其停止開發、興建、營運，拒不從者，同條例第五十五條第三項後段規定：「除強制拆除或恢復原狀

---

[11] 墳墓設置管理條例第二十六條第一項規定：「設置墳墓違反本條例之規定者，應由當地主管機關會同有關機關制止之。其已埋葬之墳墓，除得令其補辦手續者外，應限期於三個月內遷葬；逾期未遷葬者，處三千元以上一萬元以下之罰鍰。」

外，並處新臺幣六十萬元以上三百萬元以下罰鍰。」上述處罰規
定亦較墳墓設置管理條例規定嚴厲。

三、相關法令分析

　　有關殯葬設施之設置規範，除民國91年7月17日公布施行之
殯葬管理條例為我國現行墓政管理之基本法規外，尚有「都市計畫
法」、「開發行為應實施環境影響評估細目及範圍認定標準」、「水土
保持法」、「非都市土地開發審議規範」及地方政府依據殯葬管理條
例授權訂定之辦法或規定等，因此，有關濫葬處理以及墳墓與殯葬
設施、骨灰（骸）存放設施、移動式火化設施等申請設置及管理等
適用相關法令，其體系可謂相當龐大，如圖42所示。

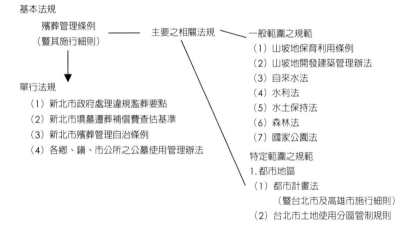

圖42　台灣地區現行墓地管理相關法規體系圖

資料來源：修正自楊國柱，1990，頁127。

柒、濫葬處理策略之研擬

一、現有濫葬清除與安置

（一）濫葬之清除

本研究依循理論基礎，再配合相關法令依據，參考澎湖縣過去進行濫葬清除作業之成功經驗，並佐以專家學者、墓主及地主之訪談意見，針對觀音山風景區未來濫葬之處理，研提可行策略如后。

1. 個案清除

由鄉鎮主管機關定期進行巡山檢查之工作，一旦發現濫葬之情形，必須呈報縣市主管機關，依現行之殯葬管理條例或其他相關之規定進行處理。亦即濫葬個案經查報後，交由縣市政府殯葬主管機關處理，除處以罰鍰之外，並限期改善，屆期未改善，得按日連續處罰；必要時由直轄市、縣（市）主管機關起掘火化後為適當之處理，其所需費用，向墓地經營人、營葬者或墓主徵收之。又於限期遷墓之期間，針對墓地之景觀應實施行回復作業，如加強植被、種植花草樹木等。擅自設置經營骨灰（骸）存放單位，經限期改善或補辦手續，屆期仍未改善或補辦手續者，處新臺幣三十萬元以上一百萬元以下罰鍰，並得連續處罰之。經命令停止開發、興建、營運骨灰（骸）存放單位，拒不從者，除強制拆除或恢復原狀外，並處新臺幣六十萬元以上三百萬元以下罰鍰。

2. 全面清除

（1）擴大興建台北港港區，開發觀音山風景區一帶為腹地

為強化台灣全球運籌能力，政府於民國 93 年 5 月 6 日動土興建台北港貨櫃儲運中心。台北港位於台灣北端淡水河入海口西

南岸，以觀音山為屏障，濱臨台灣海峽，海運航線便捷，地理條件優越。「台北港」商港區域北起八里污水處理廠南界，南迄林口鄉瑞樹坑溪口近岸海域，涵蓋總面積為 3102 公頃。為配合台北港未來發展，新北市政府計畫將台北港附近八里、林口 1,138 公頃土地開發為「台北港特定區」，區內規劃物流、運輸、倉儲、會議中心、遊憩及旅館等。（中華日報航運電子報／91.9.15）

配合未來八里地區台北港的擴建，可以「區段徵收」或「市地重劃」之方式辦理[12]，藉此清除部分觀音山風景區內之濫葬，為受訪者 A1 與 A2 君表示相同之看法。惟由於區段徵收，依法地價需補償地主，除非墓主訴訟取得強制執行名義，扣住其財產，才有可能要求政府將墓主購地價金於補償地價中扣除轉發與墓主，墓主能取回購地價金，方有意願配合遷葬，惟循此管道之手續繁瑣且訴訟成功之難易度不一。如採市地重劃方式，地主返還喪家之購地價金，可協商同意計入重劃之成本中，惟地主抵附重劃費用之土地較多，重劃後領回土地較少，手續簡便，較易達成，故建議未來以「市地重劃」之方式辦理。

---

[12] 所謂「區段徵收」就是政府基於新都市開發建設、舊都市更新、農村社區更新或其他開發目的需要，對於一定區域內之土地全部予以徵收，並重新規劃整理。開發完成後，由政府直接支配使用公共設施用地，其餘之可供建築土地，部分供土地所有權人領回抵價地之用，部分作為開發目的或撥供需地機關使用，剩餘土地則辦理公開標售、標租或設定地上權，並以處分土地之收入抵付開發總費用。所謂「市地重劃」是依照都市計畫規劃內容，將一定區域內，畸零細碎不整之土地，加以重新整理、交換分合，並興建公共設施，使成為大小適宜、形狀方整，各宗土地均直接臨路且立即可供建築使用，然後按原有位次分配予原土地所有權人。而重劃範圍內之道路、溝渠、兒童遊樂場、鄰里公園等公共設施及工程費用，則由參加重劃土地所有權人按其土地受益比例共同負擔，故是一種有效促進土地經濟使用與健全都市發展的綜合性土地改良事業。參閱內政部地政司全球資訊網，網址為：www.land.moi.gov.tw/chhtml/landfaq.asp?cid=69&lcid=11。

但依專家學者 B3 與 B4 所見，就目前現況發展而言，此策略之可行性不高。但於長期執行面而言，可透果通盤檢討之方式，就八里都市計畫週邊之坡地符合開發之土地，劃入八里都市計畫內，以配合相關之開發計畫。其範圍內如有濫葬墳墓，所涉及之遷移補助經費，可以納入開發成本中。

又依學者 B4 所見，全面清除之安置作業，短期之內，骨灰骨骸遷除之安置公私立墓園以及寶塔，皆為可安置之廠所。又因鄰近之五股區獅子頭公墓尚未翻新完成，因此宜多以其他私立或是公立墓園或寶塔作為考量。

（2）分期分區處理

觀音山濫葬地區範圍廣，且墓塚數量多，加上政府資源有限，難以一次全面清除，允宜將其分區分期，循序漸進處理。就分區而言，研究者參考具有相關處理經驗者 A3 與 B1 之受訪意見，認為以下列方式進行分區較為妥當：

①依維護自然景觀資源之重要性分區

觀音山風景專用區將其區內土地區分為第一類、第二類、第三類和第四類風景專用區，其分區主要依其區內自然景觀資源之種類數量，限制其開發使用，以達保護生態多樣性和維護自然景觀資源之目的。按維護自然景觀資源之重要性作為分區之依據，應以第一種風景專用區（景觀保育區）內之濫葬先行處理，依此類推，再處理第二種、第三種及第四種風景專用區。

依學者 B4 所見，研究範圍內已列為風景特定區內，有相當珍貴之自然景觀資源。於分期分區之構想中，將依第一種、第二種以及第三種風景區依序分區處理區內濫葬。除自然景觀資源外，區內仍有許多人文古蹟資源，如大坌坑文化遺址，應同時列入優先處理之分區內，以維護區內之自然景觀與人文文化資源。

②依妨礙視覺觀瞻程度大小分區

從避免妨礙視覺觀瞻之角度考量，宜以最易映入眼簾之濫葬先行處理，如面臨主要道路地區、面臨人潮較多之風景遊憩地區之濫葬應先行處理，如此可增加民眾視覺上的美感，同時，也最快使得觀音山整體景觀形象逐漸於民眾心中有所改善。

③依重大工程所需之用地

以重大工程所需用地先進行徵收以及處理濫葬清除之問題，如此可使土地有效率開發，更可解決棘手之濫葬問題，不致使濫葬清除後，產生土地閒置情況，未符地盡其利之目標。

至於就分期處理而言，研究者認為應依短期與中長期之處理作為區分：

①短期處理

主要針對個案之控管以及處理，已清除之墓地應加強植被造林，未清除者應實施濫葬墓地景觀之綠美化、公園化，以維護觀音山美好之自然景觀資源。台灣土地有限，故如何善用觀音山之美景，作為觀光遊憩之資源，為可努力之方向。又短期內應進行個案清除處理作業為佳。

②中長期處理

以恢復觀音山風景區原有之景觀面貌為目的，全面大範圍的清除濫葬，將其遷移，不適宜開發之土地，從事原生植物之植生或輔導種植經濟作物，適宜開發之土地則配合觀音山風景區管理處對於觀音山開發之相關計畫，提供相關之公共設施，吸引投資引導民間資金以及技術進入開發。

又全面清除作業應所需之作業時程以及人力資源較多，因此應列為中長期處理作業之一。

（二）濫葬之安置

1.更新五股獅子頭墓地，安置觀音山風景區之濫葬

鄰近濫葬地區有合法之老舊公墓地，即五股區獅子頭公墓。為解決觀音山之濫葬問題以及大規模的辦理起掘遷移安置骨灰骸之需，就近更新五股鄉獅子頭公墓，設置納骨塔或小面積骨灰埋藏區，使墓主便於安置，更顯重要。

有效率的使用現有之公墓地，同時鼓勵民眾以火化進塔的方式安葬，可節省寶貴的土地資源。由澎湖縣濫葬處理的成功經驗得知，當局必須有魄力的對於濫葬查緝工作實際執行外，相關的遷墓配套措施必須先行完成，才能使濫葬處理之作業有所成果。

在澎湖縣成功之經驗中，其先於菜園鄉設立一公立納骨塔，接著由所有相關之組織一同嚴格執行濫葬取締以及查緝之工作，再不斷以宣導的方式，配合進塔補助措施，於五年的時間中，成功的使其濫葬墳墓由原來 10 萬多座，減少至 8 萬座，雖然執行成果不算亮麗，但顯示了民眾逐漸接受火化進塔的觀念，對於澎湖未來新濫葬的防杜，發揮一定的作用。據了解，新北市五股區公所已委託完成五股區獅子頭公墓殯葬專用區之規劃，如能按規劃內容確實執行，當有助於觀音山風景區濫葬之遷移安置。

2.墓地墓穴地下化

學者 B2 受訪認為：

> 「台灣地區因土地資源有限，殯葬設施之需求用地將會增
> 加，為避免供不應求之情況產生，未來的墓地區位應傾向
> 地下化以及洞穴化發展。又以風水學之角度視之，墓穴不

僅聚陰遮陽，同時因較為陰涼，對於骨骸或骨灰之保存提
供較佳的環境條件。」

承上學者所見，未來濫葬區墓地宜原地集中洞穴化或地下
化，以符合墓主對風水之需求。但有鑒於觀音山一帶為山坡地
形，未來在洞穴之開發，必須符合水土保持法以及山坡地開發管
理相關之規定，才不致破壞觀音山整體之環境。此外骨灰多層埋
藏於地下，尚須經得起民俗風情之考驗。

（三）濫葬遷移安置之補助

觀音山風景區濫葬處理，可以澎湖之成功經驗為借鏡，採鼓
勵及補助的方式進行。目前八里鄉已有一座公立納骨塔，約有一
萬五千多個塔位，目前僅使用 3000 餘座，受訪者 A3 表示：

> 「未來濫葬處理可以補助與鼓勵的方式，使原濫葬之墓主
> 配合進塔作業；另可於五股區獅子頭公墓區提供墓地或建
> 塔，協助觀音山濫葬處理作業。除政府單位相關配套措施
> 之外，其濫葬查緝與懲處更應實際落實，如此方能有效的
> 遏止濫葬的持續發生。」

因澎湖成功以補助進塔方式清除濫葬，故於本研究中，濫葬
清除作業除分區分期之外，針對鼓勵與補助標準，或可依不同年
代給予不同之補助。亦即愈早期法令規定愈寬鬆，基於法理與情
理，應給予較多之補助，反之，給予較少之補助。例如就前述台
灣之殯葬法律劃分的三時期，公墓暫行條例時期設置者，補助較
多；墳墓設置管理條例時期設置者，補助較少；殯葬管理條例時

期設置者，補助最少。同時，再依專家學者 B3 與 B4 之見，除根據實際案例訪查之經驗，擬原本之初步構想，即骨灰以及骨骸之補助標準有所不同。但因考慮殯葬發法規制定以及適用年代，故將加以考慮墳墓建造年代為第二層補助之考量標準。故補償標準除依墳墓主體，即骨灰與骨骸有所不同之外；於民國 72 年墳墓設施管理條例制定前後所設置之墳墓，也有不同之補償標準，其補償基準示如下表。

表 56　墳墓遷移之補助金額標準（最高＞次高＞高＞最低）

墳墓主體 ＼ 建造年代	72 年以前	72 年以後
骨灰	次高	最低
骨骸	最高	高

資料來源：本研究彙整。

對於依不同年代給予不同程度補助之構想，部分民眾 C1 與 C2 以及具有實地處理經驗者 A3 與 B1 認為其計算與核發過程太過繁瑣，必須耗費龐大的清查人力、物力，而且法律有不溯及既往之特性，故其認為補助額度應一視同仁即可，故此策略於實際運用時，尚須規劃周延。

其他困難如受訪墓主 C1 表示，其對於墳墓之風水十分重視，故對於撿骨進塔的策略未表贊同，即使有補助，仍無法成為其願意配合之誘因，故除補助誘因需足夠之外，安置地點規劃如何納入風水概念，亦為攸關成敗不可忽視的一環。

二、濫葬防杜與控管

（一）濫葬之防杜

有鑑於觀音山之濫葬墓主並非全都來自新北市，其中部分亦包含台北市、基隆市以及桃園市居民，故未來濫葬防杜之作業不僅針對新北市之居民，鄰近縣市主管機關應與新北市主要管轄機關一同配合濫葬禁止之措施，例如核發火化或埋葬許可證之後，應嚴格追蹤最終埋葬或存放地點，以防喪家至觀音山濫葬。

除嚴格追蹤最終埋葬或存放地點之外，未來濫葬之防杜，宜配合「宣導工作」以及「取締工作」。宣導工作有賴各縣市政府加強宣導，使一般民眾認知規範設置殯葬設施之法令，至於取締工作有賴新北市政府、八里區公所以及觀音山風景區管理處之嚴格執行，才能有效減少新濫葬之產生。

（二）新濫葬之控管

新北市政府目前正在進行「觀音山第一、二、三種風景專用區墓地清查及墓籍資訊管理系統建置案」，未來將成立觀音山墓地線上資訊系統，監控新濫葬之產生，同時所有墓籍資料都將建檔，一旦發現屬於濫葬之墓塚，即跟據系統所建置之資料進行查核以及取締作業，提高觀音山濫葬控管作業之效率。

除此線上墓籍管理資訊系統之建置，未來相關基層單位，如八里區公所以及觀音山風景區管理處，更應隨時進行觀音山巡邏作業，所查得相關墓籍資料應與線上資訊管理系統相互配合，有效率執行濫葬之即時監控。又此控管系統配合上述濫葬防杜作業，其整體處理流程如圖 43 所示，以期有效遏止濫葬之增加。

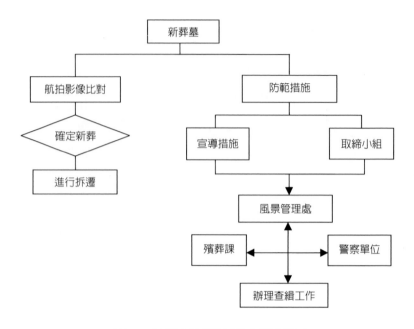

圖 43　濫葬之防杜與控管作業流程圖

三、善後處理

（一）景觀復原

　　由於濫葬區對於山坡地造成改變地貌，增加裸露率，以及不
良施工品質，帶來工程結構物之隱憂，因此濫葬清除後之景觀復
原，首先應進行大地工程與水土保持設計，包括邊坡、排水、植
生、防蝕及基礎等設計（李咸亨，1989：88-89）。其次，景觀及植
栽計畫原則應掌握生態上之需求，包括：1.保留及維護原有之植栽
種類；2.引入之外來植物，避免破壞原有之植群；3.對遭人為開發
破壞之地區，作景觀及植栽復育工作。其次，在美學機能上，宜

以植栽手法對景觀之質地予以藝術化，並創造視覺焦點以自然型態美化之（台灣省政府交通處旅遊事業管理局，1993：207）。

又植栽之選擇，以喬木以及灌木此種較低矮之植物較為適合。灌木與喬木植物沒有中心的主幹，通常從基部就會分出許多枝條。可以仙丹花、杜鵑或是番茉莉為植栽之選擇。

（二）引導發開

觀音山之地形，其土地在 160 公尺以下約占 90%，坡度 40% 以上者則占 50%，坡度 10% 以下之土地約佔總面積之 30%，故可興建開發公共設施之土地宜在坡度 40% 以下為佳。但又其地質主要為現代紅土層與沖積層，同時亦包含部分之火山岩地層，加上區內水土保持不佳，故有落石以及土石流之情況產生。因此，縱然觀音山風景優美，富含生態多樣性，同時鄰近擁有許多遊憩之資源，但因其地形以及地質環境的考量，觀音山之景觀資源的開發必須特別重視配合自然環境限制之使用，依觀音山風景專用區土地使用管制要點之相關規定[13]，於第一、二、三以及四種風景專用區內，合理開發其自然資源；同時也應符合相關之水土保持法、山坡地開發建築管理辦法等規定[14]。

為配合台灣北部區域計畫，未來觀音山之開發將朝向休閒遊憩區域之使用，故必須先加強其區內公共設施之設置，其設置與開發必須依非都市土地使用管制規則有關「風景區」相關之規定

---

[13] 新北市政府於民國 87 年 6 月 16 日發布，同年 6 月 22 日起發布實施。除第一種風景專用區僅容許生態體系、景觀美化以及教育解說與必要之附屬設施外，第二種以及第三種風景專用區皆允許相關遊憩設施與公共設施之開發。

[14] 觀音山進行山坡開發，必須先備妥相關地質、坡度、水文與地形等先關資料，依法申請開發許可、雜項執照以及建造執照。

以及觀音山風景專用區土地使用管制要點之限制，作為區內設施開發之依據。

捌、策略執行之配合措施

一、人力與組織

目前新北市之濫葬處理程序，以觀音山一帶為例，主要是以八里區公所之民政課、農業測量課以及水土保持單位巡山隊之人員為濫葬查緝作業之主要基層人力，其所查緝之濫葬，經確認後將呈報新北市民政局殯葬處理單位或相關之墓政機關，其將依殯葬管理條例或是相關法規進行懲處作業。就新北市目前之濫葬處理流程，可參考第八章圖41所示。

由澎湖成功處理濫葬之經驗得知，應強化地方主管機關，即鄉鎮公所之權限，並且再配合地檢署作業，積極取締濫葬，方能有效遏止新濫葬之發生，達到濫葬清除之目標。未來新北市政府應獨立成立濫葬查報處理協調小組，專司濫葬處理作業，而於地方區公所應成立濫葬清查小組，專司濫葬之清查工作；而濫葬查報工作主要由風景管理處之巡山員負責，專責查報工作。一旦發現濫葬之墓塚，則送交鄉鎮公所民政課進行初步處理，進而再與市府之查報處理協調小組相互配合，針對造墓者、地主以及墓主三方進行懲處。同時按此方式處理其他相關違章納骨塔以及殯葬設施，強制清除安遷。使得濫葬處理作業由基層至上層單位皆有良好之分工，執行更為確實。

同時又依學者 B3 與 B4 所見，現非都市土地使用管制規則第五條之規定：「非都市土地使用分區劃定及使用地編定後，由直轄市或縣（市）政府管制其使用，並由當地鄉（鎮、市、區）公所隨時檢查，其有違反土地使用管制者，應即報請直轄市或縣（市）政府處理。鄉（鎮、市、區）公所辦理前項檢查，應指定人員負責辦理。直轄市或縣（市）政府為處理第一項違反土地使用管制之案件，應成立聯合取締小組定期查處。前項直轄市或縣（市）聯合取締小組得請目的事業主管機關定期檢查是否依原核定計畫使用。」，因都市計畫法無上述相關之規定，故觀音山前無聯合取締小組進行作業。故建議應於都市計畫法，或是風景特定區管理規則中，增列相關之規定，來強化其執行效力以及長久性。同時，聯合取締小組包含當地之警察單位，掌握實際之警察權，因此，在執行上更具權力，能增加濫葬處理之效率。

　　針對濫葬管控現有體制之檢討，本研究建議，風景管理處與鄉公所之民政課與農經課人員，加上八里區行政管轄地區之警察單位之人員，應一同成立聯合取締小組。行為人若態度惡劣或有妨礙公務之舉動，警察單位得直接懲處之。而未來聯合取締小組成立必須明文化，使其更具法律上所賦予之權力。

二、財源

（一）新北市與鄰近縣市按比例分攤

　　據訪查，觀音山區域內之濫葬墓塚之墓主，非全為新北市之民眾，有大部分為台北市、基隆市以及桃園市之民眾，依據公平之原則，本區域之濫葬清除經費，宜透過縣市協商由鄰近縣市依觀音山風景區內之濫葬比例來分攤。

（二）特殊建設經費來源

依澎湖縣濫葬處理成功之經驗，其經費來源為離島建設基金。又此觀音山風景專用區未來將可效法澎湖之經驗，援用相關計畫之特定經費，作為濫葬整體清除之主要經費來源。但目前觀音山未擬定相關之重大計畫，故此經費來源較不具可能性。

（三）清除經費計入市地重劃成本

配合未來台北港擴大計畫，觀音山濫葬地區未來有機會作為台北港擴港所延伸之需要腹地，有鑑於此，未來觀音山部分濫葬之土地，可以市地重劃之方式取得使用，清除經費計入重劃成本由地主分擔，減輕政府財政支出，同時亦達到開發之目的。

玖、結論

長期以來觀音山風景區的濫葬問題備受爭議，政府單位雖擬定不少方案或計畫，包括規劃整治、遊憩開發等相關計畫，試圖處理濫葬問題，但無奈擬定之計畫皆無法真正落實，迄今濫葬問題依然無法獲得真正的改善。本研究依循相關計畫之指導及殯葬管理相關法令之規範，參考澎湖縣及宜蘭縣過去進行濫葬清除作業之成功經驗，並佐以專家學者、墓主及地主之訪談意見，針對觀音山風景區未來濫葬之處理，未來應建置之墓籍資料地理資訊系統及野外調查輔助系統，配合現有濫葬清除與安置、濫葬防杜與控管及善後處理策略等初步構想。

本研究濫葬清除初步構想經由專家學者之評估，確認原則尚稱合理可行，但為求策略臻於完善，對於相關取締組織之強化、更新五股區獅子頭公墓規劃設置殯葬專區之可行性、遷移安置場所之多元化、遷移安置補助額度之區分標準、大坌坑文化遺址附近濫葬列入優先處理之範圍、以及配合擴大都市計畫等策略概念，參考專家學者之意見，納入修正之後，清除構想即屬確立。另為求強化策略構想之可行性，策略執行尚需考量人力組織與經費財源等之適當配合。

3 產業篇

CHAPTER 9

殯葬禮儀師就業模組課程之研究

為使有志投入喪禮服務的人員了解喪禮服務工作之情境與特性，並提供職訓中心或業者規劃教育模組課程時設計情境、安排教學順序與內容比重的參考，本研究目的在於描述殯葬禮儀師在工作情境中被期待的執業能力，進而研提就業模組核心課程與非核心課程，提供殯葬禮儀師養成教育課程開設之參考。

壹、緒論

　　為解決我國長年來人才多不願投入殯葬服務行列，使得經營效率與服務品質無法提升之問題，內政部草擬殯葬管理條例，經立法院於民國91年6月14日三讀審議通過，並由總統以91年7月17日華總一義字第09100139480號令公布。其中該條例第三十九條規定：「殯葬服務業具一定規模者，應置專任禮儀師，始得申請許可及營業。禮儀師之資格及管理，另以法律定之。」據此條文規定之授權，內政部乃研擬完成禮儀師法草案，報請行政院送立法院審議，以期完成立法程序，儘速順利實施禮儀師證照制度，最後雖因行政院質疑國內禮儀師的養成教育不足等理由，而將該草案退回內政部重新研議，以致考照制度改弦更張，與行政院勞工委員會（現改制為勞動部）配合，另採非專技人員之喪禮服務人員技能檢定，凡通過喪禮服務人員乙級技能檢定，具備喪禮服務兩年工作經驗及修畢相關課程20學分者，即可送審取得禮儀師資格[1]。然而考試引導教學，加上禮儀師相對其他上班族的高收入，吸引不少人才想要就業或轉業，近十多年來各種禮儀師培訓課程如「雨後春筍」般地開設。

---

[1]　有關禮儀師證書核發條件，案經內政部於93年3月2日召開研商規劃禮儀師證照制度暨職業訓練事宜會議，以及94年4月21日召開研商規劃禮儀師證照制度第二次會議紀錄，大致獲致結論為具下列三者由內政部核發禮儀師證書：一、須取得喪禮服務職類乙級技術士證。二、修畢殯葬專業學分課程20學分。三、實際殯葬禮儀服務經歷2年。

但開課單位只顧努力招生，對於理想禮儀師的工作情境與執業能力為何，卻極少深究，以致開設培訓班，或課程名稱不一，或核心與非核心課程認知不一，致開課品質與成效參差不齊。此外，從殯葬市場人才供給角度觀之，由於接受殯葬教育課程的不完整或不正確，初次投入喪禮服務場域的人員，因為對工作情境不瞭解或執業能力不足，實際上線時往往受到巨大的震撼與折磨，從業人員若非堅持工作崗位而付出摸索的代價，即是選擇離開工作崗位而另謀他就；反之，從人才需求角度觀之，喪葬業者大舉招募新人時，雖然也會耗費心血進行培訓，但是當人員分派至客戶端執行服務時，業者才發現「選錯人」，員工也覺得「選錯行」！這樣的故事，迄今仍時有所聞，由而人才供需雙方增加不少因徵才與求職所衍生的交易成本（transaction costs）。到底台灣地區喪禮服務之工作情境及殯葬禮儀師被期待的執業能力為何？如何建構喪禮服務就業模組課程及在職教育課程規劃？乃當前提升殯葬服務品質的重要課題。

　　本文首先由殯葬禮儀師的角色定位切入，配合參與觀察及實地訪談喪禮服務人員，以參考設計問卷，並採取德懷術（Delphi Technique）研究法，以進行實證及分析。全文結構共分為七個部分，包括緒論、文獻探討、研究方法與設計、實證結果與分析、課程模組之規劃構想、結論與建議，最後為研究限制。

貳、文獻探討

一、殯葬禮儀師的角色定位[2]

從國內外相關制度經驗規範禮儀師名詞意義及其執業內容兩方面著手，可了解禮儀師的角色定位如下：

（一）由名詞意義分析禮儀師之角色定位

按美國伊利諾州「殯葬指導師法」之規定意旨，所謂「殯葬指導師」（funeral director）係指：「親自管理、參與、代理或支援殯葬業務活動，並指導葬儀的人員」（the Illinois General Assembly, 2009）。另按《中華民國職業分類典》記載，所謂「禮儀師」係指：「規劃設計整個喪禮如何進行與負責完成的人員」（行政院勞工委員會職業訓練局，2000）。由此定義以觀，禮儀師係殯葬業務活動的規劃者與管理者，同時也是殯葬禮儀的指導者。

（二）由執業內容分析禮儀師之角色定位

美國伊利諾州法律所規範的殯葬指導師之執業內容相當詳盡，主要包括：

1. 事前準備、防腐處理、葬禮或火化、安排墓地且指導監督葬禮的進行、安葬遺體、以及任何遺體準備工作的相關手續。

---

[2] 針對獨立承接並執行喪葬禮儀服務事宜的專職人員，經查 91 年版殯葬管理條例第三十九條及四十條等規定，雖僅稱禮儀師（內政部，2008：16），惟因生死禮儀服務中，例如婚慶也有禮儀師稱呼之專業人員，為便於理解，爰將執行喪葬禮儀服務事宜的專職人員稱為殯葬禮儀師，但內文中有時為行文方便，也會使用禮儀師的用語。

2.安葬前辦理一處作為安置逝者遺體或照顧遺體之地的準備工作。

3.將遺體從逝者處、某機構或其它地方遷移的工作。

4.具備葬禮同意簽訂，而從事殯葬行政及管理業務；或負起行政和管理責任。

5.負責監督，運輸，提供庇護所、保管照顧遺體，並供給所需之殯葬服務、設施及裝備。（the Illinois General Assembly, 2009）。

《中華民國職業分類典》記載禮儀師之執業內容則較為簡明扼要，包括：

1.從臨終前的關懷到死亡後的接體；

2.與喪家協商整個喪禮的安排。包括參與喪事人員的決定；入殮、出殯時間的選定；訃文的設計印製；靈禮堂的佈置；儀式的選擇；葬法的決定；埋葬地點的選定；價格的估算與收取；社會資源的尋求等等；

3.在喪禮完成之後，還繼續提供作七、做旬、作百日、作對年、做三年的服務，以及家屬的悲傷輔導（行政院勞工委員會職業訓練局，2000）。

至於殯葬管理條例並未按照治喪流程規範禮儀師之執業內容，僅標舉殯葬活動之重要工作項目。依該條例 91 年版第四十條規定禮儀師得執行業務包括：

1.殯葬禮儀之規劃與諮詢；

2.殯殮葬會場之規劃與設計；

3.指導喪葬文書之設計與撰寫；

4.指導或擔任出殯奠儀會場司儀；

5.臨終關懷及悲傷輔導；

6. 其他經主管機關核定之業務項目。

由前述執業內容來看，禮儀師除了規劃與管理殯葬業務活動及指導殯葬禮俗儀節之外，我國之法制更賦予禮儀師具有臨終關懷及悲傷輔導之角色功能，美國殯葬指導師制度並未具有此種功能。這可能係因為美國除了有殯葬指導師之證照考試之外，另透過死亡教育輔導協會（ADEC）之證照制度課程，建立有「臨終死亡與悲傷證照」制度，為防免兩種證照之角色功能重疊而有此制度設計。

二、殯葬禮儀師養成教育

盱衡國內殯葬學術研究文獻，探討養成教育課程規劃議題者有邱麗芬（2002）「當前美國殯葬教育課程設計初探──兼論國內殯葬相關教育的實施現況」，探討美國殯葬教育課程設計現況，再嘗試從美國殯葬教育課程的設計的模式來反觀台灣殯葬相關教育的現況，提出應規劃適用本土課程設計，如：增加公共衛生相關學術領域課程，企業管理增加電腦及網路課程，應重視溝通技巧、諮商及臨終關懷課程，訂定專業道德規範，安排實習與建教合作課程的結論。

陳繼成（2003）撰著「台灣現代殯葬禮儀師角色之研究」，認為台灣的禮儀師的養成教育，目前並沒有納入正式的教育體制當中，無論在大學、技術學院、二專、五專、高中和高職之中，都沒有禮儀師養成的科系。現在禮儀師的進修管道主要為政府部門及部分大學開辦的短期研習班。雖然研習班對於想要進修的禮儀師有正面助益，但是因為研習班本身為短期與輔助性質，因此，對於政府即將要實施的禮儀師證照制度而言，如果無法有配

合的教育學程，及正式的教育管道，則此政策所希望達成的成效，將會大打折扣。因此，政府相關單位如能對於殯葬教育的重視，對於現代禮儀師的提升方有正面的推波效果。惟該文重點在探討禮儀師角色功能，對於禮儀師養成教育僅呼籲其重要性，至於養成教育應如何規劃並未研提。

鄭志明（2005）撰述「台灣殯葬學術教育的現況與省思」一文發現，學術界在喪葬教育上著重於文化內涵素質的課程內容，但殯葬業者卻期待實用性運行操作訓練，兩者就課程的需求有所落差。曾煥棠（2007）「喪葬教育與考照」之研究則對台灣喪葬教育進一步觀察，他認為民國 91 年殯葬管理條例通過之前，社會上普遍未將喪葬人員所進行的服務當作是專業服務。2006 年技職考照期以後，喪葬教育大致上還是停留在專業職訓班的層次，由勞委會來主導培訓職訓班學員經由技術檢定考試，取得專業技術士的資格，再經由內政部的審查，取得禮儀師的證照，但就殯葬專業與民眾生死尊嚴的考量，最終仍應落實喪葬學術教育，將專業的知識理論體系與專門的技藝技法相結合。

蔡鴻儒（2009）「成人參與勞委會職訓局之職業訓練移轉成效研究～以殯葬禮儀師訓練課程為例」，探討成人學習動機、訓練課程、職場支持度與訓練移轉成效之間的關係。主要發現訓練移轉成效提升有賴組織營造正向積極學習氣氛，職場支持度覺知能顯著預測訓練移轉成效。

綜上文獻回顧得知，欲提升殯葬服務品質，有賴健全之養成教育，惟國內殯葬禮儀師的養成教育尚未建全，有待研議改善之道。另就維護民眾生死尊嚴及業者實務需求之執業能力考量，從殯葬禮儀師工作情境與執業能力探討，提出就業模組課程之建議有其必要性。

三、國內殯葬禮儀課程

楊國柱（2005）蒐集從民國 88 年起，國內各學術機構、社團所開設之課程情形及次數，發現國內開立的科目，依頻率高至低分別為「生死學概論」，其次為「殯葬文書」，再其次為「殯葬禮俗」、「悲傷心理學（悲傷輔導）」、「遺體修復美容」，此外，另有「司儀專業理念與技巧」、「殯葬政策與法規」、「宗教科儀」、「公共衛生學」、「殯葬制度史」、「臨終關懷」、「遺體處理、「殯葬會場設計與流程規劃」、「殯葬服務業之經營與管理」、「殯葬設施用地之規劃與管理」、「民法與商業法規」、「殯葬風水與擇日」、「人際關係與溝通技巧」、「生死信託」、「殯葬經濟學」、「死亡社會學」及「死亡心理學」。

行政院勞工委員會（2007）配合禮儀師定位為非專門職業及技術人員之政策，辦理「喪禮服務職類」技術士技能檢定，提出「技能檢定規範之 20300 喪禮服務」，建立喪禮服務人員所需「技能」與「知識」的基本標準。其中乙級設定為統籌規劃並指導喪禮服務執行之人員，與此殯葬禮儀師工作內容較為相近，乙級技術技能檢定項目包括「臨終服務」、「初終與入殮服務」、「殯儀服務」、「後續服務」、「服務倫理」等五項，亦制定出「臨終服務」3 項技能種類與標準及 3 項相關知識；「初終與入殮服務」6 項技能種類與 17 項技能標準及 15 項相關知識；「殯儀服務」9 項技能種類與 22 項技能標準及 11 項相關知識；「後續服務」2 項技能種類與 4 項技能標準及 6 項相關知識；「服務倫理」2 項技能種類與 5 項技能標準及 7 項相關知識。對於殯葬禮儀師工作情境與執業能力亦具參考價值。

承上，禮儀師係規劃設計整個喪禮如何進行與負責完成的人員，換言之，禮儀師係殯葬業務活動的規劃者與管理者，同時也是殯葬禮儀的指導者，必須具備身、心、靈全方位的殯葬管理專業知識與能力。

四、情境、能力與模組教學

（一）情境與能力

1.「情境」（Situation）

是指與事件相關的狀態或環境，也可以是某個時間點上所有事件的組合狀態（Webster，2003）。強調情境教學的學者認為：知識基植於情境脈絡，知識若脫離情境使用，學習便成了抽象符號的遊戲（邱貴發，1996），因此透過在真實情境脈絡中來學習，才能有效的建構個人的知識能力，成為實際問題解決的工具。因此為探討殯葬禮儀師之執業能力，必須先了解喪禮服務工作之情境。

2. 能力（competency）

根據韋氏字典的定義，能力是指在特定的行業中必須具備的或足夠的能力（ability）或品質以執行工作（Lyon & Boland，2002）。

能力包括知識、技能、態度，以及能達到職場所要求的標準。所以能力應包括三大特色：

(1) 從外顯的知識技巧轉向後設能力

(2) 從一般共通性能力轉向工作獨特性能力

(3) 從文件證明具合法能力轉向能真正執行工作的能力。
（Ramritu and Barnard, 2001）

能力指的是特定職業的工作者，在特定的角色或情境下，能整合所需的知識、技能和態度而執行專業所賦與的業務，它是有效執行工作所需具備的知識、技能和態度（李隆盛，2001）。

知識必須在情境脈絡中學習而產生，可見執業能力與工作情境息息相關。以情境為基礎建構執業能力類別，不僅可以讓學習者有效獲得在該情境下應具備的能力，並可以據此發展能力評量的標準，來確認是否具備該情境所要求的執業能力（郭鳳霞，2004）。就喪禮服務之工作特性，尊重每位逝者的獨特性，以及面臨複雜與多元的工作情境而執業，透過工作情境，探討殯葬執業能力是可行之道。

（二）能力與就業模組教學

「能力取向」是目前各行各業招募新人的關鍵要素，在人力資源管理上亦將提升員工執行職務所應具備的專業知能列為核心工作。就喪禮儀服務的就業市場需求，殯葬禮儀師的養成教育應以培養職場能力作為課程設計的導向，培養學生具有執業能力及就業競爭力。有鑑於此，將能力本位教育方法應用在職業教育上，培養未來能勝任工作的人才，學習的內容應包含職場所需的知識、技能和態度，以循序漸進的方式，讓學習者具備從事專業工作的能力（康自立，1994）。

能力本位學習的教學模式是以精熟學習的理念進行模組化教學（洪榮昭，1998），透過工作情境與執業能力的分析結果，建立能力項目及標準，設計「教學單元」，每項能力單元學習結束後，必須通過測驗才能進入下一能力單元的學習，以培養學生精熟職場所需的各項技能標準，使其達到預定能力的一種教育訓練系統（周談輝，1984；吳育昇，2000；康自立，1994、1997）。

因此在課程設計上，將設定培養某一特定專業能力為目標的課程規劃成數個完整獨立的「單元」，各單元之間又可互相連結，最後組成一個完整的課程，而這些獨立的小單元即稱為「模組」（module or modular）。

　　喪禮服務若要設計合宜的能力本位教學課程，必須先完成能力分析，以了解殯葬禮儀師在專業上所需的能力項目及標準。因此，本研究進行喪禮服務情境分析，再探究執業能力內容，提供日後模組課程設計的依據及參考。

參、研究方法與設計

一、研究方法

　　本研究旨在了解喪禮服務之情境脈絡，以及在此情境脈絡下需具備那些執業能力才能勝任殯葬禮儀師的角色任務。研究方法主要採取德懷術（Delphi Technique）為主軸，並藉由參與式觀察、文獻查證及訪談法修正之。德懷術又稱德爾菲法，屬於專家預測法，以科學的方法彙整專家們最後一致的意見後，再提供給主事者進行決策時的參考，或者用在預測某一事件的發展趨勢。德懷術用在對未來趨勢的調查，容易獲得明確的結果，而且意見來回分析嚴謹，缺點則是時間較長與經費花費較高（江文雄等人，1999：P.2）。

二、研究設計

（一）研究流程

　　研究流程區分為兩階段：第一階段從確認研究問題、參與觀察喪禮服務及訪談相關人員；第二階段編製第一回合問卷、選擇專家，進行第一回合問卷調查，再依第一次問卷之意見編製第二回合問卷，後續判斷專家意見已有共識時，則進行研究報告之撰寫，研究流程設計如圖44。

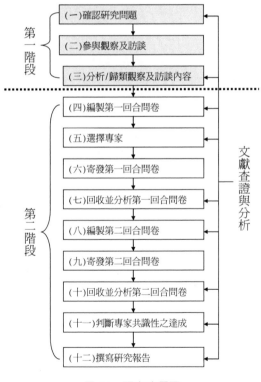

圖44　研究流程圖

(二）選擇專家

本研究挑選專家之條件如下文，專家之人數分布如表 57，專家的教育程度分析如表 58，專家特性分析如表 59。

1. 專業知識與經驗

為選定具有經驗及具權威性之專家，故選擇具備喪禮服務工作專業知識和三年以上實務經驗者。

2. 呈現不同觀點

喪禮服務實務界，區分為傳統公司（員工數在 10 人以下者）以及財團型態（員工數在 10 人以上者），分別選擇不同組織型態之代表；另考量南、北地域、觀念及文化背景之差異性，為獲得更多元更豐富之訊息，所以分別挑選北、中、南區域不同之專家。並就職位部份選擇資深人員及管理階層，廣納不同之觀點。

3. 具溝通表達能力

選擇學歷至少為專科層級以上，且具有教學指導經驗者。

4. 參與熱誠

關心喪禮服務專業與養成教育訓練者，願意配合多次問卷調查者。

表 57　本研究德懷專家人數

區域＼等級	傳統公司		財團型態		合計
	資深人員	管理階層	資深人員	管理階層	
北部	1	1	1	1	4
中部	1	1	2		4
南部	1	1	1	1	4
合計	3	2	4	2	11

表 58　本研究德懷專家教育程度

學歷別	人數	百分比
專科	2	18%
學士	6	55%
碩士	3	27%
合計	11	100%

表 59　本研究德懷專家特性分析

分析值　　類別	喪禮服務工作年資	年齡
最大值	30 年	55 歲
最小值	3.3 年	28 歲
平均值	11 年	38 歲

（三）問卷調查

1. 參與觀察與訪談

　　至某財團公司所屬之喪禮服務單位進行參與式觀察與訪談，進行 2 件服務個案之跟案觀察與訪談，殯葬禮儀師服務個案之工作內容彙整如表 60，內容包括從接獲家屬通知個案臨終階段到火化進塔安葬之流程，依此了解喪禮服務情境脈絡，搜集喪禮服務工作情境類資料作為編製德懷問卷之參考依據。

2. 編製問卷

　　本文設計問卷內容包含喪禮服務工作情境類項及執業能力類項之編製，依據文獻、參與觀察與訪談擬定五大類之喪禮服務工作情境脈絡（如圖 45）與執業能力如次：

（1）工作情境

第一類　「服務前」臨終關懷：執行接體服務前，面對臨終者與家屬的身、心問題。

表 60　殯葬禮儀師服務個案工作內容

項目	內容
服務前	視狀況以電話或親赴客戶指定地點,接受禮儀服務相關諮詢,並呈現專業提醒家屬臨終與初終相關宜事。
接體	1. 接獲接體任務,接體地點若在市區必須在一小時內抵達指定地點,市區以外(同一縣境內)二～三小時內抵達指定地點。 2. 抵達後協助搬運遺體、協助亡者洗身、更衣、裝設組合亡者安置的床鋪與布幃,除安撫家屬情緒,並向其解釋守鋪儀節及注意事項。
治喪協調	與客戶約定時間洽談治喪細節,蒐集逝者與家屬的相關資料,統籌所有意見與需求及殯葬設施等因素後,規劃並建議治喪地點、時間、參加人數、會場佈置、儀式流程、用品、車輛等等,以簡報講解及溝通互動之方式進行。
入殮	確定並處理遺體狀況,檢查並搬運入殮用品,驗收棺木品質,督導或共同參與負責搬運遺體進棺木,確定擺放正確後,協助蓋上棺木蓋!
關懷	每二天抵達靈堂所在位置,關心客戶是否有任何問題或檢查棺木或遺體之狀況。(以每案十天作業,至少親訪三次,每次預估花二小時)
做七功德	陪伴家屬做七與功德法事,督導驗收儀式流程與品質。
奠禮佈置	含領取奠禮用品、確定廠商與物料抵達時間與驗收等,以及其他殯葬文書作業等,協助或監督協力廠商將奠禮會場佈置、掛吊輓聯、搬運罐頭塔與花圈、花籃。
奠禮執行	主導奠禮儀式之執行,包含引導家屬迎請外家長輩、跪拜、致哀,與樂隊、司儀、靈車司機等人溝通確認,並注意靈堂拆除等細節事項。(有如戲劇導演主導一切)
火化與安葬	協助搬運棺木至火化爐或指導人員將棺木下土安葬
撿骨封罐	將骨灰罐搬運至火化場,引導家屬祭拜,並陪同進塔。
行政作業	整理案件所有表格與文件資料,彙整並登入或繳交指定窗口。
滿意度調查	了解家屬對整體服務的看法,並依服務內容約定之金額收取款項。
服務後	寄發百日、對年卡,並提前電話聯絡提醒,解答相關疑問或代為安排祭祀、追思事宜。

註:本表係參與觀察喪禮服務現場及訪談紀錄內容之摘要。

第二類　「地點因素」:因應逝者死亡原因、發生地點與治喪場所不同,需評估與注意的情況。

第三類　「人的因素」:蒐集逝者背景、生平行誼與心願,面對各個家屬與親友的不同想法與需求,彙整、組織轉換成殯葬禮儀服務規劃。

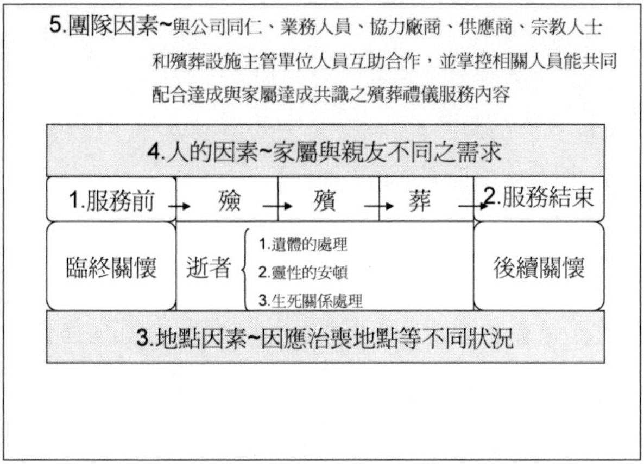

図 45　喪禮服務之工作情境脈絡

第四類　「團隊因素」：與公司同仁、業務人員、協力廠商、
供應商、宗教人士和殯葬設施主管單位人員互助合
作，並掌控相關人員能共同配合達成與家屬達成共
識之殯葬禮儀服務內容。

第五類　「服務結束」：後續關懷：喪禮服務結束後，提供
逝者與家屬後續的可行服務。

（2）執業能力

第一類　「服務前」：執行臨終關懷之殯葬禮儀服務執業能力。

第二類　「地點因素」：因應逝者死亡原因、發生地點與治
喪場所不同，而需評估與注意的知識、技能與態度。

第三類　「人的因素」：蒐集逝者背景、生平行誼與心願，
面對各個家屬與親友的不同想法與需求，彙整、組
織轉換成殯葬禮儀服務規劃的能力。

第四類　「團隊因素」：與公司同仁、業務人員、協力廠商、供
應商、宗教人士和殯葬設施主管單位人員互助合作，

並能掌控相關人員共同配合，執行已與家屬達成共識之殯葬禮儀服務內容，所應具備的知識、態度與技巧。

第五類　「服務結束」：指結清服務費用及提供必要的後續關懷或服務內容之能力。

3. 問卷施測

藉由第一回合 70%有效問卷回收，彙整專家建議，進行質性分析，另針對問項進行眾數、平均數、標準差與四分位數分析後，將相關結果載記於第二回合問卷。第二回問卷回收率 100%，再次進行質性分析與量的分析後，確認整份問卷收斂標準已達 75%以上，故完成問卷調查。

4. 資料分析

（1）質性分析

以內容分析方式，彙整專家意見，將每個類別及定義作逐字的分析、修正、新增與刪除，並將項目作分析與歸類。

（2）量化分析

A. 眾數：出現次數最多的數值，可看出多數專家贊同之意見集中在那個評量尺度上，以瞭解專家們對此議題意見的集中性。

B. 平均數：代表專家對於各項工作情境與執業能力項目重要性、常見性程度之意見的平均態度，越高代表專家對此議題之共識性愈好，故相對常見性、重要性程度也愈高。

C. 標準差：表示離差，計算專家意見之離散程度，呈現專家對於情境項目之差異性，標準差愈小愈好，當標準差愈小時表示結論之共識愈好，當此回合標準差小於或等於前一回之標準差時即達收斂度，收斂度依 Lindeman（1975）、Salmond（1994）的研究以 75%為收斂度的切點，當收斂項目達全體總項目的 75%則可代表專家群意見已達一致性。

D.四分位差：將專家意見劃分為 25%、50%、75%三個切點，而第三個四分位數（Q3）與第一個四分位數（Q1）之差的一半，即 Q=（Q3－Q1）/2，主要用以瞭解專家群意見之一致性，避免極端值之干擾。分析結果四分位差若小於 0.6，則具有高度一致性；若介於 0.6～1.0 間者具中度一致性；若四分位差大於 1.0，則未達意見的一致性（Faherty, 1979）。

E.重要性、常見性交叉分析，如表 61。

表 61　重要性、常見性交叉分析

類別		常見性		
		高度（M≧6）	中度（3≦M≧6）	低度（M＜3）
重要性	高度（M≧6）	重要性高度 常見性高度	重要性高度 常見性中度	重要性高度 常見性低度
	中度（3≦M≧6）	重要性中度 常見性高度	重要性中度 常見性中度	重要性中度 常見性低度
	低度（M＜3）	重要性低度 常見性高度	重要性低度 常見性中度	重要性低度 常見性低度

肆、實證結果與分析

一、喪禮服務工作情境

（一）類別、項目與定義

　　搜集與歸納二回合問卷之回收資料，就喪禮服務工作情境，專家提出的意見與建議大致可區分為文字表達、現況的澄清、增修的意見等，最後確定如表 62 的內容。

表 62　喪禮服務工作情境類別、項目與定義

類別	工作情境名稱（項目數）	各類工作情境之定義
第一類	服務前～臨終關懷：執行接體服務前，面對臨終者與家屬的身心問題（11）	指接運遺體服務前，臨終者及其家屬因對死亡及對殯葬禮儀服務內容不了解或不確定感產生的生理狀況、情緒問題與靈性需求。
第二類	地點因素（13）	因應逝者死亡原因、發生地點與治喪場所不同，必需評估與注意的情況。
第三類	人的因素（19）	蒐集逝者背景、生平行誼與心願，面對各個家屬與親友的不同想法與需求，彙整、組織轉換成殯葬禮儀服務規劃。
第四類	團隊因素（14）	必須與公司同仁、業務人員、協力廠商、供應商、宗教人士和殯葬設施主管單位人員互助合作，並掌控相關人員能共同配合達成與家屬達成共識之殯葬禮儀服務內容。
第五類	服務結束～後續關懷：服務結束對逝者與家屬後續可行服務（6）	指結清服務費用，完成殯葬禮儀服務後，對於殯葬禮儀服務人員的關懷或服務需求。
合計	五類（63 項）	

（二）各類工作情境項目的重要性與常見性

　　第二回合問卷共獲得五類 63 項工作情境的常見性及重要性經描述性統計（眾數、平均數及標準差）後之結果如表 63 之呈現，殯葬禮儀師各類別工作情境之項目常見性與重要性之交叉分析如表 64，表 65 則為殯葬禮儀師各類別工作情境之項目常見性與重要性之分析。

表 63 情境項目在常見性與重要性的收斂性與一致性百分比摘要表

類別	收斂性（標準差）	一致性（四分位差）
情境常見性	56 項（88.8%）	高度一致性 53項（84%） 中度一致性 9項（14%） 未達一致性 1項（2%）
情境重要性	57 項（90.4%）	高度一致性 56項（90%） 中度一致性 7項（10%） 未達一致性 0項（0%）

表 64 殯葬禮儀師各類別工作情境之項目常見性與重要性之交叉分析

程度		常見性			總計（百分比）
		高	中	低	
重要性	高	25 項	17 項	5 項	48 項（74%）
	中		10 項	5 項	16 項（25%）
	低		1 項		1 項（1%）
總計（百分比）		25 項（40%）	28 項（46%）	10 項（11%）	63 項（100%）

表 65 殯葬禮儀師各類別工作情境之項目常見性與重要性之分析表

類別		常見性
		高度（M≧6）
重要性	高度 （M≧6）	（一）高度重要與高度常見 2-1 取得遺體處理權。 2-2 決定遺體保存的方式與地點。 2-3 規劃遺體接運的路線、方式。 2-4 遺體處理方式（洗、穿、化、殮等）。 2-5 禮與俗之間做抉擇。 2-6 曁靈場地之選擇。 2-8 規劃治喪儀式的時間與場地安排。 2-9 費用的掌控與規劃。 2-10遵守殯葬相關法規規範。 2-11選擇適宜入殮、出殯與安葬之吉日時辰因素。 3-7 面臨家屬與逝者之間，或是家屬彼此之間，以及家屬與親友間的宗教信仰衝突。

類別		常見性
		高度（M≧6）
重要性	高度 （M≧6）	3-17推薦並協助家屬挑選禮器用品，如棺木、骨灰罐、紙錢、花藝商品等等。 3-18家屬的挑選禮器用品時無法達成經營者（資方）所設定的獲利目標。 3-19客戶期待被尊重並得到及時的協助，但常與服務人員其他個案或工作勤務時間產生衝突。 4-1 必須與公司同仁、業務人員、協力廠商、供應商、宗教人士和殯葬設施主管單位人員互相配合。 4-5 承擔負責供應廠商提供之花藝商品營造之氛圍與品質，達成原定之殯葬禮儀服務內容。 4-6 掌控訃聞、魂幡、魂帛、祭文等書寫內容與物品呈現之品質。 4-7 承擔供應商提供之棺木與骨灰罐材質、壽衣、祭品等物品品質，達成原定之殯葬禮儀服務內容。 4-9 滿足客戶對於時辰良吉與沖煞閃避之需求。 4-10必須了解各種宗教殯葬儀軌的如法性，並確保滿足逝者與家屬在靈性上之需求。 4-11必須了解各種宗教殯葬儀軌的如法性，並確保滿足逝者與家屬在靈性上之需求。 4-13承擔樂隊表現品質，以合乎已與家屬溝通確認的殯葬禮儀服務效益。 4-14能取得殯葬設施主管單位人員的協助完成原定之殯葬禮儀服務規劃。 4-15能得到公司同仁即時與有效的協助。 5-3 家屬詢問有關後續百日、對年、合爐、掃墓等祭祀事宜。
	中度 （3≦M≧6）	（二）中度重要且高度常見0項
	低度 （M＜3）	（三）低度重要且高度常見0項

類別		常見性
		中度（3≦M≧6）
重要性	高度 （M≧6）	（四）高度重要與中度常見 1-1 判斷臨終者的適合從醫院出院回家壽終的生理狀態。 1-2 面臨臨終者出院後生命徵象繼續維持未減弱的狀況。 1-3 面對家屬慌亂與哭泣的情緒反應。 1-4 負責維護臨終者身心舒適與尊嚴。 1-6 面對家屬頻頻提問服務內容與流程。 1-7 面對家屬對禮儀人員專業的質疑。 1-8 面對家屬對禮儀服務費用的質疑。 1-9 面對家屬意見分歧。 1-10 面對臨終者與家屬不同的宗教（靈性）上的需求。 2-7 考量家屬參與的便利與安全考量。 3-1 在有限的時間內掌握逝者的背景、生命歷程、成就、喜好、心願與禁忌。 3-15 必須面對家屬期待與預算間的衝突。 3-16 家屬要求服務人員全方位與萬能之仰賴。 4-3 與公司同仁、業務人員、協力廠商、供應商、宗教人士和殯葬設施主管單位人員彼此間的角色或利益衝突。 4-4 必須有效要求公司同仁、業務人員、協力廠商、供應商、宗教人士和殯葬設施主管單位人員共同達成殯葬禮儀服務之效益目標。 5-1 家屬詢問稅金或遺產繼承等相關問題。 5-5 家屬因民間禁忌考量，要求丟棄所有殯葬相關物品。
	中度 （3≦M≧6）	（五）中度重要且中度常見 1-11 遭遇家屬拒絕服務。 2-13 協助選擇或安排安葬的地點。 3-2 面對家屬成員或親友悲傷反應。 3-3 面對家屬成員與親友的補償心理。 3-4 面臨家屬與逝者之間，或是家屬彼此之間，以及家屬與親友間的利益衝突。 3-5 面臨家屬彼此之間，以及家屬與親友間的人際關係衝突。 3-6 面臨家屬對殯葬禮儀服務流程的誤解。 3-8 面臨家屬對殯葬禮儀服務的需求與預期的消費有落差。 4-8 解答客戶地理風水攸關禍福之問題。 5-6 家屬因民間禁忌考量，要求服務人員不得再與其聯絡。
	低度 （M＜3）	（六）低度重要且至中度常見 1-5 面對不同死因致死的遺體，負責維護逝者遺體的完整與尊嚴。

類別		常見性
		低度（M＜3）
重要性	高度 （M≧6）	（七）高度重要與低度常見 2-12承接國外死亡遺體或骨灰回國治喪。 3-10逝者或家屬期待的殯葬流程違反政府規範的相關法令。 3.-13面臨家屬對於殯葬禮儀服務規劃內容拿不定主意，或是決定後反覆修訂。 3-12殯葬禮儀服務規劃內容無法讓家屬在執行前充分了解。 5-4 家屬抱怨服務瑕疵要求賠償。
	中度 （3≦M≧6）	（八）中度重要但低度常見 3-9 面對家屬原期待的殯葬服務內容與實際呈現的有落差。 3-11逝者或家屬期待的殯葬流程與殯葬從業人員的信仰或價值觀衝突。 3-14遭遇家屬或親友拒絕配合殯葬禮儀服務流程。 5-2 家屬求助生理、心理或生活上的困擾，要求協助。 4-2 公司同仁、業務人員、協力廠商、供應商、宗教人士和殯葬設施主管單位人員對於個案的殯葬禮儀服務規劃期望達成的目標不清楚。
	低度 （M＜3）	（九）低度重要且至低度常見 0 項

二、殯葬禮儀師被期待具備的執業能力項目

（一）執業能力類別、項目與定義

　　搜集與歸納二回合問卷之回收資料，就殯葬禮儀師被期待應具備各類工作情境執業能力項目，專家提出的意見與建議大致可區分為文字表達、現況的澄清、增修的意見等，最後確定的內容如表66。

表 66　喪禮服務執業能力類別、項目與定義

類別	工作情境名稱（項目數）	各類執業能力之定義
第一類	服務前～執行臨終關懷之殯葬禮儀服務執業能力（16）	指接運遺體服務之前，能對臨終者及其家屬因對死亡及對殯葬禮儀服務內容不了解或不確定感產生的生理狀況與情緒問題等因應處置之知識、技能與態度。
第二類	地點因素（13）	因應逝者死亡原因、發生地點與治喪場所不同而需評估與注意的知識、技能與態度。
第三類	人的因素（31）	蒐集逝者背景、生平行誼與心願，面對各個家屬與親友的不同想法與需求，彙整、組織轉換成殯葬禮儀服務規劃的能力。
第四類	團隊因素（27）	必須與公司同仁、業務人員、協力廠商、供應商、宗教人士和殯葬設施主管單位人員互助合作，並掌控相關人員能共同配合達成與家屬達成共識之殯葬禮儀服務內容。
第五類	服務結束～後續關懷：服務結束對逝者與家屬後續可行服務（8）	指結清服務費用，完成殯葬禮儀服務後殯葬禮儀服務人員必須提供之關懷或服務內容。
合計	五類（95 項）	

（二）各類執業能力項目的重要性與常見性

　　第二回合問卷共獲得五類 95 項執業能力的常見性及重要性經描述性統計（眾數、平均數及標準差）後之結果如表 67 之呈現，並進行如表 68 殯葬禮儀師各類別執業能力之項目常見性與重要性之交叉分析，殯葬禮儀師各類別執業能力之項目常見性與重要性之分析如表 69。

表 67　殯葬禮儀師各類別執業能力項目重要性的收斂性
與一致性百分比摘要表

類別	收斂性（標準差）	一致性（四分位差）
情境常見性	91 項（96%）	高度一致性　93項（98%） 中度一致性　1項（1%） 未達一致性　1項（1%）
情境重要性	94 項（99%）	高度一致性　56項（100%） 中度一致性　0項（0%） 未達一致性　0項（0%）

表 68　殯葬禮儀師各類別執業能力之項目常見性與重要性之交叉分析

程度		常見性			總計（百分比）
		高	中	低	
重要性	高	57 項	32 項	1 項	90 項（95%）
	中	1 項	2 項	1 項	4 項（4%）
	低		1 項		1 項（1%）
總計（百分比）		58 項（61%）	35 項（37%）	2 項（2%）	95 項（100%）

表 69　殯葬禮儀師各類別執業能力之項目常見性與重要性之分析表

類別		常見性
		高度（M≧6）
重要性	高度 （M≧6）	（一）高度重要與常見 1-6 知道遺體處理的相關法規與衛生防護知識。 1-9 能呈現專業的談吐與外表。 1-14能在有限時間內對臨終者或家屬背景與需求，提出合理適當的服務費用報價。 1-16危機處理。 2-1 合法取得遺體處理權的知識與方法。 2-2 了解各種合法遺體保存的方法與利弊。 2-3 能在維護個人與公眾衛生利益的狀況下監督或執行遺體搬運，同時能維護逝者的尊嚴。 2-4 了解遺體處理的方式，包含洗身、穿衣、化妝、入殮等。 2-5 能夠執行遺體處理，包含洗身、穿衣、化妝、入殮等。 2-6 了解一般殯葬的禮儀與風俗。

類別		常見性
		高度（M≧6）
重要性	高度（M≧6）	2-9 知道如何安排治喪儀式的流程及場地的佈置與安排。
		2-7 能因應宗教別不同執行殯葬服務。
		2-8 能就以殯儀館、自有住宅、宗教聚會所不同知道進行如何不同的殯葬禮儀服務。
		2-10 能以客戶的預算費用規劃與執行殯葬禮儀服務。
		2-11 瞭解殯葬相關法規規範，並能確實遵守。
		2-12 知道如何挑選適宜入殮、出殯與安葬之吉日良辰。
		3-5 能運用悲傷輔導技巧於殯葬禮儀服務規劃中。
		3-6 了解殯葬相關法規與設施使用規範。
		3-7 了解如何運用人際溝通與衝突管理。
		3-10 能製作提出殯葬禮儀服務流程規劃書。
		3-11 具備企劃簡報的能力。
		3-12 了解消費心理。
		3-13 了解如何在殯葬禮儀規劃中呈現生命的意義與價值。
		3-17 能確實掌控殯葬禮儀服務流程之執行效率成效。
		3-18 能與家屬保持聯繫與溝通，並能隨時調整殯葬禮儀服務規劃。
		3-19 能建議或協助家屬尋求社會資源或保險理賠等相關事宜。
		3-23 了解殯葬職業倫理之內涵。
		3-24 能做合乎職業倫理之判斷。
		3-26 最具效益的勤務行程安排。
		3-27 能依禮俗提供家屬與親友身分穿著或配戴之喪服。
		3-28 引導家屬與親友在治喪期間呈現合乎社會期待的言行與表現。
		3-29 客戶服務的原理與技能。
		3-31 客戶抱怨的處理技能。
		3.31 瞭解各年齡層的生命任務。
		4-2 能夠進行專案流程與管理。
		4-3 具備溝通與談判技巧。
		4-4 懂的成本效益管理。
		4-5 團隊成員的激勵。
		4-7 殯葬文書的品質驗收。
		4-10 具備殯葬司儀主持的技能。
		4-11 會場設計規劃之技能。
		4-12 會場氛圍營造的技能。
		4-13 音樂氛圍營造的技能。

類別		常見性
		高度（M≧6）
重要性	高度（M≧6）	4-15殯葬用品之驗收能力。 4.-16 政府單位行政法令之基本認知。 4-17. 知道殯葬設施申請與使用規範。 4-18了解各種宗教的殯葬儀軌內涵與做法。 4-19了解各種宗教的生死觀。 4-20了解各種殯葬用品的緣由與功能。 4.21了解各種殯葬用品或儀式被取代的可行性。 4-22具備儀式創新開發的能力。 4.23具備殯葬用品開發設計的能力。 4.24知道評估殯葬服務品質的方法。 4-25能夠進行危機處理。 4.26針對服務缺失能夠啟動再發防止的方案。 4-27知道殯葬產業中下游彼此的關係與權責、義務 5-5 百日、對年、合爐、掃墓等祭祀事宜的知識與做法。
	中度（3≦M≧6）	（二）中度重要且高度常見 3-21能了解各種禮器用品的緣由、材質特色、價值與售價。
	低度（M＜3）	（三）低度重要且高度常見 0 項
類別		常見性
		中度（3≦M≧6）
重要性	高度（M≧6）	（四）高度重要與中度常見 1-1 能辨識瀕死者的生理狀態。 1-2 知道瀕死者的心理反應。 1-3 能安撫家屬慌亂與哭泣的情緒反應。 1-4 能維護臨終者身心舒適與尊嚴。 1-5 了解遺體的屍斑、屍僵、腐化等變化及其原理。 1-7 面對不同死因的遺體，知道如何應變維護遺體的完整與尊嚴。 1-8 運用溝通技巧與原則。 1-10能整合家屬意見紛歧的能力。 1-11能判斷臨終者與家屬的宗教信仰，正確提供相關禮器或儀式滿足其靈性的需求。 1-12能在有限時間中取得家屬信任並委託。 1-13能提出足以說服家屬的服務品質保證。

類別		常見性
		中度（3≦M≧6）
重要性	高度（M≧6）	1-15溝通與談判技巧。 2-13能處理國外運回之遺體或骨灰之殯葬禮儀服務。 3-2 訊息歸納與分析的能力。 3-3 了解殯葬禮儀的功能與目標。 3-4 了解並能辨識失落與悲傷的反應。 3-8 了解如何運用談判與溝通技巧。 3-9 具備殯葬禮儀流程規劃與設計能力。 3-14了解如何與消費者訂定合約。 3-15了解消費者的權益。 3-16能主動與積極滿足消費者知的權利 3-20了解因應死亡事件發生必須辦理之後續除戶、遺產繼承、過戶等手續。 3-22行銷技巧。 3-25有效的時間管理。 4-1 具備團隊領導能力。 4.6 殯葬文書撰寫。 4-8 花藝設計的專業知識。 4.9 花藝商品的驗收。 4-14燈光氛圍營造的技能。 5-2 遺產繼承等相關法規之知識。 5-3 後續悲傷陪伴或輔導之知識。 5-6 客戶抱怨的處理。
	中度（3≦M≧6）	（五）中度重要且中度常見 5-8 不主動聯繫家屬的態度。 5-1 稅法相關知識。
	低度（M＜3）	（六）低度重要且至中度常見 3-1 生命傳記的採訪技巧。

類別		常見性
		低度（M＜3）
重要性	高度（M≧6）	（七）高度重要與低度常見 5-4 社會資源與福利之協尋與轉介。
	中度（3≦M≧6）	（八）中度重要但低度常見 5-7 遺物處理。
	低度（M＜3）	（九）低度重要且至低度常見 0 項

伍、課程模組之規劃構想

　　本研究依據德懷術之研究方法，已分別描述出殯葬禮儀師工作情境與執業能力的類別和項目，且分析出其重要性與常見性，再以楊國柱（2005）於國內網路上查閱到之喪禮服務人員推廣教育班開設之課程統計，並針對開課次數累積排名之資料為基礎，對應本研究分析之工作情境與執業能力項目重要度與常見性之交叉分析內容進行比較，由於文字描述內容繁多，僅就生死學概論、殯葬禮俗及殯葬政策與法規等課程，列舉其工作情境、執業能力與課程模組對應情形如表 70，整體對應結果則以項數呈現如表 71。

　　由於教育課程著重於理想性與長遠性，因此研提課程規劃構想僅就高度重要與高度常見、高度重要與中度常見兩大類進行分析，凡屬重要性與常見性皆屬高度之項目歸類為核心課程，高度重要與中度常見之項目，則列為非核心課程，又某課程（例如遺體修復美容）在高度重要與高度常見之組合中，不論於工作情境或執業能力其中之一無文字描述項可對應者，同樣列為非核心課程。

表 70　工作情境、執業能力與課程模組對應表

程度	工作情境	執業能力	課程模組
高度重要 與高度常見	3-7 面臨家屬與逝者之間，或是家屬彼此之間，以及家屬與親友間的宗教信仰衝突。	3-31瞭解各年齡層的生命任務。 4-19了解各宗教的生死觀。	生死學概論
	2-5 禮與俗之間做抉擇。 3-17推薦並協助家屬挑選禮器用品，如棺木、骨灰罐、紙錢、花藝商品等等。 4-11必須了解各種殯葬儀軌的禮義，並確保滿足逝者與家屬在靈性上之需求。 5-3 家屬詢問有關後續百日、對年、合爐、掃墓等祭祀事宜。	2-6 了解一般殯葬的禮儀與風俗。 3-27能依禮俗提供家屬與親友身分穿著或配戴之喪服。 3-28引導家屬與親友在治喪期間呈現合乎社會期待的言行與表現。 4.21了解各種殯葬用品或儀式被取代的可行性。 5-5 百日、對年、合爐、掃墓等祭祀事宜的知識與做法。	殯葬禮俗
	2-1 取得遺體處理權。 2-10遵守殯葬相關法規規範。	1-6 知道遺體處理的相關法規與衛生防護知識。 2-11瞭解殯葬相關法規規範，並能確實遵守。 3-6 了解殯葬相關法規與設施使用規範。 4.-16政府單位行政法令之基本認知。 4-17.知道殯葬設施申請與使用規範。 4-27知道殯葬產業中下游彼此的關係與權責、義務	殯葬政策與法規
高度重要 與中度常見	--	--	生死學概論
	--	3-3 了解殯葬禮儀的功能與目標。	殯葬禮俗
	--	--	殯葬政策與法規

表71 推廣教育課程各科目之開課情形與工作情境、執業能力項目之對應分析表

開課次數排名	課程名稱	高度重要與高度常見(項)		高度重要與中度常見(項)	
		工作情境	執業能力	工作情境	執業能力
1	生死學概論	1	2	0	0
2	殯葬文書	0	1	0	1
3	殯葬禮俗	4	5	0	1
4	悲傷心理學(悲傷輔導)	0	0	3	2
5	遺體修復美容	0	0	0	1
6	司儀專業理念與技巧	1	1	1	0
7	殯葬政策與法規	2	6	0	0
8	宗教科儀	1	1	2	1
9	公共衛生學	0	2	0	0
10	殯葬制度史	0	1	1	0
11	臨終關懷	0	0	3	1
12	遺體處理	2	3	0	2
13	殯葬會場設計與流程規劃	4	6	1	1
14	殯葬服務業之經營與管理	1	0	0	1
15	殯葬設施用地之規劃與管理	0	0	1	0
16	民法與商業法規	0	0	0	3
17	殯葬風水與擇日	2	1	1	0
18	人際關係與溝通技巧	2	2	7	3
19	生死信託	0	0	0	2
20	殯葬經濟學	0	0	0	0
21	死亡社會學	2	2	0	0
22	死亡心理學	0	0	0	1
未統計列入排名課程	殯葬倫理學	4	4	0	1
	企劃	1	1	0	0
	專案流程管理	0	1		
	成本效益管理	0	1		
	消費者心理學	1	1	0	0
	危機處理	1	1	0	0
	時間管理	2	2	0	0
	組織運作與領導	1	1	0	0
	行銷技能	3	3	0	0
	社會福利與資源	1	1	0	0
	客戶服務	1	2	1	1
	服務品質管理	0	3	0	0
	英姿美儀(儀態)	0	0	0	0
	遺物處理	0	0	0	1
	境外死亡個案處理	0	0	0	1
	花藝與燈光基本知識	0	0	0	1
		37項	54項	20項	27項

資料來源：本表以楊國柱（2005）繪製之表格為基礎，合併本研究工作情境與執業能力重要度與常見性之交叉分析內容進行對照。

承上述開課情形與工作情境、執業能力項目之對應分析，本節研提課程模組規劃構想包含核心課程及非核心課程各19門如下：

1. 核心課程

(1) 生死學概論：可著重於各年齡階段之生死概念、發展任務等；

(2) 殯葬禮俗：可著重於禮與俗之差異與功能意義探討；

(3) 司儀專業理念與技巧；

(4) 殯葬政策與法規；

(5) 宗教科儀：可加強宗教生死觀之內容再帶出各宗教之喪禮儀節；

(6) 遺體處理；

(7) 殯葬會場設計與流程規劃；

(8) 殯葬風水與擇日:可考量以現代環保議題進行詮釋及探討；

(9) 人際關係與溝通技巧：可著重於口語表達、簡報技能、談判技巧等；

(10) 死亡社會學：可針對角色理論及衝突進行探討；

(11) 殯葬倫理學；

(12) 企劃：可偏重於儀式或活動之企劃；

(13) 消費者心理學；

(14) 危機處理；

(15) 時間管理；

(16) 組織運作與領導；

(17) 行銷技能；

(18) 社會福利與資源；

(19) 客戶服務原理。

2. 非核心課程

(1) 殯葬文書；

(2) 悲傷輔導：可著重於在喪禮服務如何運用悲傷輔導技巧之實務課程；

(3) 遺體修復美容；

(4) 公共衛生學：可著重於殯葬與衛生；

(5) 殯葬制度史：可著重殯葬相關之意涵與緣起支探討；

(6) 臨終關懷：應包含臨終者身、心、靈之變化與照護需求；

(7) 殯葬服務業之經營與管理；

(8) 殯葬設施用地之規劃與管理；

(9) 民法與商業法：可討論消費者權益及企業社會責任議題；

(10) 生死信託；

(11) 殯葬經濟學；

(12) 死亡心理學；

(13) 專案流程管理；

(14) 成本效益管理；

(15) 服務品質管理；

(16) 英姿美儀（儀態訓練）；

(17) 遺物處理；

(18) 境外死亡個案處理；

(19) 花藝、燈光等基本知識。

陸、結論

　　殯葬禮儀師養成教育課程應如何規劃與開設，台灣目前各大專院校、社團等仍見解分歧，做法不一，未能滿足殯葬禮儀服務市場之人才需求。楊國柱（2005）首先由名詞意義、執業內容及歷史演變探索及確立禮儀師的角色定位，並由角色定位研提課程規劃構想，最後蒐集歸納國內六、七年來有關禮儀師專業推廣教育課程開設情形，以印證課程規劃構想之可行性，最後指出未來國內有關禮儀師養成教育課程規劃的落實方向。本文則由喪禮服務人員對工作情境之認知與了解及殯葬禮儀師被期待的執業能力著手，進而檢視並補充楊文之養成教育課程規劃內容，研提較合理實用之喪禮服務就業模組課程，彌補楊文課程規劃偏重開課者之理念而忽略受教育者需求之缺點。

　　本文研提課程模組規劃構想，除提供學校、機構及團體開設殯葬禮儀師養成教育課程之參考外，亦有助於檢視現行禮儀師之執業規範與證照制度。例如本文課程模組規劃將殯葬文書、悲傷輔導及臨終關懷等列入非核心課程，殯葬管理條例卻將該些課程列入禮儀師執業內容之重要工作項目[3]。又如本文將殯葬文書、殯葬衛生學（含殯葬後續關懷）及殯葬服務與管理等列入非核心課程，內政部研商核發禮儀師證書條件[4]，卻將該些課程列為「修

---

[3] 依 91 年版殯葬管理條例條例第四十條規定禮儀師得執行業務包括：1.殯葬禮儀之規劃與諮詢；2.殯殮葬會場之規劃與設計；3.指導喪葬文書之設計與撰寫；4.指導或擔任出殯奠儀會場司儀；5.臨終關懷及悲傷輔導；6.其他經主管機關核定之業務項目。

[4] 有關禮儀師證書核發條件，案經內政部於 93 年 3 月 2 日召開研商規劃禮儀師證照制度暨職業訓練事宜會議，以及 94 年 4 月 21 日召開研商規劃

畢殯葬專業學分課程 20 學分」之必修科目。上述殯葬禮儀師之執業規範與證照制度規劃，可能存在對於禮儀師專業涵養與執業能力認知之過於理想與不切實際，宜審慎研議，速謀調整改善。

　　最後，將本文研提模組課程與行政院勞工委員會（2007）「技能檢定規範之 20300 喪禮服務」乙級技術士應具備之相關知識進行對照，預估未來即使通過喪禮服務人員乙級技術士之人員，其執業能力仍有欠缺。彌補此執業能力之欠缺，宜促使該些人員接受教育訓練，教育課程包括「殯葬風水與擇日」、「人際關係與溝通技巧」、「死亡社會學」、「企劃」、「消費者心理學」、「時間管理」、「組織運作與領導」、「行銷技能」、「社會福利資源」、「客戶服務原理」、「生死信託」、「服務品質管理」、「遺物處理」、「花藝、燈

禮儀師證照制度第二次會議紀錄，大致獲致結論為具下列三者由內政部核發禮儀師證書：一、須取得喪禮服務職類乙級技術士證。二、修畢殯葬專業學分課程 20 學分。三、實際殯葬禮儀服務經歷 2 年。

至於請領禮儀師證書所需修畢至少殯葬專業課程 20 學分之必選修科目規劃，經內政部分別於 99 年 2 月 4 日及 99 年 10 月 27 日邀集專家學者，各相關校系及各殯葬團體代表召開研商會議，獲致結論如下：

一、必修科目至少需修畢 5 科，每科採認上限為 2 學分，依其所屬領域詳列如下：

（一）人文科學領域：3 科

　　1. 殯葬禮俗

　　2. 殯葬生死觀／殯葬倫理學（2 選 1）

　　3. 殯葬會場規劃與設計／殯葬文書／殯葬司儀（3 選 1）

（二）健康科學領域：殯葬衛生學（含殯葬後續關懷）

（三）社會科學領域：殯葬服務與管理（含殯葬政策與法規）

二、以上必修科目至少需修畢 10 學分，至選修科目部分，由內政部列舉一定之科目範圍，選修科目每科採認上限仍為 2 學分。

三、有關請領禮儀師所需至少 20 學分之殯葬專業課程，未來申請人除完成必修科目至少 10 學分認證外，其餘學分應從上開選修科目範圍補充，以達總學分數至少 20 學分。

光等基本知識」、「殯葬設施用地之規劃與管理」及「遺體修復與
美容」等，此建議由企業內訓或其他職業訓練課程補足之。

柒、研究限制

一、本研究第二回合問卷標準差即達收斂，四分位差也達一致
　　性，故終止本研究問卷的進行。因此對少許分歧性意見有待
　　再進一步確認與釐清。

二、本研究為求異質性專家意見而邀請傳統公司及財團企業不
　　同之專家表達意見，受到專家所任職單位經驗的限制，在工
　　作情境與執業能力之常見性的結果表現上，顯現不同的差
　　異，也因此影響了研究結果的一致性。

三、針對殯葬禮儀師擔任該項職務後，就雇用能力、起始能力及
　　後續能力未在本研究探討，無法區分各項執業能力應具備之
　　時間點，值得後續之研究者進行更深入之探討。

CHAPTER 10

兩岸殯葬產業發展與台灣
殯葬業投資大陸之研究

在大陸死亡人口遠高於台灣且殯葬服務逐漸市場化的推動下，部分台商殯葬業者視大陸為深具潛力的市場，然而由於兩岸殯葬產業結構特性及產業體制不同；資本與技術發展偏向差異；大陸國有服務機構佔據市場、政府以公益之名介入干預以及融資的困難等原因，導致市場擴張的動力及競爭力不足。

壹、研究背景與目的

一、研究背景

　　近幾年台灣新設殯葬公司及商業，大幅成長，致使殯葬業服務能量過剩，競爭漸趨激烈，因此部分業者開始尋求到與台灣殯葬文化系出同源的大陸發展。根據內政部統計處 2005 年底統計資料，台灣年死亡人口數約 14 萬人，有立案且加入殯葬業公會有資料可稽者就有 1,798 家，從業人數 6,663 人，每位員工平均服務死亡人口為 21 人。反觀中國大陸年死亡人口數約 850 萬，從業人數卻僅 5 萬人，每位員工平均服務死亡人口為 170 人。因此，台灣業者若將服務市場範圍擴大到大陸的殯葬市場，在技術領先且在規模經濟下得以研發創新殯葬產品的生產技術，將可回饋並提升台灣人民治喪的權益。要達成這樣的理想目標，就必須從台灣殯葬產業對大陸的資本技術流動以及殯葬業對大陸投入的資源重點等層面來進行分析研究。

　　由於兩岸在儒家禮儀教化背景下，有相同的殯葬文化傳統的背景，相互影響很難避免，特別是兩岸殯葬產品的貿易已經逐漸展開，未來很可能會衝擊到兩岸的殯葬儀式的內涵，進而從本質上改變殯葬文化，惟這方面的研究仍付諸闕如。殯葬產業乃屬於文化性極濃厚的服務業，因此，誰主導殯葬產品的研發創新，很可能就會影響他方的殯葬文化[1]。如果台灣未能到大陸主導殯葬

---

[1] 　以火化為例，大陸火化通常以紙棺不以木棺進入火化爐，又如大陸骨灰盒多為四方盒，台灣則多採圓柱體罐子，而有無採用木棺及採用何種形式之骨灰盒，其本身就是一種文化，而且前者將會影響到台灣火化爐的

產品研發創新，反為大陸業者主導設計生產的低成本產品，恐因受到未來市場開放的消費者利益需求的引導，逐漸入侵台灣殯葬市場，而反過來衝擊台灣的殯葬產品生產與使用。

再者，台灣年死亡人口數，遠小於大陸之死亡人口數，故在研發創新上，可能較不具經濟規模[2]，政府如果未能積極開放台灣殯葬業前往大陸投資，並在台灣內部積極鼓勵產品研發創新，待大陸業者在台灣業者協助下，且積極以政府為主投入研發，一旦有足夠之技術能力得以全面地自行研發創新，其殯葬產品必然因較具有競爭力，而逐漸取代台灣產品，繼而，台灣之殯葬文化將發生衝擊與變化，最後成為大陸殯葬文化之殖民地。Hayami 社會系統發展理論指出文化價值系統的改變，不但會衝擊到資源與技術之發展，資源技術之改變又會回過頭來影響人民的行為規則與政府的法律制度（Hayami, 1997:9-11），而這些改變又牽涉到國族或民族的自尊問題。

大陸過去將殯葬產業視為社會福利之一環，並不重視利潤之有無，但自從大陸成為 WTO 的會員國後，在全球化分工下，大陸積極對其內部經濟作變革，殯葬產業亦然，根據《海峽兩岸殯葬制度變遷之比較研究——以葬俗改革為例》一文也發現，大陸正研擬修正殯葬管理條例，殯葬市場的擴大開放即為重點工作之一（楊國柱，2006：16）。因此，在瞭解大陸市場開放程度之同時，需先對兩岸殯葬產業結構特性與資本技術角色差異加以比

技術研發方向，後者將影響到納骨櫃的設計。

[2] 民間部門從事研發創新工作，往往希望在短期內獲致利潤，在此情況下，要仰賴民間部門從事基礎研發工作，無異緣木求魚。近年來當大陸年經濟成長率以兩位數邁進之同時，台灣諸多產業已被大陸迎頭趕上，若台灣連殯葬產業發展都不如大陸，則台灣將難有競爭優勢可言。

較，以明競爭優劣勢。其次調查台灣現有殯葬業赴大陸投資之現況，以了解其資金技術投入情形？是否曾遭遇到什麼困難？有何競爭上的風險與障礙？又為有利台灣殯葬業赴大陸投資及提升其競爭力，兩岸政府能提供什麼協助或在制度上作如何調整？凡此，爰引發本文研究之動機。

二、研究目的

承上述動機之分析，本研究希望透過對台灣資金赴大陸投資研究的深度調查和分析，達成下列目的：
1. 探討兩岸殯葬產業結構特性。
2. 分析兩岸殯葬產業之資本與技術角色。
3. 調查台商赴大陸投資殯葬產業之投資情形。
4. 分析台商赴大陸投資殯葬產業過程所遭遇的障礙、困難與問題癥結。
5. 藉由對台灣殯葬業資本與技術在大陸發展之瞭解，以及兩岸有關台灣殯葬業赴大陸投資規範之瞭解，以利針對殯葬業投資大陸之策略，與政府調整設計管理制度等提出建議。

貳、研究方法

本文採用之研究方法說明如次：

一、次級資料分析法

次級資料係指文獻資料，包括兩岸政府公文書、解釋函令及相關立法資料檔案，予以精讀，將精讀後之資料做綜合分析與歸納。此外廣泛收集兩岸相關殯葬統計資料、研究報告、書籍、期刊、論文等資料，分析其研究結果與建議，進行整理與歸納，以形成本文之研究分析架構。

二、田野調查／訪談法

具體訪談對象包括：

1. 殯葬企業：已投資墓園及寶塔的廣東惠陽市唐京公司、於四川重慶投資經營殯儀館及與長沙市民政學院殯儀系進行產學合作的寶山公司、重慶市經營寶塔的南山福座、上海市玉佛寺功德園附設寶塔等。
2. 殯葬管理機構：大陸民政部法制辦公室、社會福利與社會事務司、上海民政局（殯葬管理處）暨所屬殯葬服務中心等。
3. 殯葬社團：上海殯葬協會、廣東殯葬協會、重慶殯葬協會等。
4. 殯葬學術機構：長沙市民政學院殯儀系。

實際願意接待及接受訪談人員代號如表72，受訪期間為2007年8月。

表 72　受訪人員代號說明表

編號	地點	背景	職稱	備註
S1	長沙	學界	教授	長沙民政學院殯儀學系
A1	上海	社團	會長	上海市殯葬行業協會
C1	重慶	官方	書記	重慶市殯葬管理中心
C2	廣東惠陽	官方	副隊長	大陸公安隊副隊長
B1	廣東惠陽	產業界	總經理	龍岩人本（原名唐京公司）
B2	重慶及長沙	產業界	副總經理	高雄寶山生命科技公司前副總
B3	台北	產業界	總經理	曾經營上海市玉佛寺功德園附設寶塔及蘇州市皇冠山公墓
B4	湖南湘陰縣	產業界	總經理	湘陰殯儀館
B5	重慶	產業界	總經理	曾經營南山龍園公墓並曾任中國殯協常務理事
B6	重慶	產業界	法人代表	台北市十方及品安禮儀公司
B7	高雄	學界	董事長特助	高雄寶山生命科技公司

資料來源：本研究整理。

註：表中編號 B 表殯葬企業；C 表殯葬管理機構；A 表殯葬社團；S 表殯葬學術機構。

參、文獻回顧

一、殯葬產業發展

所謂他山之石可以攻錯，由國外殯葬產業發展歷史軌跡，可以提供本文比較兩岸發展之分析架構。Parsons, B.（1999）發表〈過去，現在與未來——英國殯葬產業的生命週期〉一文，主要就產業結構與經營模式之變化來檢視英國的殯葬產業。該文分析從西元十七世紀開始，英國殯葬業主要是由家庭式的小公司所組成、承包的。到了西元二十世紀中葉，出現集中化管理與統籌的

中型公司與大公司之間的合作經營，集中化的管理與統籌，對於大公司的效益是非常顯而易見的。公司規模太小，所以有著企業體太小與資金少的問題，因此並沒有能夠以契約的方式去保證履約和提供更好的服務內容與高品質的附加價值。大公司在規模經濟的效益之下，帶來了可觀的收入而發展日漸蓬勃；相較之下，家庭式的小型企業，卻因為無力面對擁有大量資源與資金的大企業體，與社會上對其所從事之行業的鄙視等因素，而相形沒落。

此外，以藥物方式進行防腐保存的風潮興起，不管從運輸的角度也好、從殯葬業從業人員安全與健康的角度也好，防腐處理都是一個相當好的選擇，也是一項新的突破。此外，這樣的技術性的改良，也同時降低了殯葬業者在總公司與分公司間在冷藏與保存上的壓力與成本。然而，比較有趣的是，在這個時期裡，許多的報告與調查卻顯示，傳統的、小的家庭式的殯葬業者，並沒有被消滅；反而是以相對少數卻穩定地存在著。不過 Parsons 認為，由於預付（pre-paid）型生前契約的市場漸趨主流，加上面對大公司龐大的資金與商業行銷手法的翻新、以及品牌的建立與市場的壟斷、和大型企業提升其服務品質與人員管理等等的壓力與衝擊，在前一時期還能以相對少數穩定地存在的個人或家庭式殯葬從業者，將可能會逐漸面臨被淘汰的命運。

Howarth, Glennys（1996）出版《最後的禮儀——現代殯葬指導師的工作》一書，認為現代死亡儀式和死亡工作裡專業承辦人的誕生，乃因社會需要控制死亡，喪葬承辦人員去扮演一個角色，在儀式化下處置人的遺體，當基督教的式微，教士的角色也退色了，衛生員與喪葬承辦人接管了對死亡的處理程序，同時也有採取了自稱為科學的處理，例如防腐。專業化處理大部分導源於科學，而不是宗教驅動對死亡的控制。

到了 20 世紀，英國喪葬事業接受了根本變革，放棄"承辦人"稱號，並且與其它的頭銜逐漸替換，例如"殯葬指導師"，在 1935 年英國殯葬指導師協會（National Association of Funeral Directors）成為了喪葬承辦人的全國協會，專業化是英國和北美喪葬承辦人教育強調的重點。根據 Millerson 主張，區別一種職業作為專業的六個本質特徵：包括奠基於理論知識的技巧、能力的訓練和教育、通過測試的能力展現，遵守法令的誠信維持，一個專業組織和公共財服務的提供。

　　在 1920 年代期間的英國，死者開始放入公共太平間，承辦人運用他們獲取的科學知識，保存和恢復技術結合認識身體將快速掌控葬禮儀式，這表示他們獲得屍體的掌控權。美國人類學家、Metcalf 和杭廷頓試圖解釋人們為什麼選擇交出葬禮的控制而給專家，他們聚焦於兩點：第一是經濟並且源於殯葬指導師的專業利益：成功地遊說立法，有利他們的產業。例如在北美殯葬指導師順利地獲得立法，強迫對屍體防腐業者採證照制，且因此排除未受訓練的個體從事服務。第二個誘因：追悼儀式禮拜控制移交給殯葬指導師是根源於私人恐懼和內疚。因為喪家恐懼死亡，所以選擇雇用一個殯葬指導師，他們購買奢侈品項目，例如有避震的棺材（cushioned caskets），因為他們對死者感到內疚。選擇防腐，允許倖存者在一個被保存的狀態觀看遺體，幫助倖存者產生戰勝死亡的幻覺以減輕對死亡的恐懼。

　　由 Parsons 及 Howarth 的文獻了解，資本與技術在殯葬產業發展過程中，往往成為影響產業結構與經營模式的關鍵因素。家庭式殯葬業經常因缺乏資本而無法擴大規模，降低生產成本與服務價格，資金雄厚的大公司不但在服務價格上較具競爭力，且經常藉由研發新技術而游說影響立法機關，使其制定出有利於新技

術擁有者發展的正式規則，因此比較兩岸殯葬產業發展，必須把握資本與技術這兩個因素。

二、產業競爭力與兩岸殯葬產業競爭

「競爭力」一詞始於 1980 年代，乃延續競爭優勢概念而來，不論是哪種競爭，要在過程中取得有力的結果，則需要一定的競爭優勢（competitive advantage），亦即競爭力的概念（Porter, 1985）。台商赴大陸投資的持續增加對於台灣經濟發展是否會造成不利影響，從學理上探討一直有所爭議而難以定論。高長（2001）在「兩岸加入 WTO 後產業可能的互動與競爭力變化」一文中指出，持正面看法的人認為，台灣與大陸的資源稟賦不同，經濟發展階段也不一樣，各擁有不同的經濟優勢，台商赴大陸投資有利於台灣產業結構的調整與升級，同時也有利於台灣產業、經濟國際化，而加強利用大陸地區的資源和市場腹地，更有助於我產業競爭力之提升，促進台灣經濟發展。持反面看法的人卻認為，台商赴大陸投資造成資金外流，將妨礙台灣地區資本形成，甚至造成「產業空洞化」，失業增加，不利於產業升級。另外，從長期來看，台商到大陸投資將技術、國際行銷等專業知識帶入，將有利於大陸本土企業的發展，成為台商在國際市場上的主要競爭對手；同時，在總體經濟上也將造成台灣對大陸高度依賴，不利於台灣經濟穩定成長。

高長進一步指出對外投資的目的，如果是將國內不具比較利益的產業移到海外去生產，或是為了利用海外廉價生產要素，或為避免貿易障礙、接近消費市場，這種對外投資之增加經常是以

減少國內投資和生產的方式進行，導致國內資本形成減緩。反之，如果對外投資的目的是在蒐集商情、取得稀有資源、擴大行銷、建立產銷作業垂直整合體系，或者在海外投資是為了開發新產品、新市場，則對外投資並不一定會減少國內資本形成。另陳添枝等人（1987）的研究指出只要國內投資環境良好，足以激勵國內和僑外資金投入具比較利益產業，資本外流並不必然會減緩國內資本形成。他們認為，對外投資也許會加速終止邊際產業在國內的生命，但對整體經濟產業競爭力的提升似乎是利多於弊。

根據高長等人（1999）及林祖嘉（1995）的相關研究發現，台商到大陸投資，絕大多數都維持母公司在台灣繼續營運，而且主要機器設備、原材料及半成品等中間投入，或由母公司負責或直接向台灣地區其他企業採購。因此，當台商在大陸投資不斷擴充，即帶動台灣與大陸之間雙邊貿易快速成長，進而影響兩岸產業分工的格局。基於殯葬產業具有在地與文化上之特殊性質，本研究擬參考上述產業競爭力之條件與兩岸產業互動之兩種論點，透過現實上的觀察探討台灣殯葬產業競爭力之發展機會與衝擊。

朱勇（2010）主編《中國殯葬事業發展報告（2010）》一書，全面回顧了近 60 年來大陸殯葬事業的發展歷程，以及在殯葬改革、體制機制創新、服務傳承發展、基礎設施建設、人力資源和科技進步方面的主要成就，著重描述了 2009 年大陸殯葬事業的發展進程和政策走向，深刻分析了發展過程中出現的新情況、新問題，提出了 2010 年大陸殯葬事業發展的趨勢分析與政策建議。該報告書指出，2009 年在國際金融危機的影響下，大陸殯葬業化挑戰為機遇，科學發展邁出新步伐，公墓管理實現新突破，平安清明取得新成就，行風建設有了新舉措，綠色殯葬取得新進展，人才培養邁上新台階。但同時也存在著公共財政投入不足、基本

服務能力和水平不適應、市場化服務不規範、用品銷售市場監管不健全等問題。

因此，2010 年大陸殯葬事業將在"保增長、保民生、保穩定"的大局下，以貫徹落實民政部《關于進一步深化殯葬改革促進殯葬事業科學發展的指導意見》為契機，在建立殯葬基本服務補貼制度、完善依法監督與行業自律相結合的管理機制、加大政府對殯葬服務設施設備建設的投入、加快殯葬服務和技術標準體系建設、加強殯葬事業單位建設和殯葬技能人才培養、鞏固公墓清理整頓和行風建設成果等方面取得新發展，這些改革將有助於提升大陸在殯葬產業上的競爭力。

此外，大陸民政部副部長竇玉沛為該報告書撰寫序言提到，隨著改革開放的不斷深入，殯葬行業開始呈現公共服務與市場化服務並存、公益性與經營性互補的局面。如何處理好殯葬公共性服務與殯葬市場化服務的關系，不僅取決于群眾對殯葬服務的多樣化需求，而且也取決于政府在殯葬管理服務中的職能定位，還與殯葬管理體制改革和殯葬管理機構職能轉變密切相關。因此，要深入研究殯葬行業的特點和規律，既要政府提供基本的殯葬公共服務，又要發展體現選擇性的市場化服務；既要打破行業壁壘，又要建立市場準入制度；既要積極引導、鼓勵社會力量參與，又要利用行業監管和市場調節等手段，為殯葬服務企業營造公平競爭的發展環境；在選擇性殯葬服務方面，既要充分發揮市場配置資源的基礎性用作，優化殯葬資源結構，又要合理調節殯葬服務價值，為人民群眾提供滿意的、多層次的、多樣化的殯葬服務需求。承上所述，大陸果能往打破行業壁壘、建立市場準入制度、為殯葬服務企業營造公平競爭的發展環境、以及滿足消費者多樣化需求等方向發展，將更有利於台灣殯葬業者前往大陸投資。

三、殯葬產業資本與技術之特性

根據楊國柱（2006）主持〈海峽兩岸殯葬制度變遷之比較研究——以葬俗改革為例〉發現，兩岸殯葬制度變遷在過程、原因、方式及成效等方面，多有差異，並於展望兩岸制度變遷趨勢後研提「發展大陸，反饋台灣，以提升研發創新能力與競爭力」等建議。由楊文之研究得知，葬俗改革牽動一連串的殯葬產業的生產與治喪消費需求改變，為因應這一連串改變所需的制度調整，台灣政府如何提供有利於民間殯葬業前往大陸投資經營的制度環境，鼓勵以大陸為基地的研發創新，台灣殯葬業如何因應大陸政策趨勢選擇資源投入重點，以主導研發創新，保持產業競爭優勢，進而避免因兩岸交流日漸頻繁，而導致的台灣殯葬文化受大陸文化衝擊，實屬急切有待深入探索的課題。

朱金龍（2003）在〈中國殯葬服務發展趨勢芻議〉一文，分析大陸殯葬過去、現在及未來可能趨勢，該文由經濟、人口、法律政策、社會文化、技術、全球，以及行業等環境因素分析當前大陸殯葬產業狀態後，提出包括「殯葬服務市場將成為一個開放的市場」等觀點（朱金龍，2003：12-18）。由此可知，大陸殯葬服務市場既然將成為開放的市場，則其殯葬服務機構必將吸引更多的經營主體進入，而為了調動各項社會資源發展殯葬事業，投資體制和經營體制必然走向多元，尤其促成殯葬服務經紀人與代理機構之形成，此為有利於台灣殯葬業在大陸發展的趨勢，研究如何提升競爭力，亦須把握此觀察。

譙喜斌在（2003）〈殯葬服務業產業化制度研究〉一文針對大陸殯葬服務邁向產業化進行分析，就殯葬服務業產業化的基本含義提出包括「要建立適應市場需求變化的經營管理機制」等五

點看法（譙喜斌，2003：27）。從該文可以發現，殯葬產業化必須配合以維護市場競爭秩序及經營者、消費者及政府之間和諧關係的制度，否則民眾未享產業化之利，卻得先受其害，該文提供本研究分析大陸殯葬服務市場趨勢的可能面向。

曹聖宏（2003）撰述〈台灣殯葬業企業化公司經營策略之個案研究〉一文則提供觀察台灣殯葬產業因應市場環境變化的生存策略。在台灣加入 WTO 及實行殯葬管理條例後，殯葬業者應該採取何種經營策略，才能在競爭激烈的環境中保有競爭優勢，曹文採用 Aaker 的理論架構及 Porter 的五力競爭模式來進行內外在分析與策略規劃[3]。王士峰、劉明德在（2003）〈殯葬業經營管理之研究：全球化與 E 化之挑戰〉一文提出殯葬業之價值鏈，認為創造價值的主要活動包括緣、殮、殯、葬、續[4]，以及支持活動包括基礎結構、人力資源管理、研究與發展、物料管理等（王士鋒、劉明德，2003：266-268）。該文提供認知殯葬服務之特性，啟發本文分析殯葬業經營與技術創新的切入點。

綜合上述文獻分析得知，兩岸政治雖處於敵對狀態，但經濟上交流密切，且交流層面已無所不包，殯葬服務業方面近幾年來在大陸與台灣力求改革與提升，並較往年更為積極進行。台灣殯葬產業私部門所扮演的角色，相較於大陸更占重要部分，因而在

---

[3]　曹聖宏撰文之整個研究架構分為四個階段：一、首先進行內外在分析，以界定外在環境中的機會與威脅，以及該產業的關鍵成功因素，並了解個案公司所擁有的優劣勢。二、根據以上分析，歸納出該公司所面臨的問題。三、提出可行的策略，在該策略下擬定競爭策略與營運策略。四、對個案公司提出經營策略上的建議方案（曹聖宏，2003：34-36）。

[4]　王士峰、劉明德認為創造價值的主要活動，緣係指讓潛在客戶進行往生規劃；殮為從往生接體到掩藏亡者之身體；殯乃將遺體停柩供生者奠拜；葬則係將遺體火化或土葬，藏於棺槨或骨灰罐保存；續指對喪家的後續關懷（王士鋒、劉明德，2003:266-268）。

資金、技術或專業上都較大陸更勝一籌，但因為基於台灣殯葬法律立法改革以及資訊的透明化，殯葬服務業的利潤漸趨於平均化，且由於大陸廣大的消費市場吸引，近幾年來台灣不少資金、技術、專業透過合作方式前往大陸。因此，首先基於制定更有利於台灣殯葬產業發展，更有助於國內殯葬產業與大陸競爭與合作的制度環境，以及截長補短以提升台灣殯葬管理績效之考量。其次，由於兩岸同時加入 WTO 之後，兩岸殯葬產業正面臨專業分工的合作與品質價格相互競爭之種種問題，不論競爭或合作其結果必然衝擊彼此保有的殯葬文化傳統，又加上台灣的服務經濟規模不足，殯葬業服務能量卻過剩，因此本研究可以為兩岸殯葬產業競爭與合作建立一套良性的互動模式，也可以替國內過剩的殯葬業服務能量尋找可以宣洩的管道，有助於提升殯葬資源的配置效力，更可以為停留在國內的殯葬產業研究跨出不同地區比較之第一步，以期對殯葬學術及實務能有所貢獻。

肆、兩岸殯葬產業結構特性與差異

從產業及其結構特性的定義說明可得知[5]，欲探討殯葬產業結構特性必須先標定殯葬產業係提供何種商品或勞務，亦即殯葬

---

[5] 所謂「產業」（Industry），依經濟學上的定義係指一群生產同種或類似商品的廠商。而廠商（Firm）則是指僱用資源來生產商品或勞務，以賺取利潤的組織。（高希均，1987：611）而產業間為了提供最終產品或服務，由各自具備不同專長的組織或個人，分別從事若干價值活動，再經由各種合作或交易所形成的產業體系，即是該產業的「產業價值鏈」，其中有三個主要元素；第一是各種能創造有形、無形價值的活動；第二是提供

產業的供給範疇為何？再者即探討「為賺取利潤而成立的組織」，其組織結構為何？最後再從組織間的合作、競爭及交易瞭解產業的價值鏈如何運作，從而探討產業結構特性。

一、殯葬產業範疇

從生理及心理層面的需求，可歸納死亡消費對殯葬產業的需求其功能不外是：1.妥善處理屍體，以免污染活人的生活環境。2.平息生人的情緒，不要以死害生。上述的功能需求若按消費時序，可加以分類歸納為[6]：

1. 臨——當臨終死亡即將發生時，針對將亡者及家屬所做的心理建設及準備。
2. 殮——針對死亡遺體的安全衛生處理，避免在殯儀階段影響生者。
3. 殯——奠禮儀式用以撫慰生者的心理情緒，協助調適接納死亡的事實。
4. 葬——針對死亡遺體的最終處置，並與生活環境做一適當隔離。

這些價值活動的主體，即各種組織或個人；第三是這些組織或個人間的合作或交易。（司徒達賢，2005：112-113）

[6] 王夫子、蘇家興綜合王士峰（1999、2008）及楊荊生（2006）的「台灣殯葬產業價值鏈」架構，提出緣、候、殮、殯、葬、祭、續的第四代殯葬服務死亡系統，屬於主動式全面關懷服務型（王夫子、蘇家興，2010：351-352）。其中「候」乃指臨終關懷諮詢及往生助唸、祝禱等活動，本文以「臨」字替代，至於「續」係指後續關懷、顧客關係管理等活動，與壽險行銷員行銷保險產品時首推之法——緣故法內涵相近，因此本文使用「緣」字替代「續」字。

5. 祭——祭祀儀式的舉行用以區隔宣告喪葬活動的結束,協助回到常態生活。

殯葬產業範疇的結構若以供給的內容來分析,可依消費發生時序的供給項目以圖 46 表示,項目中其行業區分,若以「人」、「地」、「物」等特性來做區別,更可細分為下列四種行業別:(李自強,2002:31-35)

1. 喪葬用品製造流通業:舉凡棺木、壽衣、供品、花卉……等生產、製造販賣等均屬之。

2. 喪儀專業人力服務業:舉凡遺體化妝、奠禮司儀、頌經法事、封棺抬棺、地理風水師……等專業人力之提供均屬之。

3. 喪奠埋葬設施經營業:舉凡墓園、納骨塔(堂)、殯儀館、火葬場、道場、寺廟、教堂、宗祠……等經營管理及相關營建構築均屬之。

4. 殯葬綜合儀禮顧問業:應屬現稱之葬儀社、禮儀公司或禮儀師。

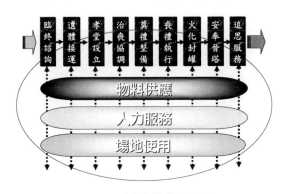

圖 46　殯葬產業供給範疇

資料來源:本研究繪製。

二、殯葬產業組織

　　殯葬產業的組織結構，是從生產關係角度研究殯葬經濟的所有制結構、企業規模結構和相應的體制結構等（朱金龍、吳滿琳，2004：263）。至於殯葬產業組織的規模結構，除因前述四種行業別的不同而在基本組織結構上有所差異，同時亦會因經營者在經營流程（圖47）中選擇不同範疇而產生組織結構的基本差異。殯葬產業的組織結構，若以管理學中的組織結構設計理論（許士軍，2000；229-238）來做分類，可將前述的行業類別歸納分析找出各行業別適合的組織型態，分述如下：

　　製造流通業：組織結構型態較偏向產出導向基礎之部門化組織，最常見之三種基礎，即為：產品、顧客及地區等區別。

　　人力服務業：組織結構較偏向專案組織型態，可依每單元任務進行人力調度安排，具有彈性且可集中全力不受干擾。

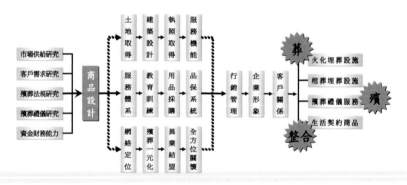

圖47　殯葬產業經營流程圖

資料來源：本研究繪製。

設施經營業：偏向內部功能（business function）基礎部門化組織，依經營設施之規模水平設立如管理部、工程部、服務部……等之功能性部門組織。

儀禮顧問業：一般較合適之組織型態應採程序（process）基礎導向之部門化組織，可依據喪葬禮儀時序流程分段分別由不同部門負責處理。

兩岸殯葬產業在組織結構上，因台灣擁有較高的經營範疇選擇權，而導致組織結構較具彈性，以台灣目前幾家主要殯葬產業經營體而言，就因彼此選擇不同的經營範疇而形成不同的經營組織體系（詳見附圖 48）。在台灣很多經營墓園或納骨塔的企業，同時亦涉足殮、殯的禮儀服務，成為台灣所謂的殯葬一元化服務，例如龍巖、金寶山及國寶等集團，此類企業其組織結構不但具有基本的功能性部門組織，亦同時具有產品事業別及地理區域別的組織結構，同時組織規模亦較具企業化的經濟規模，甚至少數企業亦發展至集團化的組織結構，其中國寶集團尚跨足殯葬範疇之外的銀髮族退休、養生（銀）及人壽保險（緣）等事業。而在對岸則因受限產業政策的影響[7]，殯葬事業單位和政府有者密切的關係，帶有較強的政府色彩，殯葬服務業在大陸作為「事業」，都是國家事業單位具有公營公益的性質，而不是把它們作為「產業」來發展。因此在大陸具民營性質的營利單位甚少出現

---

[7] 依據大陸 1997 年國務院公布施行的殯葬管理條例第二條規定「殯葬管理的方針是：積極地、有步驟地實行火葬，改革土葬，節約殯葬用地，革除喪葬陋習，提倡文明節儉辦喪事」，再加上同條例第七條規定「省、自治區、直轄市人民政府民政部門應當根據本行政區域的殯葬工作規劃和殯葬需要，提出殯儀館、火葬場、骨灰堂、公墓、殯儀服務站等殯葬設施的數量、布局規劃，報本級人民政府審批。」，由此可以看出大陸上殯葬事業仍為計劃經濟的公營公益型態，形成球員兼裁判的社會主義經濟。

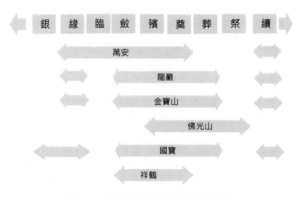

圖 48　殯葬產業經營範疇區別圖

資料來源：本研究繪製。

具經濟規模的組織體系，至於小規模之個體戶或包產包幹戶其組織規模都無法形成企業化的經營管理。

三、兩岸殯葬產業結構差異

針對殯葬產業的結構分析，得知牽動殯葬產業的結構變異其影響因子來自三個方面：其一為產業所處的外在政策環境；其二為產業內各自企業的經營思維及能力；其三為產業間彼此的競合關係。從此三個構面觀察分析兩岸的殯葬產業結構其差異處可以歸納為下列幾點：

（一）企業經營定位不同

台灣為民營營利事業為主，大陸為公營公益事業為主。造成此差異點原因，在於兩岸殯葬管理條例中對殯葬產業的社會定位

及產業性質在定義上有所不同，台灣雖將殯葬產業定位為特許行業，但對其本質意涵仍視為商業行為，允許自由競爭由消費者自行選擇。而大陸直至今日，仍將殯葬服務視為政府必須承擔的公共服務職能，因此公營殯葬設施之經營享有極大的特權，亦因如此導致喪失市場競爭力及服務的人性化調整能力。

（二）企業經營範疇不同

台灣殯葬產業的經營範疇，因生前契約於 2004 年起得以合法正式推動，以及不動產證券化的觀念導入，遂引導產業顧客範疇擴及非立即使用的客戶區隔；同時台灣殯葬產業亦不斷嘗試做垂直及水平的整合，讓產業間行業別的協調互動更快速更有效率，甚至近年來已開始進行異業結盟或整合，將殯葬產業推向生命產業甚至是生活產業的方向發展，如此將原殯葬產業的經營範疇有了無限寬闊的發展前景。相反的，大陸的殯葬產業仍停留於死亡安葬的消極被動服務，仍糾葛於公營私營的界線何在？殯葬產業的經營範疇仍停留於針對遺體「物化」、「安衛化」的處理程序，對於家屬親友的心理建設服務或社會家庭的孝道文化的建設仍非大陸殯葬產業的經營範疇。

（三）企業經營體質不同

台灣的企業經營者因為海島經濟的挑戰，對於企業的經營體質如何現代化、科學化、企業化等都已身經百戰。而在對岸的企業經營者因在計畫經濟的大鍋飯環境中成長，對於因應市場經濟的競爭經常顯得手足無措，雖然胡錦濤總書記在十七大報告中論述「完善基本經濟制度，建全現代市場體系」，但可以真正「以人為本」提供人性化的服務，這些仍只是期待的趨勢而已。

（四）產業體制結構不同

　　台灣產業體制中的衛星工廠網絡關係，一直都是台灣產業的
國際競爭力的基礎，此一產業體制的網絡關係在殯葬產業體制結
構中顯得更明顯。而對岸大陸的殯葬體制結構中只見單打獨鬥、
各自為政，既無整合協調亦無合作分工。

伍、兩岸殯葬產業結構中資本與技術角色扮演

一、殯葬產業結構中「資本」的角色扮演

　　殯葬產業因具有「長期性」、「他辦性」、「艱巨性」等產業屬
性，因此在殯葬產業的設立初期即必需將服務所需的設施、人
力、機具及機能等都一一齊備，此必須有足夠的資本來支應初期
的設立費用及開始營運後的周轉資金。若資本不夠充足就冒然投
入，一般而言只有兩種後果：其一、採取市場炒作方案預收客戶
資金以因應所需。其二、成案後尋求資金注入或將全案轉賣易
主。但以上這兩種方案用來解決資金不足的問題，在兩岸的殯葬
產業中其結果都一樣，就是成為一個待收拾的爛攤子。近十五年
來兩岸的殯葬產業中都企圖藉由「預售」等市場行銷手法來解決
資金不足的問題，無奈大部份經營業者常將「現金流量」視為「損
益盈餘」，忘記或故意忽略預收的資金本質上是屬於「負債」而
非「資產」，其結果不是無以為繼就是捲款潛逃，如此一來，引

發政府當局不得不藉由嚴厲立法來重重管制以預防風險，因此導致殯葬產業的經營環境其自由度與創造力愈來愈差。

　　基本上殯葬產業係屬於資本密集的產業，雖然獲利率高但相對的回收期也長。因此殯葬產業的設立若自有資金不足，想一邊設立一邊集資來因應，如此在殯葬產業的設立誕生期非常容易發生難產。總之，設立「資本」及營運計算之淨現金流量，是殯葬產業的血液和骨骼，有了足夠的資本才有辦法支撐殯葬產業的正常設立。

二、殯葬產業結構中「技術」的角色扮演

　　殯葬產業結構中的「技術」角色，具有兩個構面的功能發展，其一為產業中有形的載具技術，例如骨灰盒、罐的開發，火化機的設計生產，或防腐殺菌藥劑的研發等，這些「物件」、「機具」的開發設計、生產使用等技術是使殯葬產業有形可見的基本條件。其二為產業中無形的管控技術，尤其因應服務業的「變動性」及「易逝性」特徵，如何設計建立營運組織，如何進行人員培訓以提升服務水平檔次，如何預測未來服務規模量以建立最適服務成本體制等，這些「作業程序」、「管理能力」的知識建立、傳播使用等技術是使殯葬產業得以生存發展的靈魂。

　　前述兩個構面的技術角色，在兩岸的殯葬產業中各有所長，大陸的殯葬產業因其基本本質偏向「物件化」的發展，因此其相關技術的能量亦放在有形的載具技術上，也就是「硬件」的發展，目前台灣殯葬產業中所使用的物料、機具等幾乎超過一半均來自對岸。而台灣因為市場競爭的差異化及營運獲利的成本化等挑

戰，將技術的發展均放在無形的管控技術上，也就是「軟件」的發展。也因為兩岸的殯葬產業在技術的發展上各有所長，因此留下了互補的契機。

陸、台灣殯葬業投資大陸之動力及考量因素

自從 1986 年台灣解嚴並於隔年開放大陸探親開始，20 年間台灣的殯葬產業對大陸市場從早期的參訪觀摩交流，到物料的採購甚至勞力的引進，發展到進軍大陸殯葬產業市場。以下將從台灣的內部壓力及大陸的外部吸引力等兩個構面，來探討台灣殯葬產業投資大陸的動力及考量因素。

一、內部推力

近五十年來臺灣社會的發展對於殯葬儀式產生很大的壓力，促成其必須持續的改變，殯葬服務業也面臨一個變動的經營環境，在都市化提高的情況下，一方面專業殯葬服務的需求日漸提高，另一方面也需要業者結合更多的資源，以提供喪家較完整的殯葬儀式服務。

目前競爭激烈的市場一方面是預售的墓地以及靈骨塔位，另一方面是「預售葬禮」（prearranged funeral）。預售葬禮逐漸風行後，小規模葬儀社的生存空間將會更被擠壓，因為提供此種服務所需的管銷成本非其所能負擔，消費者對個人或家族經營的小葬

儀社未來的履約能力也不會有信心，具有「吸金」能力的大型殯葬公司將會愈見興盛（余光弘，2004：6）。

　　台灣的殯葬產業市場，現今需求規模來自每年 14 萬的死亡人口數，雖然隨著台灣的人口老年化，此一死亡數將逐年升高但亦有其極限[8]，預估至 2051 年達到每年 34.9 萬的死亡人口數之後即將逐年降低，亦即台灣的殯葬產業市場其成長是有極限的，而且到達極限後還將逐年降低市場規模，這正是所有台灣殯葬產業的業者們經營的「遠慮」；而另一方面「近憂」則已迫在眉睫，以「殯葬禮儀服務業」而言，每年 14 萬的死亡人口，假設全部交給專業的商業機構的禮儀師及禮儀技術士來處理，則市場最大需求量為 8,750 人[9]，以現有參加全國各縣市葬儀商業同業公會之名冊統計，家數將近 4,000 家[10]每家二位服務人力，則現有服務人數已達 8,000 人幾乎已達飽和，但各大型連鎖經營業者、學校機構、勞委會職訓中心等，每年新進人員的培訓養成至少超過百人以上，對已飽和的人力市場更增加其競爭的慘烈程度。而「殯葬設施經營業」中以最主要的骨灰骸存放設施之經營為例，以全

---

[8]　依據行政院經濟建設委員會人力規劃處於 95.06.19 所發佈之「中華民國臺灣 95 年至 140 年人口推計」的研究報告，台灣的人口以中推計推估將在 2019 年開始進入負成長，亦即人口總數到達 23076 千人之極限後開始下滑，雖然人口死亡數仍會持續成長至 2051 年之 349 千人到達千分之 18.6 的死亡率，但隨著負成長的總人口數推移，死亡人數亦將開始下降。

[9]　以每件喪禮需要一位禮儀師及二位禮儀計技術士為一組的全程服務為基礎，而每件喪禮服務時間需要一週，則每組人員每月可服務四件每年可服務 48 件，則每年 14 萬死亡人口所需服務人數為：140,000 件／48 件*3 人＝8,750 人。

[10]　摘錄自陳金德，2005 年東吳大學會計學系碩士論文《整合中的台灣殯葬產業經營模式研究》，台灣的葬儀公司約 4,000 家，其中僅四分之一向經濟部登記，其餘分別以「社別」、「行號」、「個人公司」等方式經營。

台年死亡人數及火化率計算每年設施需求數量約為 12 萬位，核算現有設施量幾乎足夠未來 50 年之需求。

綜上說明，台灣的殯葬產業幾乎已達供需的飽和狀態，因此產業間的競爭其已是短兵相接慘烈無比，一方面對於新進入的經營業者而言，不易找到生存空間，另一方面對於原有經營業者，亦產生因競爭而帶來的利潤空間壓縮。因此台灣的殯葬產業經營者除少數居市場領導地位的競爭贏家外，其餘中小企業業者絕大多數必須認真思考是否結束營業，或是另尋新市場重新開始，基於此一內部壓力，大陸市場自然成為台灣殯葬產業界前仆後繼之所在。

二、外部拉力

大陸每年 800 萬的死亡人口加上消費能力的提升，創造了每年超過新台幣 5,600 億的市場規模[11]，如此的市場規模量體相較於台灣每年 500 億的市場規模，怎能不讓在台灣苦於市場飽和競爭之苦的經營業者們垂涎三尺。尤其目前大陸殯葬產業的消費服務幾乎都由公營事業在供給，既無法因應消費需求，主動提供「以人為本」的個性化、人性化服務，更因並未與國際接軌相關的服務內容，質與量均未到達水平。而且從業人員的知識水平仍未提升，這對於屬於「知識經濟」[12]型的殯葬產業而言，面臨市場化、

---

[11] 依據研究小組的實地田野調查，大陸的殯葬消費額度以沿海一帶及省會大都市而言，一般葬禮部份從接體至火化整個殯葬儀式其花費為￥6,000～12,000 之間，而骨灰存放大陸目前主流仍為火化土葬型式其費用為￥8,000～30,000 之間，至於納骨塔、牆等費用則較低約為￥1,500～3,500 間，以整各喪葬費用以火化土葬計算至少在￥15,000 以上（約折合台幣 70,000）。

[12] 高希均將「知識經濟」定義為：泛指以「知識」為基礎的「新經濟」運作模式。「知識」需要獲取、累積、擴散、激盪、應用、修正。「新經濟」

企業化、人性化、社會化等發展趨勢，實屬發展過程的嚴重缺陷；相反的，對於已經高度企業化歷經市場競爭洗禮的台灣殯葬產業而言，可以以其充滿創意的人性化差異服務的能力以及服務機能的網絡建立能力，在大陸的殯葬產業市場中占有一席之地。

三、投資的考量因素

台商到大陸投資殯葬事業的考量原因，多數受訪者係基於市場規模大小之原因。業者 B7 即表示：

> 「台灣市場成長有限，大陸每年死亡 800 多萬市場廣大。」

業者 B6 則說的更明白：

> 「就像他們（大陸）總理之前說的，一個人跟他拿一塊錢，是合法的，他們的人口是十三億，是規模經濟。」

除此之外，B6 進一部表示：

> 「我們看好服務業。因為在臺灣的生前契約履約都是找我們，所以我們對服務這塊相當有經驗，滿有自信的。我們的水準都在大陸業者之上。來這邊綽綽有餘，有很大的舞

是指跨越傳統的思維及運作，以創新、科技、資訊、全球化、競爭力……為其成長的動力，而這些因素的運作必須依賴知識的累積、應用及轉化。（高希均，2000：5-6）

臺空間。在這邊經濟起飛之下，有很多是一夜致富的商人，他們有消費能力。」

　　其次，特區的賦稅優惠政策，也是吸引台商前往投資的原因，例如重慶市之前本來就是直轄市，2006 年又跟成都同時宣佈為新特區，公司相關設立與經營在這都會有優惠減免，尤其對台商的一些優惠。至於推力方面，業者 B6 認為在臺灣來說都已經被集團化，幫派與黑道把持很嚴重，像一些私人醫院，圍標綁標太嚴重。我們縱然有心根留台灣服務，但我們沒有舞台去揮灑我們的服務專長。

　　受訪者 B3 曾經於北海、龍巖、金寶山等公司服務，如今已完全結束台灣事業，全心投入大陸事業。其赴大陸投資之理由為：1.再創造龍巖輝煌已沒有。2.對大陸不太瞭解。3.將經驗移植未開發地方有機會。B4 女士赴大陸投資之理由較為特別，她原來在台灣從事報關業，由於該行業已走下坡，受到親戚引介加上要找事業給小孩做，於是 1998 年來大陸投資殯儀館業。惟由於 B4 女士對殯葬設施與殯葬服務不夠專業，因此經營相當困難。

柒、台灣殯葬業投資大陸殯葬產業之情形

　　根據本研究於 2007 年 8 月至 9 月間的調查，謹就其中 4 家殯葬業 L、G、S 及 B 等在大陸的投資情形整理如表 73，並分析說明如後。前述 4 家殯葬業投資標的及投入資金或技術情形，L

投資經營標的主要為墓園、納骨塔及寺廟附設納骨塔等設施，其資本來源則以經營技術入股。G 投資經營之標的同 L，主要為墓園、納骨塔或塔陵等設施，經營技術及資金均有投入。S 投資經營之標的為殯儀服務、安樂堂興建及經營等，至於資金已先投入並領得許可證，但尚未開始建設或營運。B 投資標的為殯儀服務、遺體處理及殯儀館經營，投資內涵則包括經營技術及資金。

至於投資與經營方式等問題，綜合所有受訪者意見，蓋台商在大陸經營方式以公辦民營方式蠻普遍，但亦有獨資的方式。對於是否正式向台灣的經濟部投資審議委員會申請到大陸投資，雖有受訪者持肯定的看法（B1），但據本文實際瞭解，有合法申請者少之又少。台商在大陸經營殯葬業遇到的問題，包括大陸人拉攏同鄉、排除台商；殯儀館外面殯葬用品的販售，對經營有不利影響（未嚴格執法）（B3、S1、B4、B1、B2）。有受訪者指出殯儀館只要有三個人以「模組化（Model）管控系統」來管理已足，其他為大陸人（以華制華）等問題（B2）。就取得經營權而言，政府經營商業只要不引起社會波動，確保社會地位，官員可以得到什麼好處，多一事不如少一事，此與各地方政府之裁量權有關（S1）。至於難取得經營權之原因與大陸人治色彩濃厚有關，就有台商表示批准的理由比較不易找到，不批的理由比較簡單，另也有人認為大陸的法律政策不利台商發展，地方官員打包票，但中央罩不住，或者民政部門壟斷利益等現象，都與人治脫不了關係（B3、S1、B2）。

就法人代表方面，各地寬鬆標準不一。例如廣東寬鬆，上海嚴格則以大陸人為法人代表。通常為避免大陸很多嚴格的審查程序或困擾，法人代表往往用大陸人，但亦有以台灣人為法人代表者，例如廣東惠陽唐京、湖南湘陰縣湘陰殯儀館。問及台灣政府

能為台商做什麼時，有受訪者認為政府不要干涉台商就好，不需要政府幫什麼（B7）。但亦有受訪者表達希望台灣政府應協助或提供管道，例如開放台灣的銀行到大陸設分行，以方便台商資金取得（B1）。對受訪者問及業者有無研發創新，答「有」的佔多數（B7、B1、B3）。台商勝於陸商之處在於借重台灣的經營與技術（B3）。台商遇到問題之解決方式，通常是以賄賂方式收場。故台商為了經營殯葬，必須搞好關係打點相關人士，當官員既然願意冒險批准，其涉及到的利益很可觀（B3、S1、B4、B1、B2、B5）。

表 73　台灣殯葬業赴大陸投資殯葬業之內容與投資情形

殯葬業者	背景	投資內容	投資情形
L	殯葬服務公司前副總經理，以個人名義前往投資桂林、上海。	墓園、塔陵、寺廟附設納骨塔	以經營技術入股。
G	殯葬集團所屬公司早期的高級幹部或負責人另組公司前往廣東惠陽區投資，多位幹部於獲得經驗後，紛往大陸其他城市另起爐灶，投資塔陵。	墓園、塔陵	經營技術及資金均有投入。
S	禮儀公司董事，資金來自公司，但以個人名義前往重慶及成都設立殯儀服務公司，並於重慶申請取得興建經營安樂堂之許可。	殯儀服務、安樂堂興建及經營	資金先投入已領得許可證，但尚未開始建設或營運。
B	生命科技公司現任董事長，資金來自公司，但以個人名義前往長沙、重慶、鄭州、北京、天津及汕頭等地投資經營殯儀館、火化場或殯儀服務。	殯儀館、火化場、殯儀服務	經營技術及資金均有投入。

資料來源：本研究彙製。
註：殯葬業者 L、G、S、B 分別代表各該公司英文名稱第一個字母。

捌、個案實証分析──以唐京公司為例

一、案情

1994 年 7 月 11 日，台灣商人劉某出資 5000 萬港元，由沙田鎮企業發展公司提供場地，成立惠陽唐京靈塔園開發有限公司，經營靈骨塔園景觀區及提供相應配套服務。後唐京公司在沙田鎮共建成靈骨塔格位 6 萬多個。

1996 年 6 月以後，經國家工商行政管理總局批准，唐京公司分別在廣州、深圳、汕頭等市設立分支機構，並領取了營業執照。在銷售過程中，唐京公司極力宣傳購買靈骨塔格位是一種新的投資方式，可以自由買賣、轉讓和贈與，並可以從中賺取高額利潤。

1997 年 5 月 29 日，民政部發函（97 號文）指出：唐京公司在異地設立辦事處或銷售點，必須經異地民政部門批准。以前從未經批准而設立的辦事處或銷售點，需補辦手續後才能繼續經營；唐京靈塔園的骨灰格位不能當作一般商品進行交易，購買者本人不得私自轉讓、買賣和贈與。要立即通知唐京靈塔園停止預售骨灰格位的活動。今後，唐京靈塔園應根據當事人提供的使用者的火化證明或骨灰，辦理購買和使用手續。此禁令震動了眾多「投資者」，在與唐京公司交涉未果後，他們紛紛起訴到惠陽市人民法院。

二、法院審判結果

1999 年底，118 宗系列案審理完畢，惠陽市法院一審判決認定唐京公司與買受人之間買賣靈骨塔格位的行為無效，唐京公司

應返還靈骨塔格位款。唐京公司不服，並於 2000 年初上訴至惠州中院，二審共立案 111 宗。

惠州中院對 111 宗唐京上訴案作出終審判決：以民政部 97 號文為界，在此之前無「三證」（即火化證明、死亡證明、購買者本人簽署的身後火化同意書）買賣靈骨塔格位行為，若為自用一律有效，之後無「三證」的買賣行為一律無效。

判決認為：唐京公司具有對外銷售靈骨塔格位的資格，但骨灰格位是國家特別管理的特殊設施。唐京公司在銷售過程中採取不正當的宣傳方式誤導客戶，導致在社會上形成炒買炒賣唐京靈骨塔格位的現象應予制止（李健、陳茂福，2008：243-244）。

三、本研究分析

茲就問題發生的背後原因癥結，提出分析如下：

1. 殯葬產業在設立初期即必需將服務所需的設施、人力、機具及機能等都一一齊備，因此必須有足夠的資本來支應初期的設立費用及開始營運後的周轉資金。近十五年來兩岸的殯葬產業中都企圖藉由「預售」等市場行銷手法來解決資金不足的問題，此一方法只要穩健實施亦不失為良策，無奈大部分經營業者常將「現金流量」視為「損益盈餘」，忽略預收的資金本質上是屬於「負債」而非「資產」，其結果不是無以為繼，就是捲款潛逃，如此一來原設立的殯葬事業，不但無法服務大眾，反而成為社會負擔，進而引發政府當局藉由嚴厲立法來重重管制以預防

風險，因此亦導致殯葬產業的經營環境其自由度與創造力愈來愈差。

2. 台灣過去業者因經營殯葬設施預售塔位，而發生買賣糾紛，除非觸犯詐欺等罪嫌，否則依民事責任追究，但大陸司法單位對於類似案件卻經常適用刑法之規定於予以處罰行為人。就以四川省都江堰市人民法院判決台商林先生等人涉嫌非法經營立福寶塔陵園為例[13]，該院認為林先生等人違反民政部於 1997 年 12 月 2 日發出民電（97）231 號《關於禁止利用骨灰存放設施進行不當營銷活動的通知》[14]等規定，構成大陸刑法 225 條規定的非法經營行為，因而處以刑期不等的有期徒刑及罰金。平情而論，台商到大陸投資，應謹守大陸政府的法令規定，一方面謀求事業發展，另一方面防免引發消費糾紛及傷害兩岸人民感情，但大陸既然走向改革開放與市場經濟，且成為國際化、自由化與全球化的一份子，認事用法應儘早符合法治國家之標準，遵守罪刑法定原則，攸關人民權利義務事項，應以法律定之，而不宜採籠統的行政通知規定，否則易因要件不明確而導致台商無所適從。

---

[13] 參見四川省都江堰市人民法院（2007）都江刑初字第 70 號刑事判決書。
[14] 針對靈塔位預售、傳銷、炒買炒賣活動，大陸民政部於 1997 年 12 月 2 日發出民電（97）231 號《關於禁止利用骨灰存放設施進行不當營銷活動的通知》，明確指出，骨灰存放設施不是一般的商品，要根據當事人提供的死亡者的証明，辦理購買和使用手續，公墓（靈塔園）不得預售、傳銷和炒買炒賣；購買者不得私自轉讓、買賣。公墓（靈塔園）原則上不在異地設立辦事處或銷售點，卻有必要的，必須經異地省級民政部門的批准，並接受當地民政部門的管理。

3. 唐京公司極力宣傳購買靈骨塔格位是一種投資方式，可以自由買賣、轉讓和贈與，並可以從中賺取高額利潤，此種行銷方式，可謂是台灣寶塔市場的經營手段翻版，發生糾紛問題癥結來自於交易雙方資訊之不對稱（asymmetric information）。由代理理論（agent theory）[15]觀點而言，唐京公司銷售人員（代理人）對於靈骨塔格位之品質、成本及市場流通性等，擁有較購買者（委託者）多之資訊，因此採取投機行為（opportunistic behaviour），為賺得更多經濟租（economic rent），而向受薪階級或退休民眾誇稱靈骨塔格位的限量、增值與保值，可以投資獲利，殊不知，在政府未採限量興建措施的情形下，靈骨塔格位有增無減，且由於殯葬產品的禁忌性與殯葬市場的封閉性，當購買者要轉讓時，根本不知需求者在何處，猶遑論投資獲利，無異緣木求魚，這種因為代理人違反誠信原則，導致委託者受損害之現象，即稱之為道德危機（moral hazard）。上述投機行為也可能導致寶塔市場發生逆向選擇（Adverse Selection）之情形，即多數人競逐價位較高的靈骨塔格位預售商品，僅少數人購買價位較低的靈骨塔格位現貨商品，市場上大部分塔位由投資或投機者而非使用人持有，衍生資源配置效率扭曲現象。

---

[15] 所謂「代理理論」即每當人們按他人要求行動（我們稱後者為委託人）且代理人比委託人更了解營運情況（信息不對稱）時，就會產生當事代理問題（principal-agent problem）。這時，代理人有可能按自己的利益行事並忽略委託人的利益（偷懶、機會主義行為）。這個問題在大企業和大政府中普遍存在，並呈現了一個重大的管理挑戰（Kasper, W. and Streit, M.E., 1998:67）。

玖、台商進入大陸殯葬市場的競爭性障礙

一、大陸殯葬市場的開放性與爭議

在大陸對於殯葬市場主要存在兩種極端的政策爭議，一種路線認為其市場進入要進行前置審批，使得大陸的殯葬問題出在競爭性不足。但也有一些人認為，競爭也未必能夠解決根本問題，而堅持殯葬的社會公益性[16]，他們指出 1990 年代後期民營資本的進入並沒有改變殯葬業的暴利局面。和大陸其他事業單位一樣，殯葬行業經歷了從全額撥款到差額撥款直到自收自支的過程。作為事業單位，它直接介入行業的經營和管理；而作為產業，它是公眾心目中的公益事業，擔負著大陸殯葬改革的重任。民營資本的進入只是從表面上打破了壟斷。其他說法包括殯葬業屬於冷門行業，從業人員少，收費自然較高；或是有些人的觀念還沒有轉變，這些年宣導厚養薄葬，但薄葬的風氣卻沒有真正興起。儘管有關監管部門每年都進行檢查和處罰，但由於有巨額利益驅使，有龐大的市場，墓地"豪華風"愈演愈烈，而消費者也只能任由暴利宰割。[17]

---

[16] 例如中國大陸民政部政策研究中心即指出殯葬業具有公益性和經營性的雙重性質，在市場經濟條件下，就以殯儀館而言，它是特殊的公共服務設施，是為廣大人民群眾提供喪事服務的一種重要組織形式，同時又是國家推行殯葬改革的重要載體，殯儀服務是一種特殊商品，為喪戶提供精神消費和物質消費。因此為了保證在殯葬市場開放之後，其服務以及價格在一個穩定而且合理的水準，就必須保持公立殯儀服務機構的市場佔有率。建立具有公益性的殯葬服務體系，為公民提供「老有所葬」的社會保障的服務是政府義不容辭的責任。（民政部政策研究中心，2008：7）

[17] 南方部分地區出現了跨行業辦殯葬的現象，醫院、公安局、老人院開設靈堂、擺花圈，提供防腐、化妝服務，有些醫院的太平間為了賺錢，強行搭賣殯葬用品，成為非法強賣的場所；有些大中城市出現了殯葬市場

二、台商進入大陸殯葬市場的障礙與風險

　　濟南大學學者趙寶愛在「淺析殯葬企業的集團化經營問題」的研究中指出，中國加入 WTO 後，大陸殯葬企業也要應對海外資本的挑戰。西方的一些殯葬企業憑藉著資本優勢和成熟的管理技術等，將服務網路伸展到國際社會，形成了跨國集團。儘管大陸政府已做出了國有資本逐步退出競爭行業的總體安排，但在殯葬行業國有服務機構仍佔據著市場，且形成了較為完整的服務體系，完全退出市場並未實現。

　　大陸市場在經濟發展後，愈來愈強調經濟以外的文化與精神滿足，使得殯儀服務市場具有相當潛力，因此許多台灣過去的殯葬銷售與服務手法便引入大陸，並結合在地文化與習俗進行產品改善。但台商忽略了兩岸對於殯葬服務具有本質上的差異，大陸更強調殯葬的公益性質，因此政府介入干預，甚至介入經營的球員兼裁判情形相當嚴重，形成市場競爭的不公平現象，且因地方政府領導的態度差異也很大，造成市場進入的障礙與政治風險不一。

　　在融資方面，一如許多到大陸投資的台商，受到台灣投資上限的限制，以及大陸金融機構對台商的信用記錄較少，使得台商投資面臨融資困難的問題。因此，類似預售的產品便引入大陸，但因為大陸相關制度尚未建立，使得消費糾紛不斷，造成大陸政府逐步採取嚴格限縮的管制，更惡化了台商的融資管道。合資的模式雖然容易幫助台商掌握大陸市場，但也提高了被接管或黑吃黑的營運風險。

　　大陸政府在社會主義的觀念下，將殯葬視為社會福利措施，因此在產品與服務採取嚴格的價格上限管制措施，由於大陸民眾

　　一條街，路上行人一經過就被拉扯糾纏兜售殯葬用品，人稱鬼街，行人避之不及，寧可繞道而行。

殯葬消費能力較低，因此價格上限較低，使得台商要透過產品獲利的機會大減，因此，台商多半想避開政府定價的經營鏈，不然就得維持與殯儀館的關係分享隱藏的利益。換言之，想以企業集團方式進入大陸殯葬市場，除了面對大陸公營集團的市場佔有優勢外，還要面對價格高度管制、合資營運風險、政府領導政策風險等，使得這個對台商看似潛力無窮的市場，卻潛藏許多尋租成本而可能導致投資的血本無歸。在筆者調查中，台灣大型的殯儀公司反而鮮少以公司名義投入大陸市場，或擔任企業負責人，而以過去從事殯葬服務的個人進入大陸殯葬管理階層者較多，這或可解釋台商理性的面對大陸殯葬市場高度風險的彈性作法吧。

拾、結論與建議

一、結論

（一）兩岸殯葬產業結構特性在經營定位、經營範疇、經營體質以及產業體制均有不同

企業經營定位上，台灣以民營營利事業為主，大陸以公營公益事業為主。在企業經營範疇方面，台灣殯葬產業的經營範疇，因生前契約於 2004 年起得以合法正式推動，以及不動產證券化的觀念導入，引導產業顧客範疇擴及非立即使用的客戶區隔；使得經營範疇的發展前景比較寬廣。相反的，大陸的殯葬產業仍停留於死亡安葬的消極被動服務，仍糾葛於尋找公營私營的界線何

在？殯葬服務尚未顧及家屬親友的心理建設或孝道文化的建設，因此經營範疇比較狹窄。

企業經營體質方面，台灣的企業經營者在因應市場化、國際化、人性化等經營挑戰上都可輕鬆過關。而對岸的企業經營者因在計畫經濟的大鍋飯環境中成長，對於因應市場經濟的競爭經常顯得手足無措，真正見到具市場性的企業化殯葬產業體質在大陸尚未出現。最後在產業體制結構上，台灣產業體制中的衛星工廠網絡關係，是台灣殯葬產業的競爭力的基礎，而對岸大陸的殯葬體制結構中只見單打獨鬥、各自為政，既無整合協調亦無合作分工。

（二）殯葬產業的資本是支撐其正常設立的前提條件，至於技術的角色大陸偏向有形載具技術的發展，台灣則偏向無形管控技術發展

殯葬產業因具有「長期性」、「他辦性」、「艱巨性」等產業屬性，在設立初期即必需齊備服務所需的設施、人力、機具及機能等，因此必須有足夠的資本來支應初期的設立費用及開始營運後的周轉資金。至於殯葬產業結構中的「技術」角色，包括有形的載具技術及無形管控技術，在兩岸的殯葬產業中各有所長。大陸的殯葬產業因其基本本質偏向「物件化」的發展，因此其相關技術的能量亦放在有形的載具技術上，也就是「硬件」的發展，而台灣因為市場競爭的差異化及營運獲利的成本化等挑戰，將技術的發展均放在無形的管控技術上，也就是「軟件」的發展。

（三）台商赴大陸投資殯葬產業標的以墓園及納骨塔為主，難取得經營權之原因與人治色彩濃厚有關

台商投資大陸殯葬產業，主要投資標的以墓園、納骨塔為主，其次才為殯儀服務及殯儀館經營。大部分資金皆有投入及有

少數以技術入股。至於難取得經營權之原因，與民政部門壟斷利益等人治色彩濃厚有關。法人代表方面，各地寬鬆標準不一，通常為避免大陸很多嚴格的審查程序或困擾，法人代表往往用大陸人，但亦有以台灣人為法人代表者。

（四）台商投資大陸殯葬業遭遇的障礙主要為國有服務機構佔據市場、政府以公益之名介入干預以及融資的困難

儘管大陸政府已做出了國有資本逐步退出競爭行業的總體安排，但在殯葬行業國有服務機構仍佔據著市場，且形成了較為完整的服務體系，完全退出市場並未實現。許多台灣過去的殯葬銷售與服務手法引入大陸，並結合在地文化與習俗進行產品改善。卻忽略了兩岸對於殯葬服務具有本質上的差異，大陸強調殯葬的公益性質，因此經常介入干預，例如在產品與服務採取嚴格的價格上限管制措施，造成台商進入市場的障礙與風險。在融資方面，一如許多到大陸投資的台商，受到台灣投資上限的限制，以及大陸金融機構對台商的信用記錄較少，使得台商投資面臨融資困難的問題。

誠如上述，在兩岸殯葬產業競合關係中，「文化」與「政治」因素亦扮演重要角色。這也可以說明為何西方大型業者迄今未能以跨國經營方式，大舉進入兩岸殯葬市場的道理。就以曾到大陸及台灣探路的美國殯儀服務集團 SCI（Service Corporation International）為例，該集團進軍他國多採收購策略，而收購策略固然有擴大經濟規模，節省經營成本；減少競爭對手，使服務價格維持穩定；評估財務健全，能賺錢的才收購，以降低風險等優點，但兩岸的環境（尤其大陸）不具備這種收購策略條件。因為兩岸多數殯葬服務業的財務不夠透明化，很難評估其信用；兩岸（尤其台灣）之宗教

信仰不同，禮儀複雜度太高，不易制式化、標準化，管理上經濟
損失較大。至於台灣殯葬業者對於赴大陸投資趨之若鶩，除經濟
因素考量之外，兩岸同文同種，不但政商關係好建立，且人才與
技術大都可以不經再教育或訓練，即可移往大陸發展。

二、建議

（一）台灣政府應主動協助台灣殯葬業之過剩能量移轉於大陸發展

　　台灣年死亡人口數，遠小於大陸之死亡人口數，故在研發創
新上，可能較不具經濟規模，政府如果未能積極開放台灣殯葬業
前往大陸投資，並在台灣內部積極鼓勵產品研發創新，待大陸在
台灣業者協助下有足夠之技術能力得以全面地自行研發創新，其
殯葬產品必然因較具有競爭力，而逐漸取代台灣產品，繼而，台
灣之殯葬文化將發生衝擊與變化，最後成為大陸殯葬文化之殖民
地。進而言之，台灣殯葬文化一旦受到衝擊改變，要想回復台灣
民眾原來的殯葬文化觀念就很困難。台灣若想保有殯葬文化之內
涵，同時掌握殯葬產品之技術優勢，政府勢必主動出擊，協助台
灣殯葬業之過剩能量移轉於大陸發展，唯其如此，不僅是殯葬業
能提供廣大大陸人民優質的服務，其創造之利益也能回流台灣，
更重要的是持續保有台灣本土之殯葬文化理念與價值。

（二）掌握兩岸殯葬市場需求差異，以作為業者提升產業競爭力之方向

　　從經濟角度看，殯葬需求是死者家屬為滿足其喪葬需要，在
一定時間和價格條件下，具有一定支付能力所購買的殯葬物品與

殯葬服務的數量。殯葬商品具有特殊性，表現在對殯葬商品的有效需求必須建立在客觀發生死亡事件的基礎上，只要有死亡，就一定要安葬（朱金龍、吳滿琳，2004：70）。換言之，殯葬基本需求量與殯葬價格無關，只與死亡人數有關，惟就品牌而言，消費者可以根據個人的所得或偏好而選擇使用價格較低的殯葬用品，而殯葬基本需求量是殯葬有效需求量的重要組成部分。但超出殯葬基本需求的殯葬物品與服務的消費帶有情感色彩或文化內涵的延伸，與價格的關係更加明顯，也就是這類殯葬潛在需求，可以通過激發、創造來實現殯葬的有效需求，同樣是技術與文化創新的附加價值。

（三）在殯葬業自我轉型與提升的過程中，兩岸政府有責任提供相應的配合措施與環境

石滋宜表示：「要在激烈的價格競爭中走出活路，最重要的是改變遊戲規則，開發新產品『創造』顧客需要。」產業欲提升競爭力必須轉型，而轉型之兩個關鍵途徑乃「產品競爭」（the competitiveness of product）及「通路革命」（channel's revolution）。因此，殯葬業不但要從家庭式經營過渡到企業化經營，而且要開發新產品，創造新需求。相對地，在殯葬業自我轉型與提升的過程中，兩岸政府有責任提供相應的配合措施與環境，例如建立鼓勵殯葬業從事研發與創新的賦稅制度與環境：創新需求管理及開發市場價值；鼓勵策略聯盟之分享機制；健全殯葬教育，調整人力供需；營造產業群集之環境等，以利紓解傳統殯葬產業發展遲緩之情形，並提升整體競爭力（楊國柱，2005：49）。此外，兩岸政府在殯葬管理制度安排上應掌握消費資訊公開原則，避免殯葬產品交易雙方因資訊不對稱而發生「逆向選擇」和「道德危機」

問題，導致殯葬資源配置效率的扭曲，進而妨礙殯葬產業的創新。關於此，台灣的殯葬法制已按消費資訊公開原則修正調整[18]，大陸則距此目標尚遠。

（四）台商投資大陸殯葬業，須兩岸政府實施更務實與更開放的管理策略，而台商應避免影響大陸地區之社會和諧

欲實現借助大陸市場以提升台灣殯葬產業競爭力，必須兩岸政府實施更務實與更開放的管理策略。台灣政府宜放寬台商對大陸投資金額規定或比例上限，大陸政府則應修正殯葬管理條例，研擬更擴大民間參與的改革方向，除了公民、法人、組織只要符合行政許可條件，都可以從事殯儀服務之外，將來對外資的審批制度，應該有較合理一致的標準與做法。此外，台商在對大陸地區進行殯葬投資之同時，應避免將台灣地區過去光怪陸離之成分移植大陸地區，大陸地區殯葬儀式應該跳過台灣過去的繁文縟節、光怪陸離而走向簡約奢華的殯葬文化，台商更需注意避免因集資與經營觸犯法律，從而影響大陸地區之社會安定與和諧，傷害兩岸人民感情，此方為可持續發展之道。

---

[18] 台灣的殯葬管理條例第 20 條第 1 項規定「設置、擴充、增建或改建殯葬設施完竣，應備具相關文件，經直轄市、縣（市）主管機關檢查符合規定，並將殯葬設施名稱、地點、所屬區域及設置者之名稱或姓名公告後，始得啟用、販售墓基或骨灰（骸）存放單位。」同條例第 48 條規定「殯葬服務業應將相關證照、商品或服務項目、價金或收費基準展示於營業處所明顯處，並備置收費基準表。」上述殯葬設施之公告及服務業證照、商品、價金或收費標準之展示，皆隱含消費資訊公開之精神。

CHAPTER 11

由 SCI 經驗看台灣殯葬業
如何走可持續發展之道路

台灣多數產業因遭逢全球經濟不景氣及投資環境看壞之影響，而陷入蕭條或紛紛外移大陸之際，殯葬產業也面臨嚴重的生存與發展考驗。正當 21 世紀初葉，殯葬市場即將進入戰國時代前夕，了解先進國家殯葬業之發展，並掌握台灣殯葬業未來發展趨勢，進而謀求因應策略，已成為殯葬業者必須面對的首要課題。美國國際殯葬服務集團 SCI 從發跡到成為全球最大的殯葬業者，到面臨財務壓力後之企業轉型經歷，為時將近八十年，其發展歷程與發展策略，值得台灣殯葬產業借鏡。

壹、前言

　　近幾年台灣多數產業因遭逢全球經濟不景氣及投資環境看
壞之影響，而陷入蕭條或紛紛外移大陸之際，殯葬產業也面臨嚴
重的生存與發展考驗。早在 1994 年，跨國性殯葬業即已悄然派
員來台試探市場，加上台灣加入世界自由貿易組織，跨國性殯葬
業將更衝擊台灣之殯葬業，尤其自 1998 年開始，台灣學校機構、
社團、地方及中央政府等推動一連串的殯葬教育與殯葬改革，
2002 年 6 月 14 日立法院三讀審議通過殯葬管理條例，並由總統
以 91 年 7 月 17 日華總一義字第 09100139480 號令公布。

　　社會輿論與政府政策對於殯葬業之企業化、專業化與優質化要
求與期待漸高，不少傳統業者已體認此一現實，而開始致力於經營
體質之改造。顯然，過去憑藉殯葬服務市場之資訊封閉而賺取暴利
之情形，將難以再現，如有巧立名目、藉機索價之作法，亦將不見
容於社會。因此，正當 21 世紀初葉，殯葬市場即將進入戰國時代
前夕，了解先進國家殯葬業之發展，並掌握台灣殯葬業未來發展趨
勢，進而謀求因應策略，已成為殯葬業者必須面對的首要課題。

　　曾派員到台灣視察殯葬市場的美國國際殯葬服務集團（Service
Corporation International；簡稱 SCI）是目前全世界規模最大的殯
葬服務公司。該公司成立於 1962 年，歷經幾十年的努力，SCI
世界性的擴展如雨後春筍，由成長到茁壯，近幾年則面臨世界性
經濟不景氣及市場競爭等影響，而使得利潤空間大幅壓縮，乃不
得不調整其經營體質與經營策略。到底 SCI 所處的美國殯葬市場
環境如何？其發展歷史與經營策略演化過程為何？有無可供台
灣殯葬業持續發展借鏡學習之處？爰引發本文研究之動機。

貳、美國殯葬市場發展概況與趨勢分析

一、產品與服務類別

目前在北美殯葬市場的參與者中，SCI 是規模最大者，大約是第二大業者 Alderwoods 的三倍大，Stewart 排名第三。每一家殯葬服務業者有兩項主要的產品線：葬儀服務（funeral homes）與墓園（cemeteries）。葬儀服務方面，業者提供專業的殯儀與火葬服務、遺體的入殮準備、死亡登記與運送。此外，業者也銷售棺木、葬服、骨灰罈與其他週邊產品及服務。墓園服務方面，埋葬權（interment rights）的銷售、埋葬服務、墓地管理、火葬與墓園植栽的營運。

二、產業管制

由於殯葬服務對美國人來說，是一生中僅次於住宅與汽車，第三高的消費支出（少則$4,000，多則$50,000），尤其是在親友去世後，通常只有極短的時間去購買殯葬服務，因此經常無力進行比價與議價。再者，一般人並不習慣於討論殯葬方面的事情，因此平日相關資訊的普及程度就較其他產品市場來得差，所以政府就有必須予以適當干預。有鑑於此，與美國殯葬業者最直接相關的政府機構「聯邦貿易委員會」（Federal Trade Commission, FTC）便對於殯葬業者制定許多管理規定，事實上，美國各州都訂有自己的相關殯葬管理辦法。

1975 年，由於出現許多消費者團體控訴大型殯葬業者超收費用的訴訟案，FTC 要求各殯葬業者必須提供消費者完整的收費明細表，以供消費者進行價格比較。1982 年 FTC 進一步建立了殯葬管理辦法（Funeral Rule），其中對於殯葬業者有了許多業務上的規範。此外，FTC 對於殯葬業者間之併購行為，亦相當重視，以維持市場公平競爭與消費者自由選擇的空間。對此，FTC 要求殯葬業者必須揭露擁有者的名稱，不可實為連鎖業者但假冒獨立業者；1996 年起，FTC 嚴禁殯葬連鎖業者以搭售方式向消費者差別取價，而應尊重消費者可以在購買葬儀社服務的同時，自行向外購買棺木的選擇，也不可以因此而收取服務費用，並應將 FTC 的殯葬管理辦法明示在契約內容上讓消費者知道。對於追悼紀念物品的購置需另立契約（並以彩色紙張識別），不可內含在基本的購買契約上，以避免因搭售而讓消費者必須被迫支付高額的費用。

在州政府方面，則訂立了執照與監督要求、法規，以限制反競爭行為、預售規章、信託與保險契約的投資與管理規則，亦增訂環境法規以管制廢棄物處理等。這些管制加諸了許多履約成本、限制了土地開發，對於未能履約者加以罰鍰或取消執照等。

三、市場規模

根據美國普查局的估計，每年死亡人數到 2030 年前將提高 61%。因此許多殯葬業者積極地併購相關業者以擴充其市場佔有率，就是為了準備迎接這個市場需求的來臨。目前全美前三大的殯葬公司分別是 SCI Group、Alderwoods Group（前身為 Loewen）

與 Stewart Enterprises。這三家企業在美加的殯葬市場佔有率達25%。例如光是紐約市的600多家葬儀社中，就有80家屬於SCI或Loewen所有。

不過近幾年都遭遇了極大的挑戰，除了Loewen因為申請破產保護，並經過企業重整後改為Alderwoods Group外，另兩家企業都面臨嚴重的財務赤字問題，甚至在佛羅里達州必須以發行擔保債券來替代負債支出，至於其他州政府則不允許它們這樣做。因此，目前這三家公司都更積極地拓展預售市場的銷售來解決其財務問題。

在搭配保險或信託方式預售殯葬服務的契約市場方面，根據2001年五月的市場估計，美國大約有9百到1千1百萬人已經購買了價值200億美元的預售契約。這項業務仍持續成長中，但是單位利潤已經不如從前，主要是消費者多選擇低價的契約，例如火葬。而每一口契約，銷售業者約可拿到15%的費用，亦壓縮了殯葬業者的利潤空間。此外，從1996年起，因為FTC禁止葬儀服務與棺木的搭售行為，因此市場就出現了許多新興的折扣棺木業者（批發業者），更加深了原本殯葬市場的競爭壓力。

四、營運資金

北美殯葬業者目前主要運用人壽保險與信託基金作為預售殯葬服務的主要融資工具，例如Alderwoods就以其保險子公司透過其人壽保險的銷售來籌集預售殯葬服務的資金。到2001年為止，SCI也擁有了法國與美國的人壽保險子公司。在這些安排下，保險業者將從客戶處所獲得的現金投入信託專戶、投資或者

受益憑證，而殯葬業者也同時在銷售保險產品時獲取一筆服務代理費用，約為契約價值的 14%。業者便可利用契約尾款、信託基金的累積收益，或保險單的增值價值，共同來支付未來的服務與商品成本。

　　不過根據州政府的規定，殯葬服務資金的 70%至 90%，墓園銷售資金的 30%至 50%需放置在信託帳戶裡，而 10%的墓園資金更要作為墓園維護之用。不過信託基金資產可以投資在現金、固定收益證券與權益證券上。業者的正常營運主要依靠信託利潤的成長與現金流量需求的收付配合，必要時，得透過契約的修訂，例如頭期款、收付期間等之調整，來改善業者的現金流量狀況。

五、未來趨勢

（一）個人與量身訂做化

　　目前美國殯葬業者以強調個人化消費產品吸引顧客，包括特殊的棺木蓋、墓碑的特殊設計、服飾、音樂、遺產規劃、法律諮詢服務等。

（二）低價競爭化

　　每年美國死亡人數約 2 百萬人，其中約有四分之一選擇火葬方式，此數字目前仍以每年 1%的速度成長。根據美國火葬協會（CAA）調查，1996 年至 2000 年間，火葬市場成長了 5%（從 21%到 26%），其進一步估計到 2010 年，火葬預期可達到 39%的市場比率，2025 年成長到 48%。

由於火葬費用較便宜，而大幅地壓縮了殯葬業者的主要獲利空間，因為不再需要昂貴的棺木與大面積的墓地空間，整個葬儀服務的流程與方式也簡化了。一般說來，包含棺木與喪葬服務的收費約 5,300 美元，葬儀社可得利潤約 750 美元，但是火葬包含甕的成本約 2,600 美元（若不含服務或甕，成本僅 1,000 美元），獲利空間為 600 美元。另一方面，價格的競爭亦使得殯葬服務的價格趨於平穩，例如 1990 年到 1997 年，殯葬服務收費價格波動達 5%-6%，但是 1998 年以後僅微幅波動 2%左右。

（三）電子購物化

許多葬儀社不再將保有棺木的庫存，而是請消費者自行上網（internet）去選購他們想要的棺木。

（四）B2B 化

許多殯葬業者開始與企業組織合作，以服務團體會員的方式銷售預售契約，以拓展殯葬市場，而不再僅是 B2C 模式。

（五）瘦身計畫（Divestiture）

過度的發展使得 SCI 等大型殯葬業者面臨巨額的財務壓力，因此從 2000 年起，業者都陸續採取瘦身計畫。例如 SCI 賣掉其在比利時、義大利、荷蘭、挪威等地的營運中心；Alderwoods，即 Loewen，更於 1998 年底破產前就開始銷售其資產，目前為止已經賣掉 237 處資產，也計劃賣掉手下的保險事業。第三大的 Stewart 也在世界各地賣掉其 196 個殯葬店與 10 處墓園。如此一來，殯葬業者不只賣掉了資產，同時也把預售的履約責任減除了，改善了他們的資產負債表。

參、SCI 的崛起

　　美國國際殯儀服務集團成立於 1962 年，創始人 Robert L. Waltrip 先生擔任董事會主席及執行總裁。1957 年在美國休士頓由經營三所傳統經營的家庭式葬儀社起家，不斷擴張營業，1962 年與一伙好友共同創立了 SCI 的前身——南部投資開發公司〈Southern Capital and Investment Company〉。歷經幾十年的努力，SCI 世界性的擴展如雨後春筍。

　　繼加拿大、澳大利亞、英國之後，又收購了法國、比利時、新加坡及馬來西亞最大的殯儀服務集團，使其至 2002 年止，全球四大洲 12 個國家經營的葬儀服務據點總共有 3,188 個、墓園 485 個，以及火葬場 178 個。SCI 銷售與喪葬有關的生前契約與即時服務（at need），範圍包括殯葬設施以及交通工具等。墓園除了銷售土葬以及各種相關產品，亦提供售後的維護以及管理。1969 年起 SCI 股票公開上市，1974 年進入紐約股市。1989 年股票每股 16 元。1993 年每股漲了一倍，現在更漲到百分之一百二十。1995 年開始進一步規劃開拓全球性的亞裔市場，同年營業額突破了十億美元大關。在1997 年時，在美國號稱每 9 家葬儀社就有一家是屬於 SCI 經營的。

　　最近幾年，SCI 開始將一些非核心企業納入其事業版圖，包括金融服務部門：一家資本融資公司（capital financing company）以及數家保險公司。當 SCI 決定藉銷售資產以改善其核心的殯葬業務，並減輕債務負擔時，SCI 幾乎將此一金融服務部門全部出售。一般預料未來 SCI 將持續出售其所有非核心事業。SCI 並持續出售其多數的國外以及北美洲大多數營業據點，包括英法等其最大的海外據點，估計北美洲 20% 之資產亦將面臨出售的命運。

肆、SCI 發展歷史與公司策略分析

　　依據競爭環境變動、策略形成與公司不動產管理意識為分界點，本文將 SCI 發展歷程與發展策略劃分成四個階段予以說明。第一階段為 SCI 的前身（即 1926 年成立）至 SCI 成立（1962 年）的保管時期；第二階段為 SCI 成立後，接著集資上市，並不斷於美國境內整合各地的殯葬館（funeral homes），至其業務擴展到美洲地區以外之前的國內快速成長時期（1993 年）；第三階段為 SCI 積極於中美洲、歐洲、澳洲與亞洲擴展殯葬業務時期（1993～1998 年）；第四階段為面對全球經濟不景氣後，SCI 重新調整其過去的積極擴張政策後至目前的整個階段（1999 年至目前為止）。

一、1962 年以前──保管階段

　　SCI 的前身是位於美國德州休士頓的一家葬儀社，Heights Funeral Homes。公司的經營者是目前 SCI 總裁的 Robert Waltrip 的父親，此時公司仍屬於歐美傳統家庭式的葬儀社形式。1950 年 Robert Waltrip 還是德州 Rice 大學主修企業管理的學生時，因父親意外病逝，便即刻繼承了其父親的葬儀社，而繼續採取小型的經營模式。此時有一種重要的結構轉變發生於美國境內，就是所謂的嬰兒潮（Baby Boom），這使得 Robert Waltrip 看到了美國未來老年與死亡人口將會大幅增加的趨勢，同時在當時 McDonald's 漢堡、假日旅館、Sears 百貨快速地在美國各個城市的積極擴展，因此，Robert Waltrip 於 1962 年便將德州的這一家

葬儀社迅速地擴充到三家，並成立了國際殯儀服務集團（Service Corporation International；簡稱 SCI）。

二、1962～1993 年──國內收購階段

　　SCI 於 1962 年成立後，Robert Waltrip 於美國德州開始大量收購地區的葬儀社，並利用一個集中供應點（central supply point）以相同的車輛、辦公室與人員去服務一個區域的葬儀社，並且逐漸擴展到其他州，這就是他的群聚擴展模式（clustering），這樣做的好處是數個葬儀社可以共享共同的殯葬設施、車輛、設備與人員，便可有效降低營運成本支，而達到規模經濟的效果。此外，另一個特色是，Robert Waltrip 並不採取統一的 logo-SCI，而是讓各葬儀社保有原有的名稱，如此一來，消費者會以為他們已經進行比價的動作，事實上，很可能都是找到 SCI 的葬儀社而不自知。

　　對此，消費者組織便控訴 SCI 未因規模經濟效果而降低收費，事實上，許多相關調查都指出，其收費更高於一般家庭式業者，其原因很簡單，規模經濟的效益，都被 SCI 當作資本支出在接下來的併購成本的花費上了；同時大量收購的結果，使得 SCI 具有制定價格的壟斷力量。

　　為了進一步的業務擴展與整合，SCI 於 1969 年申請於美國證券交易所公開發行股票，並於 1974 年於紐約證券交易所上市。透過公開發行股票，使得 SCI 得以注入相當大的資金以供其進一步的業務擴展。SCI 於 1977 年開始推行殯葬服務預售制度，更使得其能獲得充沛的資金可以進行上下游與水平併購的整合工作。例如，1982 年 SCI 便開始經營花店，1984 年收購了美國

最大的棺木與壽服業者 Amedco 公司，此時可以看出，SCI 除了水平整合美加各地區的葬儀社外，也逐漸將業務重心轉向垂直整合的發展方向。1991 年 SCI 成立子公司——國際權益公司（Equity Corporation International；簡稱 ECI），並將部分地區業務交給 ECI 經營。1991 至 1993 年 SCI 快速地併購了 342 家葬儀社與 57 家墓園。

當然除了 SCI 外，1990 年代中期後是美加地區殯葬市場競爭最白熱化的時期，主要的計爭對手就是成立於 1961 年由 Ray Loewen 以加拿大為發源基地的 Loewen 殯葬集團。就像 Robert Waltrip 一樣，Ray Loewen 亦不顧成本地在美加主要競爭地區併購獨立經營的葬儀社，以擴展其市場佔有率。兩家公司經常發生收購競價競爭行為，反倒是讓被收購者得到高價補償金額。為此這兩位公司領導人還曾經碰面協商，避免惡性競爭。

值得一提的是，SCI 雖然收購了許多葬儀社與墓園，但是仍讓它們維持原有的名稱，並且繼續僱用原有的所有者為其經理人。這樣做的好處是，透過整合可以發揮連鎖店的規模經濟的效益，另一方面可以減少被收購者對於整合的反抗。而垂直多角化整合，使得 SCI 在擴展業務的同時，可以降低與供應商交易間的成本。

三、1993～1998 年——國際收購階段

SCI 快速地進行美國與加拿大的殯葬業整合工作，除了看準嬰兒潮市場的利基之外，同時也面對另一主要競爭對手加拿大的 Loewen Group 公司採取類似其整合發展策略的挑戰。因此，SCI 希望能透過收購方式快速獲得殯葬市場的佔有率。

1993 年起，SCI 開始將業務觸角伸展到美加地區以外的地區，施行其國際化的發展策略。第一個被 SCI 收購的公司是澳洲最大的殯葬業者 Pine Grove Funeral Group，該公司原本在澳洲就擁有 25%的市場佔有率，藉由收購方式，使得 SCI 可以快速地進入澳洲殯葬市場。隔年，SCI 又進一步地收購英國的 Great Southern Group 與 Plantsbrook 兩家殯葬公司，以獲取英國 14%的殯葬市場佔有率。1995 年 SCI 收購法國殯葬市場佔有率達 29%的 Lyonnaise des Eaux 公司。

SCI 進入國際市場的策略主要仍以收購或水平合併方式進行，此策略具有培養市場力量的好處，可以將競爭對手排出在外；另方面，採取併購方式可以提高進入一個市場的速度，尤其是面對某些國家的進入障礙較高時，或者需要通過執照許可時，此方法特別有效果。不斷的併購過程，同時也使得 SCI 的股價快速上升，最高時曾幾乎達到 50 美元的價位。因此，股價攀升又反過來使得 SCI 更有能力進行併購策略。

不僅於此，1996 年 SCI 更想進一步收購其主要競爭對手 Loewen Group 公司，由於資金不足，SCI 賣出其子公司 ECI 名下 40%的股份，以換取收購資金。為此，Loewen Group 公司控告 SCI 違反美國反托拉斯法，以作為防禦被收購之手段。1997 年 SCI 在法院命令下，只得放棄收購 Loewen Group 公司。不過 Loewen Group 為避免遭到收購的命運，即使其股價從 50 美元迅速掉落至 50 美分，期間仍不斷花費資金擴張市場，終於在 1997 年 6 月因負債過多而申請公司破產保護，其後進行公司重整，至 2001 年重新以美國 Alderwoods 集團為名回到市場上。

在生前契約市場方面，SCI 於 1998 年收購美國年金集團（American Annuity Group）的預先安排殯葬服務部門（prearranged funeral service），成立美國紀念人壽保險公司（American Memorial Life Insurance），專司負責其生前規劃服務（pre-arrangement）與生前預售契約（pre-need）的業務。至此，SCI 可說是相當成功地發揮其集團化、多角化與國際化的擴充成長的企業發展模式，同時穩坐世界最大的殯葬業者。

四、1999～目前——合資與行政管理階段

藉著1999年前半年股價大幅提高近50美元，使得SCI得以0.71比1的比率換股合併之前賣出的 ECI 公司（年獲利仍有$206 百萬美元）。但是就在收購 ECI 一週後，SCI 揭露其營利下降的消息，使得當天股價下跌 44%。這樣的舉動使得 ECI 與其投資者控訴 SCI 不實揭露財務狀況，同時控訴 SCI 的會計顧問公司 Pricewaterhouse Coopers（規模與安隆 Enron 一般大）在合併業務前隱藏事實。

為此，SCI 先是將公司董事長兼營運長 William Heiligbrodt 撤換為公司顧問，並且否認刻意欺騙，而將獲利下降的主要原因歸於以下三點：第一，醫療保健水準的逐年提高，導致死亡率逐年下降；其次，大眾對於火葬觀念的接受度提高，由於火葬比土葬的經營利潤要低許多，使得 SCI 的獲利率不如預期；第三，整體經濟景氣逐漸走下坡，股市亦呈現空頭局面。

獲利不佳與到目前股價的低迷（僅 3.26 美元），公司的市值大幅滑落，導致 SCI 的公司債信用評等也面臨調降的命運，負債比率大幅提高且無法再從資本市場順利籌資，許多債權人亦要求提前履行賣權等，都使得 SCI 面臨相當大的壓力。SCI 以過度的舉債去收購葬儀社與墓園，同時支付太高的收購金額，並以銷售

股票與生前預售之資金償還借款本息，加上持續的市場擴張與債務的負擔，也使得 SCI 的銷售員承受極大的預售業務壓力（SCI要求新進的銷售員必須每賣出一單位即時需求的契約，就得同時賣出一單位的預售契約，六個月後，則是一單位的即時需求契約搭配一點五單位的預售契約，造成過度銷售的情形，甚至賣出一個墓園可承受的埋葬單位）。這種面對總體環境大幅變化，同時承受企業負債壓力下，SCI 開始進行策略上的調整，逐漸改變為注重成本與效率的企業模式。其調整策略如下：

1. 在功能重組方面：SCI 成立中央處理中心來統一管理各地區獨立的經營事業單位，透過 internet 協調集團的內部業務。

2. 在成本縮減方面：於 1999 年開始進行裁員，包括削減 1,141 工作與停止僱用 800 名雇員。

3. 在規模縮減方面：於 1999 年合併了美國地區的分區集團（從 200 個降至 87 個）。2000 年則出售了法國地區的保險部門與北愛爾蘭的殯葬營運部門。2001 年先是陸續出售原先收購的 500 處葬儀社與墓園，並將公司內的信託管理部門外包（outsource）給 KPMG LLP 會計公司。

4. 在績效強化方面：提供低價套裝型的 Dignity Memorial Plan 殯葬服務方案，並且讓獨立的殯葬館可以採取加盟方式提供其產品；直接與企業、大型組織與勞工團體等進行合作，提供公司組織會員殯葬服務，為 B2B 經營模式；加強預售市場行銷以改善其現金流量問題；進行社區服務計劃，提供因公殉職之免費殯葬服務，以強化公司形象等。

5. 在國際市場方面：SCI 將歐洲的部門賣出$273 百萬美元或轉為合資型態，以改善其資產負債表帳面數字。根據 SCI 的 2002 年年報指出，其已重新把市場鎖定在北美地區，

並於比利時、荷蘭與挪威撤資，至於英國、澳洲、葡萄牙、加拿大與西班牙則採取合資營運方式。

伍、SCI 經驗帶給台灣的啟示

SCI 從發跡到成為全球最大的殯葬業者，到面臨財務壓力後之企業轉型經歷，為時將近八十年。雖然在北美的環境與台灣有些差異，但是其發展歷程與發展策略，仍值得台灣有心拓展殯葬服務產業者之借鏡。茲將 SCI 對台灣業者之啟示臚列如下：

一、首先，應該避免一種規模大即是好的錯誤觀念。企業的營運有其規模經濟效果，但是卻並非愈大愈好，重要的是，能夠從歷史的觀照中，檢視公司經營與公司不動產的發展策略。此外，公司能否掌握企業的核心價值（Core），掌握現金流量的穩定性（Cash），尊重禮俗文化的價值（Culture），履行應盡的服務信用（Credit），都是企業發展的重要因素。

二、企業的營運要能永續與成長，必須隨時掌握並因應內外環境對企業之衝擊。SCI 由收購策略轉為部分出售策略，以因應多家殯葬公司相互競逐有限殯葬設施，致成本抬高，利潤空間受到壓縮；由保留使用原殯葬公司或設施之名稱，改為原殯葬公司車輛及招牌均冠上 SCI 的企業分支字樣，以因應消費者對小公司銷售的生前契約沒有信心。這些策略轉變，均為因應內外環境對該企業之衝擊之可行方式。

三、SCI 的收購策略固然有擴大經濟規模，節省經營成本；減少競爭對手，使服務價格維持穩定；評估財務健全，能賺錢的才收購，以降低風險等優點，但台灣的環境不具備這種收購策略條件。因為台灣多數殯葬服務業的財務不夠透明化，很難評估其信用；台灣之宗教信仰不同，禮儀複雜度太高，不易制式化，管理上經濟損失較大；台灣人的民族性——寧為雞首不為牛後，且在台灣當老闆，逃稅容易，責任輕；企業界缺乏專業經理人的觀念，寧願將企業由家族傳承，不願對外尋求人才；對小公司而言，既然能賺錢，就維持自己經營，何必給大公司併購。

四、雖然台灣企業不可能採 SCI 的收購策略，但面對國內與日漸進的殯葬制度改革，為達成創新升級與優質專業服務之要求，部分傳統小型殯葬公司，在未來五至十年，若非結束營業或停止營業，即可能轉型為資本額新台幣三、五百萬元之中型公司，有的甚至為發單銷售生前殯葬服務契約，而將實收資本額增為新台幣三千萬元。此外，當兩家公司合併才能生存時，或者為擴張版圖、降低成本、提升效率，這兩家公司就會尋求與 SCI 以大併小之模式不同的對等合併。此種合併可能挑戰版圖最大的殯葬公司之經營。

五、除殯葬服務之外，SCI 並沒有發展相關產業，其考慮點為避免遭到協力業者的抵制，致減少本業之生意來源。例如以提供殯葬設施租售使用服務的公司，除非能清楚區隔市場或防止肉搏競搶生意，否則不宜直接介入相關產業的經營。台灣南部就有某家有名的墓園公司，因介入殯儀服務業經營，發生肉搏競搶生意，結果其他殯儀

服務同業因心生不滿，而引導喪家到別家墓園公司尋求服務，該有名的墓園公司生意乃一落千丈。

陸、台灣殯葬業可持續發展的道路
──代結語

台灣殯葬管理條例業於 2003 年 7 月 1 日全面施行，並於 2012 年大幅修正，其中有關殯葬資訊方面規範殯葬服務業應將相關證照、商品或服務項目、價金或收費標準展示於營業處所明顯處，並備置收費標準表。殯葬服務業就其提供之商品或服務，應簽訂書面契約，載明商品或服務項目、保證之內容及收費金額與方式。契約簽訂後，如有新增、變更商品或服務之項目者，亦同。殯葬服務業對於書面契約未載明之費用，無請求權；並不得於契約訂定後，巧立名目，強索增加費用。（第 48 條及 49 條參照）另有關服務品質與專業能力提升方面，規定直轄市、縣（市）政府對殯葬服務業應定期實施評鑑，經評鑑成績優良者，應予獎勵。殯葬服務業得視實際需要指派所屬員工接受殯葬講習或訓練。前項參加講習或訓練之紀錄，應列入評鑑之參考。殯葬服務業之公會每年應自行或委託學校機構、學術社團舉辦殯葬服務業務觀摩交流及教育訓練課程，以提昇會員之服務品質。（第 58 條、59 條及 60 條參照）

殯葬資訊透明化的結果，消費者之需求彈性及議價能力大為提高；服務品質與專業能力提升的結果，改變過去大眾對於殯葬之不良印象，吸引更多人才與資金投入殯葬之供給。供需雙方能自由進出市場，殯葬市場更接近完全競爭特性，殯葬服務利潤漸

趨平均化，以往依賴資訊封閉而賺取豐厚利潤之光景難再。此際，唯有改變經營體質與策略，一方面擴大生產規模，降低平均成本，另一方面發展知識經濟，從事研發與創新，以提升產品或服務之附加價值，殯葬業方能持續發展，否則將遭市場淘汰。

石滋宜在全球華人總裁學苑網站中提出傳統產業轉型之觀點表示：「要在激烈的價格競爭中走出活路，最重要的是改變遊戲規則，開發新產品『創造』顧客需要，像日本 NTT DoCoMo 創新推出 i-mode 行動通訊，使用者迅速突破一千萬人，就是一個非常好的例子。」他又說：「二十一世紀仍然會是一個資訊爆炸的時代，而且比起二十世紀絕對是有過之而無不及，尤其現在產品的生命週期縮短成過去的五分之一，如果不能在短時間內有效的將產品推到市場上，不但無法引起消費者廣泛注意，也容易被其他業者跟進而失去競爭優勢，所以，企業在創造新產品之後，若不能善用通路將產品推展的既快又遠，那麼就別怪市場淘汰速度的無情。」換言之，產業欲提升競爭力必須轉型，而轉型之兩個關鍵途徑乃「產品競爭」（the competitiveness of product）及「通路革命」（channel's revolution）。因此，不論從事國內他業競爭，或防範國外企業財團跨國購併，殯葬業不但要從家庭式經營過渡到企業化經營，而且要開發新產品，創造新需求。

在殯葬業自我轉型與提升的過程中，政府有責任提供相應的配合措施與環境，例如建立鼓勵殯葬業從事研發與創新的賦稅制度與環境：創新需求管理及開發市場價值；鼓勵策略聯盟之分享機制；健全殯葬教育，調整人力供需；營造產業群集之環境等，以利紓解傳統殯葬產業發展遲緩之情形，並提升整體競爭力。總而言之，唯有政府與業者共同覺醒與努力，殯葬業可持續發展之道路方能被開拓出來。

CHAPTER 12

殯葬管理條例施行
對殯葬業發展之影響

主流經濟學一直忽略制度在經濟成長中的作用,制度多被當作經濟成長的既定前提。按 North 及 Hayami 等人之論點,制度乃社會經濟發展之關鍵因素,因此探討產業發展,制度面最屬急迫。到底殯葬管理條例之施行對殯葬業發展之具體影響為何?如有不良影響,能否調整改善?本文從制度變遷理論觀點切入,藉由文獻、政府統計資料及研究者之田野經驗之分析,以印證殯葬資源、殯葬技術、殯葬業結構、殯葬經營行為、殯葬產出或產值及環保永續等方面發展之影響,最後得出結論與建議,以利政府調整政策及修正法律之參考。

壹、前言

　　主流經濟學一直忽略制度在經濟成長中的作用，制度多被當作經濟成長的既定前提。經濟成長的因素在於勞動、資本、土地等生產要素投入的增加和技術的改進，而制度因素是被省略和剔除的。按 North 及 Hayami 等人之論點，制度乃社會經濟發展之關鍵因素，因此探討產業發展，制度面最屬急迫。就外在制度言，包括成文的規定、管理機構之組織安排及一般執行規定或程序性規則（procedural rules）等，惟由於經過民意機關審查通過的成文正式規則，因獲得國家機器的龐大執行資源支持，往往規範效果較大。殯葬管理條例於第一條第一項揭示立法目的[1]，第三條明定各級主管機關及殯葬業務之權限，加上其它條文規範，由此建構成殯葬管理的正式制度環境。殯葬管理條例自民國 92 年全面施行迄 100 年，其間不時耳聞有若干條文尚有不周或窒礙之處，到底該制度施行對於殯葬業有何影響？利弊得失為何？確已到了必須檢討的時刻。

　　回顧殯葬管理條例立法過程，筆者於民國九十年任職內政部民政司負責草擬該條例草案，企圖以促進殯葬業發展及提升殯葬業競爭力為設計條文之中心理念，且法律名稱取為「殯葬業發展條例」，無奈於內政部法規委員會未獲共識，乃改稱今名。審視殯葬管理條例內容，雖有保留因地制宜彈性、硬體管理與軟體管理並重、由量的增加轉變為質的提升、運用民間資源減輕政府負

---

[1] 殯葬管理條例第一條第一項揭示立法目的：「為促進殯葬設施符合環保並永續經營；殯葬服務業創新升級，提供優質服務；殯葬行為切合現代需求，兼顧個人尊嚴及公眾利益，以提升國民生活品質，特制定本條例。」

擔、轉化鄰避效果為迎毗效果、管理技術應有成本分析等優點，但施行多年結果，發現仍存在不少規定與實務需求上的落差，且以管理為導向轉變為以輔導及服務為導向亦轉變的不夠徹底，引導殯葬業邁向專業化服務或鼓勵殯葬業培訓人才、從事研發創新之誘因亦嫌不足等缺點。

到底殯葬管理條例之施行對殯葬業發展之具體影響為何？如有不良影響，能否調整改善？適逢該條例施行屆滿十年，且內政部正推動大幅度修法中，本文藉此檢討「殯葬管理條例施行對殯葬業發展之影響」，希冀挖掘問題癥結，凝聚產官學共識，俾有助於提升修法之成果。

貳、研究界定

一、研究對象界定

殯葬管理條例於民國 91 年 6 月 14 日由立法院三讀通過，並經總統於同年 7 月 17 日公布，共分七章，計七十六條，公布之同時，廢止墳墓設置管理條例。惟該條例施行六、七年，即發現若干條文尚有不周或窒礙之處。為達殯葬設施之永續經營及殯葬消費權益之保障，包括殯葬設施管理費之規範、管理費以外之其他費用提撥百分之二設立公益信託、寺廟附設骨灰（骸）存放設施之處理、生前殯葬服務契約及醫院附設殮、殯、奠、祭設施之管理等，有加強規範或修正之必要，爰經彙集直轄市、縣（市）

政府及相關機關團體於該條例施行後之實務運作經驗及建議，擬具殯葬管理條例修正草案，於 100 年底經立法院審議通過，101年 1 月 11 日總統公布，101 年 2 月 7 日行政院令發布定自 101 年7 月 1 日施行，相關配套辦法及子法亦與母法同步於 101 年 7 月 1日施行。本文乃於 100 年為檢討殯葬法律供政府修法之參考，因此研究對象係指修正前殯葬管理條例，但為方便閱讀對照，於引用修正前條文時，同時以括弧呈現修正後之條號。

二、名詞界定

　　產業指一個經濟體中，有效運用資金與勞力從事生產經濟物品（不論是物品還是服務）的各種行業。至於「殯葬業」，可由幾個面向來觀察。首先，就行政管理而言，殯葬管理條例第三十七條規定：「殯葬服務業分殯葬設施經營業及殯葬禮儀服務業。」（新修正第二條第十三款）殯葬管理條例施行細則第二十三條更進一步解釋：「本條例第三十七條所稱殯葬設施經營業，指以經營公墓、殯儀館、火化場、骨灰（骸）存放設施為業者；殯葬禮儀服務業，指以承攬處理殯葬事宜為業者。」（新修正本條例第二條第十四及第十五款）行政院主計處對於殯葬業的定義，為「從事殯葬業、火葬場及墓地（納骨堂、塔）服務之行業」。由其行業定義標準與分類，殯葬服務業歸類於「個人服務業」之「其他個人服務業」[2]，此定義顯然較殯葬管理條例的定義來得狹窄。直到民國九十五年，行政院主計處修訂殯葬業的定義，將殯葬禮儀

---

[2]　李自強（2002），「台灣地區殯葬服務之消費行為分析」，中央大學高階主管企管碩士班碩士論文。

服務亦納入，只要從事屍體之埋葬、火化、殯葬禮儀服務等行業都歸入此業，其他像是墓地租售及維護亦歸入本類[3]。

其次，殯葬業範疇的結構若以供給的內容來分析，可依消費發生時序的供給項目表示，項目中其行業區分，若以「人」、「地」、「物」等特性來做區別，更可細分為喪葬用品製造流通業、喪儀專業人力服務業、喪奠埋葬設施經營業、殯葬綜合儀禮顧問業等[4]。儘管前述解讀殯葬業涵義有廣狹之分，惟本文目的在探討殯葬管理條例施行對殯葬業發展之影響，因此所謂殯葬業主要係指行政管理角度的殯葬設施經營業及殯葬禮儀服務業。

參、理論基礎

一、制度與制度變遷

所謂「制度」（Institution），是人類相互交往的規則。它抑制著可能出現的、機會主義的和乖僻的個人行為，使人們的行為更可預見並由此促進著勞動分工和財富創造。制度，要有效能，總是隱含著對某種違規的懲罰。「制度」和「規則」這兩個詞經常被互換使用。依規則的起源不同，制度可區分為內在制度和外在

---

[3]　行政院主計處，「中華民國行業分類標準」，民國 95 年 5 月第八次修訂。網址：http://www.stat.gov.tw/ct.asp?xItem=16333&ctNode=1309

[4]　李自強文獻同註 102，第 31 頁至 35 頁，此外，亦可參考吳昭儀撰，殯葬服務業現況與發展趨勢，內政部全國殯葬資訊入口網網址：http://mort.moi.gov.tw/frontsite/cms/downAction.do?method=viewDownLoadList&siteId=MTAx&subMenuId=603

制度，內在制度（internal institutions）是從人類經驗中演化出來的。它體現著過去曾最有益於人類的各種解決辦法。其例子如既有習慣、倫理規範、良好禮貌和商業習俗等。違反內在的制度通常會受到共同體中其他成員的非正式懲罰，例如，不講禮貌的人發現自己不在受到邀請[5]。

外在制度（external institutions）是自上而下地強加和執行的。它們由一批代理人設計和確立。這些代理人通過一個政治過程獲得權威。司法制度就是一個例子。外在制度配有懲罰措施，這些懲罰措施以各種正式的方式強加於社會，並可以靠法定暴力（如警察權）的運用來強制實施。

其次，按實施懲罰的方式究竟是自發地發生還是有組織地發生予以區分，內在制度（internal institutions）可以是非正式的（informal），即未得到正式機構支持的，如各種習慣（conventions），而違反這類規則會損害這些個人的自我利益；又如內化規則（internalized rules），違反這類規則將主要受到內疚的懲罰；再如習俗和禮貌（customs and manners），它會受到來自他人反應的非正式懲罰，例如受排斥。也可以是正式化的（formalized），即由某些社會成員以有組織的方式實施懲罰（Kasper and Streit, 1998：105-108）。至於外在制度永遠是正式的，它要由一個預定的權威機構以有組織的方式來執行懲罰[6]（Kasper and Streit, 1998：110）。

North（1990）認為制度界定了社會與特殊經濟的誘因結構，確能規範個人的行為，故為經濟能否發展的關鍵因素[7]。制度既

---

[5]　Kasper, W. and Streit, M.E. (1998), Institutional Economics, Social Order and Public Policy, Cheltenham:Edward Elgar, p.p. 30-31.

[6]　同註 105，pp.105-110。.

[7]　劉瑞華譯（1994），North D.C.原著，《制度、制度變遷與經濟成就》

然如此重要，即須與日俱進，當要素價格比率、訊息成本（資源）、技術與偏好（價值觀）發生變化，加上原有制度均衡被打破，制度供給不能滿足制度需求，則人們將創造新制度以取代舊制度，此種過程即所謂「制度變遷」（Institutional Change）[8]。

二、分析架構

學者 Hayami 及 Ruttan 於研究農業發展時，將制度變遷（institutional change）併入發展過程，以取代制度不會改變或制度改變對於經濟制度係外生變數及不可預測之假設，進而提出誘導性發展（induced development）的 Hayami-Ruttan 模型[9]。按該模型之內容，影響農業發展之變數有資源賦與（Resource Endowments）、技術（Technology）、制度（Institution）及文化賦與（Cultural Endowments）等四項[10]，其中文化賦與在新制度經濟學中係被歸類於非正式制度，至於資源與技術則原屬於新古典模型的經濟因素範疇。Hayami 於「發展經濟學」（Development Economics）一書中，則根據上述模型基礎更進一步提出社會系統發展的廣義概念架構。

（Institutions, Institutional Change and Economic Performance），台北：時報文化，第 7-15 頁。

[8] 同註 102，第 69-72 頁。？王躍生

[9] Hayami, Y. and Ruttan,V.W. (1985), Agriculture Development: An International Perspective, Rev.ed. Baltimore: Johns Hopkins University Press.

[10] Stevens, R. D., and Jabara, C.L. (1988) Agricultural Development Principles: Economic Theory and Empirical Evidence. Baltimore: Johns Hopkins University Press. p.89.

如第七章圖 36 所示，圖的下半部表示作為社會次系統（subsystem）的經濟部門，此次系統包括技術與資源間的互動，廣義地被界定為涵蓋資源、勞力與資本的生產因素（factors of production），其中技術是創造產品價值的關鍵因素，在經濟學上一般稱為生產函數（the production function）。至於構成社會系統成分的文化與制度表示於圖的上半部，其對於圖下半部的經濟次系統有深遠的影響，例如所得儲蓄比例是決定投資率的重要參數，而此參數多半決定於人們相對於即期消費的未來偏好，此為人們文化（價值系統）的一部分[11]。

由於受限於研究資源與時間，本文無法就 Hayami 的社經發展模型四個變項間的互動影響予以全面分析，而僅就制度（殯葬管理條例）對殯葬業運作資源（含土地、勞力、資本、企業經營能力等生產要素）及技術（生產函數）之單向影響予以分析。此外尚包括某一產業進化過程中企業數量、產品或者服務產量等數量上的變化，同時也包括產業結構的調整。

再者，有鑒於人類經濟發展的過程中，二十世紀是工業化的時代，其生產的主要要素在於有形的資本、勞動、以及自然資源，而二十一世紀則是另一個嶄新的世紀，其生產的主要要素在於無形的知識、資訊，以及文化特質等，因此，隨著社會的進步，技術的創新，以及知識的大量累積與應用，經濟發展已進入了知識經濟的新紀元[12]。一般而言，知識經濟特別強調知識與技術對經

---

[11] Hayami, Y.(1997), Development Economics: from the Poverty to the Wealth of Nations, New York :Oxford University Press.p.9-11.

[12] 到底什麼是知識經濟呢？根據經濟合作發展組織（OECD）在一九九六年所作的定義，所謂「知識經濟」（knowledge-based economy, KBE）是指直接建立在知識與資訊的創造、流通，以及利用的經濟活動與體制；另方面，歐洲共同體則將知識經濟的定義內涵作較大的修正，由建構在知識上的經

濟成長的重要性，因此殯葬管理條例之施行在知識經濟方面對殯葬業有何影響，亦須加以探究。

最後，殯葬管理條例第一條第一項揭示立法目的（即殯葬政策目標）如下：「為促進殯葬設施符合環保並永續經營；殯葬服務業創新升級，提供優質服務；殯葬行為切合現代需求，兼顧個人尊嚴及公眾利益，以提升國民生活品質，特制定本條例。」其中殯葬設施經營攸關殯葬設施經營業之發展，且規範殯葬設施經營業與殯葬禮儀服務業之目的在追求殯葬設施創新升級，提供優質服務，此外環保及永續發展是現代企業在經營生存中必須強調與重視的，這些目標是否達成，亦將於下一節加以檢視。茲將本文分析架構表示如圖49。

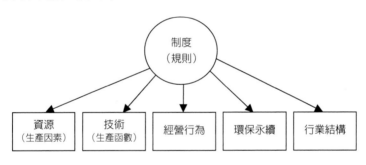

圖49　本文分析架構

資料來源：本文自行繪製。

濟基礎，轉為更積極的呈現「以知識為驅動力量帶動經濟成長、財富累積與促進就業」的特質；亦即知識經濟不僅包括新經濟與資訊經濟的概念，而且從高科技產業擴大至所有的產業部門，大部分的產業均有逐漸朝向知識密集的發展趨勢。（參見謝明瑞（2002），知識經濟與競爭力，國政評論，財團法人國家政策基金會，網址係 http://www.npf.org.tw/post/1/3300# ）

肆、實證分析

一、對資源之影響

(一) 土地

　　我們在辦理喪事的過程中，佔用巷道，任意搭棚停靈，製造太多噪音與交通混亂，以致影響居住品質；我們為追求風水，聽從地理師之言，而到合法墓地以外地區從事濫葬，致危害土地利用秩序與都市發展。上述亂象，有關防範濫葬者，規範於殯葬管理條例第二十二條第一項前段：「埋葬屍體，應於公墓內為之。」（新修正第七十條）另為節約土地資源，相較於已廢止墳墓設置管理條例的每一墓基面積不得超過十六平方公尺，殯葬管理條例第二十三條第一項規定：「公墓內應依地形劃分墓區，每區內劃定若干墓基，編定墓基號次，每一墓基面積不得超過八平方公尺。但二棺以上合葬者，每增加一棺，墓基得放寬四平方公尺。其屬埋藏骨灰者，每一骨灰盒（罐）用地面積不得超過零點三六平方公尺。」（新修正第二十六條第一項）

　　如有違反第二十二條第一項前段（新修正第七十條）規定時，亦即埋葬屍體未於公墓內為之，按殯葬管理條例第五十六條第一項規定，除處新臺幣三萬元以上十萬元以下罰鍰外，並限期改善，屆期仍未改善者，得按日連續處罰；必要時，由直轄市、縣（市）主管機關起掘火化後為適當之處理（新修正第八十三條）。換言之不論單次處罰或連續處罰之目的，皆在求達到改善，使土地使用恢復原狀，如限期改善而屆期未改善，必要時，不得已方由直轄市、縣（市）主管機關直接介入，予以起掘火化後為適當之處理。

惟經查新北市政府處理違規濫葬要點第七點規定，經該府依該要點第六點規定限期改善遷葬[13]，屆期未改善者，分別就埋葬屍體、埋葬骨骸情形規定裁處原則，其中埋葬屍體部分規定，「亡者亡故日期為九十三年四月三十日以前之違規案件，如經違規人提出民情風俗上無法遷葬理由，檢附亡者除戶謄本，並切結同意於埋葬者亡故日期起算六年之屆滿前日完成改善者；由本府裁處罰鍰新臺幣六萬元，並限違規人於該特定日起二個月內完成改善；期限屆滿仍未改善者，得連續處罰；每次處罰鍰新臺幣十萬元至改善完成日止。」

　　依此要點規定，埋葬屍體之違規案件，如經違規人提出民情風俗上無法遷葬理由，竟可寬限於埋葬者亡故日期起算六年之屆滿前日完成改善，由於六年為一般可撿骨之年限，此裁處原則可達成目的與殯葬管理條例第五十六條第一項規定意旨明顯相違，寬限幾個月尚合情理，寬限六年，未符比例原則，更何況大多數法律規定均基於維護公共利益目的，而制定違反民情之條文，如違規濫葬而可以民情理由大幅寬限，試問還有哪一法條不能寬限呢？再者，新北市政府處理違規濫葬要點屬於行政命令之一種，依法律優位之原則，如有申請大法官會議解釋，前開裁處原則恐因牴觸上位階之殯葬管理條例，而有無效之虞。

---

[13] 台北縣政府處理違規濫葬要點第六點規定：「違規人陳述意見有理由者，轉請鄉（鎮、市）公所查明事實，撤銷原查報或檢附新事證提出說明。違規人陳述意見無理由或逾期未提出者，由本府依殯葬管理條例第五十六條第一項規定裁處罰鍰新臺幣三萬元整，並限期六個月內改善遷葬完成；違規情節重大者，得依違規情形加重裁處，並縮短改善遷葬期限。」（由於台北縣政府升格為新北市政府，本要點於民國100年8月1日停止適用，同日另發布新北市政府處理違規濫葬要點）

有關安葬方式採遺體土葬方面，大致上，殯葬管理條例施行前，雖政府規定不得葬在私有地上，但是民眾依然執意安葬在私有地上（例如葬在往生親人所屬的稻田裡.和祖先一起葬在祖產的私有地上……）尤在鄉下風氣較盛行。施行後，或有殯葬業者會告知家屬得依規定向各鄉市公所民政課申請公墓區安葬，且得依規定安葬面積為 8 平方公尺，但說實在的，大部分都會超過其規定範圍，超過部分無人處理，私地上舊墓擅自更新，造家族墳或家族塔，亦少有主管機關聞問。

另就土地面積觀之，根據內政統計年報顯示[14]，民國 90 年底，台閩地區公墓處數 3,024 處，總面積約 10,132 公頃，當年死亡人口 127,892 人，民國 100 年底，台閩地區公墓處數 3,164 處，總面積約 9,622 公頃，當年死亡人口 153,206 人。換言之，十年期間死亡人口增加，但公墓總面積卻減少，由於同期間各地方政府也陸續正進行公墓遷葬事宜，因此公墓面積減少雖然無法完全證明是墓基面積減少規定所致，但總的來說，殯葬管理條例之施行對於土地資源節約利用是有助益的。

（二）勞力

為提升殯葬服務業之專業與服務品質，殯葬服務業應置考試合格之專任禮儀師，方得申請許可及營業。但由於禮儀師考照制度之實施時程，尚難掌握，且大多數殯葬業均屬傳統家族經營，規模小型，因此為免造成小型殯葬業之負擔與衝擊，爰明定具一定規模之殯葬服務業始應置禮儀師。又禮儀師係屬專技人員，爰明定另定專法規範之。殯葬管理條例第三十九條規定：「殯葬服務業

---

[14]　參見內政部統計處網站 http://sowf.moi.gov.tw/stat/year/y01-05.xls

具一定規模者，應置專任禮儀師，始得申請許可及營業。禮儀師之資格及管理，另以法律定之。」（新修正第四十五條第一項）

　　禮儀師證照制度之建立，目的在於考試引導教學，促進養成教育之開設，並提升殯葬禮儀服務人員之服務品質，扭轉以往民眾對於殯葬業之刻板印象，實乃各界所引領企盼。近幾年來，內政部對於規劃推動殯葬專業證照考試的努力值得肯定，包括喪禮服務人員乙、丙級技術士考照的協助推動，截至 99 年度勞委會舉辦過三次丙級考試，總報名人數 12,301 人，合格發證數 8,518 張。至於乙級技術士考照正協助推動中，未來能否順利成功，仍有待更細緻周延的設計及相關配套措施。從內政部結合勞委會推動喪禮服務人員技術士的證照規劃來看，禮儀師取得資格對喪禮服務人員技術士級別的要求，已確定為乙級；修畢殯葬專業課程之規劃，亦已開會研商確定[15]。不過，實際殯葬禮儀服務經歷 2 年如何認定？

---

[15] 有關禮儀師證書核發條件，案經內政部於 93 年 3 月 2 日召開研商規劃禮儀師證照制度暨職業訓練事宜會議，以及 94 年 4 月 21 日召開研商規劃禮儀師證照制度第二次會議紀錄，大致獲致結論為其下列三者由內政部核發禮儀師證書：

一、.須取得喪禮服務職類乙級技術士證。
二、.修畢殯葬專業學分課程 20 學分。
三、.實際殯葬禮儀服務經歷 2 年。
至於請領禮儀師證書所需修畢至少殯葬專業課程 20 學分之必選修科目規劃，經內政部分別於 99 年 2 月 4 日及 99 年 10 月 27 日邀集專家學者，各相關校系及各殯葬團體代表召開研商會議，獲致結論如下：
一、必修科目至少需修畢 5 科，每科採認上限為 2 學分，依其所屬領域詳列如下：
（一）人文科學領域：3 科
　　　1. 殯葬禮俗
　　　2. 殯葬生死觀／殯葬倫理學（2 選 1）
　　　3. 殯葬會場規劃與設計／殯葬文書／殯葬司儀（3 選 1）
（二）健康科學領域：殯葬衛生學（含殯葬後續關懷）

是否需要規定服務經歷的時間點（例如殯葬管理條例公布施行之後的 2 年）？未取得禮儀師資格，僅取得喪禮服務人員乙、丙級之法定角色功能如何？及喪禮司儀、遺體美容、火化爐操作方面，是否一併規劃相關證照等，均需進一步審慎研議，詳加規劃。

有關養成教育方面，大學正規教育須賴教育主管部門推動，殯葬管理條例僅得就非正規教育加以要求。殯葬管理條例第四十七條規定：「殯葬服務業之公會每年應自行或委託學校、機構、學術社團，舉辦殯葬服務業務觀摩交流及教育訓練課程。」（新修正第五十九條）同條例第四十八條規定：「殯葬服務業得視實際需要，指派所屬員工參加殯葬講習或訓練。前項參加講習或訓練之紀錄，列入評鑑殯葬服務業之評鑑項目。」（新修正第六十條）據了解我國殯葬服務業之公會——葬儀商業同業公會全國聯合會近十年來自行或委託學校、機構、學術社團，舉辦殯葬服務業務觀摩交流及教育訓練課程，次數相當頻繁，績效頗佳。至於殯葬服務業得視實際需要，指派所屬員工參加殯葬講習或訓練之規定，以台北市殯葬處民國 98 年 8 至 9 月評鑑殯葬業為例，68 家受評業者，員工 1,055 人，半數有參加殯葬講習或訓練，262 位取得喪禮丙級技術士資格。可見該些條文規定對於提升殯葬業人力品質，成效顯著。

（三）社會科學領域：殯葬服務與管理（含殯葬政策與法規）

二、以上必修科目至少需修畢 10 學分，至選修科目部分，由內政部列舉一定之科目範圍，選修科目每科採認上限仍為 2 學分。

三、有關請領禮儀師所需至少 20 學分之殯葬專業課程，未來申請人除完成必修科目至少 10 學分認證外，其餘學分應從上開選修科目範圍補充，以達總學分數至少 20 學分。

不過值得注意的是，根據行政院主計處工商普查報告資料顯示[16]，民國 90 年底止，殯葬服務業家數 1,060 家，員工數 3,411人，其中 5 人以下者 925 家，5 人（含）以上 9 人以下者 99 家，至於 50 人（含）以上 99 人以下者 2 家，100 人（含）以上 199人以下及 200 人（含）以上 299 人以下仍各有 1 家，惟到了民國100 年底止，殯葬服務業家數增為 3,355 家，員工數 10,543 人，其中員工數 5 人以下者為 3,018 家，5 人（含）以上 9 人以下者為 287家，至於 50 人（含）以上 99 人以下者增為 4 家，100 人（含）以上 199 人以下增為 3 家，200 人（含）以上 299 人以下者則不復存在，可見殯葬管理條例施行十年期間，殯葬服務業家數及員工數雖大幅增加，但卻有員工人數規模下降之跡象，這可能與近幾年逐漸盛行的使用派遣勞工，而減少雇用專任員工有關。

（三）資本

　　殯葬業因具有「長期性」、「他辦性」、「艱巨性」等產業屬性，因此在殯葬業的設立初期即必需將服務所需的設施、人力、機具及機能等都一一齊備，因此必須有足夠的資本來支應初期的設立費用及開始營運後的周轉資金。若資本不夠充足就冒然投入，一般而言只有兩種後果：其一、採取市場炒作方案預收客戶資金以因應所需。其二、成案後尋求資金注入或將全案轉賣易主。殯葬管理條例施行前，殯葬業都企圖藉由「預售」等市場行銷手法來解決資金不足的問題，此一方法只要穩健實施亦不失為良策，無奈大部分經營業者常將「現金流量」視為「損益盈餘」，忘記或

---

[16] 90 年度工商普查報告資料，參見行政院主計總處：http://www.dgbas.gov.tw/ct.asp?xItem=3850&ctNode=2367，100 年度工商普查報告資料，參見 http://www.dgbas.gov.tw/ct.asp?xItem=33985&ctNode=3267&mp=1。

故意忽略預收的資金本質上是屬於「負債」而非「資產」，其結果不是無以為繼就是捲款潛逃，如此一來原設立的殯葬事業，不但無法服務大眾，反而成為社會負擔，進而引發政府當局，不得不藉由嚴厲立法來重重管制以預防風險，因此亦導致殯葬業的經營環境其自由度與創造力愈來愈差。

為導正上述殯葬業經營觀念之偏差，殯葬管理條例做了某些規定。該條例第三十二條規定：「私立公墓、骨灰（骸）存放設施經營者應以收取之管理費設立專戶，專款專用。本條例施行前已設置之私立公墓、骨灰（骸）存放設施，亦同。」（新修正第三十五條第一項）第三十三條規定：「私立或以公共造產設置之公墓、骨灰（骸）存放設施經營者，應將管理費以外之其他費用，提撥百分之二，交由殯葬設施基金管理委員會，依信託本旨設立公益信託，支應重大事故發生或經營不善致無法正常營運時之修護、管理等費用。本條例施行前已設置尚未出售之私立公墓、骨灰（骸）存放設施，自本條例施行後，亦同。」（新修正第三十六條）此外殯葬管理條例第四十四條明定：「與消費者簽訂生前殯葬服務契約之殯葬服務業，須具一定之規模；其有預先收取費用者，應將該費用百分之七十五依信託本旨交付信託業管理。前項之一定規模，由中央主管機關定之。中央主管機關對於第一項書面契約，應訂定定型化契約範本及其應記載及不得記載事項。」（新修正第五十一條）

關於管理費設立專戶、專款專用，經筆者參與評鑑了解，大部分殯葬設施經營業均有按規定辦理。而將管理費以外之其他費用，提撥百分之二設立公益信託，由於地方政府多未取得共識，迄 100 年僅 1 個縣市成立。至於生前殯葬服務契約之交付信託規定，條例施行前，約 9 年期間，主要有 4 家從事生前殯葬服務契

約發單銷售，截至 92 年 7 月 1 日前簽約件數 149,437 件，但施行後迄民國 100 年 6 月底，增加為 26 家，銷售件數 119,121 件，信託金額約 53 億 1 千多萬元。換言之，殯葬管理條例第四十四條規定造成生前契約市場之交易量縮水，尤其條例施行前的 4 家量縮更大，這可能由於業者必須先墊付管銷費及佣金，增加經營成本，減少供給意願，致發生市場閉鎖效果（Locked-in Effect），另一方面也可能業者將成本轉嫁於消費者，經常調高生前契約售價，導致消費者購買意願降低。

由於生前殯葬服務契約之買賣，其交易主體涉及消費者、殯葬公司與信託公司（或信託銀行），監督單位涉及殯葬行政與財稅行政等單位，依理而言，應由殯葬管理條例授權，單獨訂定法規，以符實需。惟或因立法較為倉促，該條例並未授權另訂法規，為彌補此一立法疏漏，只好於施行細則中或另發布命令做比較詳細之補充規定。其次，生前契約制度發展較早的美國，其預收費用交付信託，係採行由消費者直接交付的「他益信託」制度，而我國殯葬管理條例則採行由殯葬禮儀服務業交付的「自益信託」制度，相較於美國做法，確實較難保障消費者之權益。因此，如何在現行制度不完善之情形下，設計出可兼顧消費者權益之條文，實在是對立法者之大考驗。

另就資本面來看，根據工商普查報告資料顯示，民國 90 年底止，殯葬服務業實際運用資產淨額 14,155,004 千元，平均每家 13,354 千元，民國 100 年底止，實際運用資產淨額增加為 73,885,261 千元，平均每家 22,022 千元，可見不論實際運用資產淨額或平均每家運用資產淨額均增加了，顯示十年來殯葬業之經營實力與履約能力均明顯提升。

（四）知識經濟

殯葬管理條例並無直接鼓勵殯葬業知識與資訊的創造、流通，以及利用的經濟活動與體制的條文。而係為提升殯葬設施之管理品質，採賴主管機關定期或不定期進行監督查核，以確保經營者遵循法律規範。其次，除直接對管理作業予以法律強制規範之外，藉由不同設施間的評比競爭，間接激發經營者主動注意維持或改善管理品質，將更有助於法功能之強化。殯葬管理條例第三十四條乃規定：「直轄市、縣（市）主管機關對轄區內殯葬設施，應每年查核管理情形，並辦理評鑑及獎勵。前項查核、評鑑及獎勵之實施規定，由直轄市、縣（市）主管機關定之。」（新修正第三十八條）

為發掘殯葬服務業問題並輔導改善之，以提升經營及服務品質，殯葬管理條例第四十六條第一項規定：「直轄市、縣（市）主管機關對殯葬服務業應定期實施評鑑，經評鑑成績優良者，應予獎勵。」至於前項評鑑及獎勵之實施規定，依同條文第二項規定：「由直轄市、縣（市）主管機關定之。」（新修正第五十八條）而為實施殯葬服務業之評鑑作業，直轄市、縣市政府必須訂定實施計畫，以利遵循。例如台北市政府社會局即訂頒「臺北市政府社會局殯葬禮儀服務業評鑑實施計畫」乙種，以作為實施評鑑之依據，94 年、95 年均有修正，今（96）年則修正為「臺北市殯葬管理處殯葬服務業評鑑實施計畫」，由評鑑實施計畫附件之評分表可知，實地考核之評鑑項目共六大項，其中創新措施配分 10分及網站建置列為加分項目，加上前述第四十七及四十八條的舉辦殯葬服務業務觀摩交流及教育訓練，殯葬業服務人員應可透過知識信息的快速傳遞與學習，提升研發創新能力，讓知識成為殯

葬財貨與勞務產出的生產要素之一。惟遺憾的是，根據工商普查報告資料顯示，民國 100 年底，從事研發之殯葬服務業家數僅 18 家，支出金額僅 645,000 元，占企業收入比率接近 0%，沒有研發經費配合，徒有研發能力之人才，殯葬經營欲升級至知識經濟階段尚遠矣。

另值得注意的是，根據內政部調查，全國尚有約三分之一的縣市未確實辦理殯葬禮儀服務業評鑑。完全未辦理評鑑的有 3 個縣，未確實依所訂評鑑規定定期辦理評鑑的有 5 個縣市，允宜了解原因，解決困難並加強辦理。

（五）企業經營能力

有鑑於過去政府不重視殯葬管理業務，對於殯葬管理組織編制或人力設置，經常杯水車薪，無法滿足殯葬革新所增加之業務需求，因此必須明定殯葬設施管理單位或管理人員之設置，以提供地方政府強化地方殯葬管理行政組織之可循依據。殯葬管理條例第二十條第一項乃規定：「直轄市、縣（市）或鄉（鎮、市）主管機關，為經營殯葬設施，得設殯葬設施管理機關（構），或置殯葬設施管理人員。」（新修正第二十一條第一項）自此規定施行之後，各地方政府首長逐漸重視殯葬設施的經營管理能力，直轄市殯葬管理機關或提高層級或提高管理人員職等，而縣（市）多設有管理所，鄉（鎮、市）則至少設有殯葬設施管理人員。

現代化政府主義者主張「做事最少之政府乃是最好之政府」，而摒棄過去「萬能政府」的想法。因此，為達成「小政府主義」之理想，將來民眾營葬福祉之提供，不宜繼續以政府編列預算興建公立殯葬設施之方式進行，而應改採鼓勵民間部門利用其充裕資金、土地及精良技術獨立開發經營，或公部門提供土

地，私部門提供資金技術的合作模式興建殯葬設施。甚至現有公營殯葬設施亦須加速民營化，以利提升服務品質，並減輕管理措施動輒得咎之包袱，至於民營化後因服務品質提高所增加之殯葬收費，如喪家屬低收入家庭者，政府有責任予以補貼，使「養生送死」不虞匱乏。為利用民間豐沛之資金、人才與技術，以提升殯葬設施之經營效率，殯葬管理條例第二十條第二項乃規定：「前項殯葬設施於必要時，並得委託民間經營。」（新修正第二十一條第二項）此規定施行後，新竹市、南投縣、高雄市等均有殯葬設施委外經營之案例。

殯儀館禮廳經營不外乎有三種策略：包括自行佈置～殯儀館統一代為佈置、禮廳出租～由接案公司負責佈置、及禮廳外包～由承包公司統一佈置等。第一種策略乃大陸地區採用方式，第二種策略則為台灣普遍採用方式，至於禮廳外包方式，在台灣的高雄市，之前曾研議禮廳外包之專案，但因多數中小型殯葬業者的抗爭，使得案子不得不暫緩，構想未能落實。南投縣立殯儀館的禮廳雖外包經營，但承包商僅提供基本場地與設備，不與接案業者爭利，因此外包計劃過程中，並未出現爭議與阻力。禮廳的外包對於傳統業者的衝擊很大，尤其嚴重影響到業者的利益，所以如要委外絕對不能讓業務由承包商全部壟斷，俾利降低對中小型殯葬業者的利益減損，共同創造三贏的策略。

二、對技術的影響

殯葬業的「技術」角色，具有兩個構面的功能發展，其一為產業中有形的載具技術，例如骨灰盒、罐的開發，火化機的設計

生產，或防腐殺菌藥劑的研發等，這些「物件」、「機具」的開發設計、生產使用等技術是使殯葬業有形可見的基本條件。其二為產業中無形的管控技術，尤其因應服務業的「變動性」及「易逝性」特徵，如何設計建立營運組織，如何進行人員培訓以提升服務水平檔次，如何預測未來服務規模量以建立最適服務成本體制等，這些「作業程序」、「管理能力」的知識建立、傳播使用等技術是使殯葬業得以生存發展的靈魂。惟詳審殯葬管理條例各條文，未見有直接誘導或特別鼓勵殯葬業技術提升之條文。

　　而殯葬管理條例第二十一條第一項規定：「殯儀館及火化場經營者得向直轄市、縣（市）主管機關申請使用移動式火化設施，經營火化業務；..。」（新修正第二十三條第一項）雖提供殯葬研發創新技術能落實於實際經營火化業務市場的途徑，但本條文立法原意非關技術提昇，而係基於臺閩地區公私立火化場分布不均，政府雖鼓勵增建，惟因國人環境品質要求日益提高，對於火化場是類高鄰避性設施之設置案，往往群起抗爭，阻礙設置，為解決火化場之供給不足，爰明定殯儀館及火化場得申請使用移動式火化設施經營火化業務。不過據訪查了解，台灣目前並無任何殯儀館及火化場申請核准使用移動式火化設施經營火化業務，其原因為何？有待探究。

三、對產業結構之影響

　　為維持殯葬服務交易之秩序，將殯葬服務業之規範法制化，宜明定經營殯葬服務，應向所在地之殯葬業務主管機關申請設立許可，辦理公司或營業登記並加入殯葬服務業之公會，俾利管

理，並維持服務品質。殯葬管理條例第三十八條第一項規定：「經營殯葬服務業，應向所在地直轄市、縣（市）主管機關申請設立許可後，依法辦理公司或商業登記，並加入殯葬服務業之公會，始得營業。其他法人依其設立宗旨，從事殯葬服務業者，應向所在地直轄市、縣（市）主管機關申請經營許可，領得經營許可證書，始得營業。」（新修正第四十二條第一項、第五項）至於殯葬管理條例施行前業已立案經營者，殯葬管理條例施行細則第二十四條明定：「本條例施行前已依公司法或商業登記法辦理登記之殯葬場所開發租售業及殯葬服務業，應檢送公司或商業登記證明文件、加入所在地殯葬服務業商業同業公會證明及其他相關文件，報所在地直轄市、縣（市）主管機關備查。」（新修正第四十二條第二項）

根據內政部統計結果顯示，截至 98 年 9 月底止，台灣地區殯葬設施經營業共計有 74 家，其中在殯葬管理條例施行後許可立案的有 57 家。殯葬禮儀服務業共計 2,928 家，其中在殯葬管理條例施行後許可立案的有 1,938 家。由此可見殯葬管理條例施行後許可立案的殯葬服務業家數相較於條例施行前立案家數成長幅度達 1.5 倍以上。這固然有不少是由經營花店之業者申請立案增加殯葬禮儀服務業項目，但也有不少中南部地區從事道士、堪輿、造墓者，聽信傳言不申請殯葬禮儀服務業立案即不得再經營本業而加入的。另承前第肆之一之（二）之 2 小節所述，根據行政院主計處工商普查報告資料顯示，民國 90 年底至民國 100 年底殯葬管理條例施行十年期間，殯葬服務業家數及員工數雖大幅增加，但平均每家殯葬業員工人數規模卻略有下降。此外，民國 90 年底 1,060 家殯葬服務業中，屬於公司組織者有 287 家，占 27%，非公司組織者有 773 家，占 73%，到了民國 100 年底，3,355

家中，屬於公司組織者有 903 家，非公司組織者有 2,452 家，各自所占百分比並無改變，可見在勞力人數規模與組織型態上，殯葬管理條例之施行並無正面之影響。

四、對經營行為之影響

（一）提供或媒介殯葬設施

　　由於死亡禁忌，民眾避談死亡，故對於治喪資訊相當不完全，為減少喪家因購買非法殯葬設施，致權益受損，允宜禁止殯葬服務業提供或媒介非法殯葬設施供消費者使用，殯葬管理條例第五十一條第一項即規定：「殯葬服務業不得提供或媒介非法殯葬設施供消費者使用。」（新修正第六十三條第一項）按此反面推論，則殯葬服務業得提供或媒介合法殯葬設施供消費者使用，惟因有關不動產之仲介經紀尚有不動產經紀業管理條例此特別法存在，故殯葬服務業欲提供或媒介合法殯葬設施供消費者使用，尚須具備不動產經紀業之資格[17]。納骨堂（塔）位使用權之買賣，由殯葬設施經營業者自行銷售所經營之納骨堂（塔）位者，應屬殯葬管理條例規範之範疇；其如係委由他人銷售者，則該納

---

[17] 關於納骨堂（塔）位使用權之買賣，如係委由他人銷售者，應受不動產經紀業管理條例之規範，請參見內政部 92 年 11 月 28 日內授中辦地字第 0920084970 號函針對不動產經紀業管理條例第四條之解釋。惟由於一般不動產買賣、互易、租賃之居間或代理業務與納骨堂（塔）位使用權之買賣性質迥異，按前開解釋運作，有其困難，因此經過殯葬設施經營業者多年爭取，內政部於 101 年 6 月 29 日以內授中辦地字第 1016651154 號令廢止該部前開有關從事納骨堂（塔）位使用權買賣之居間或代理業務者適用不動產經紀業管理條例之解釋令。

骨堂（塔）位使用權買賣居間或代理銷售之業者，應以不動產經紀業為限，並應受不動產經紀業管理條例之規範。

現行納骨塔位使用權販售者之資格，係受不動產經紀業管理條例規範。宜併同委託代銷生前殯葬服務契約之情形，規定殯葬服務業得委請其他公司、或商業代為銷售墓基、骨灰（骸）存放設施單位或生前殯葬服務契約；又因委託代辦之情形如有消費爭議，其責任歸屬常引起爭議，允宜規定殯葬服務業者應公開代為銷售墓基、骨灰（骸）存放單位或生前殯葬服務契約者之資訊，並報請主管機關備查。

（二）能否擅自進入醫院招攬業務

另為保障就醫環境安全與安寧，乃明定殯葬服務業承攬業務時，不得滋擾醫院秩序及安寧，殯葬管理條例第五十一條第二項規定：「殯葬服務業不得擅自進入醫院招攬業務；未經醫院或家屬同意，不得搬移屍體。」（新修正第六十三條第二項）殯葬服務業違反第五十一條規定者，依殯葬管理條例第六十七條第一項（新修正第九十六條）規定處罰之。

醫院太平間原本作為暫停屍體及檢察官相驗之功能，今日之所以發展成具有殮、殯、奠祭等功能，主要原因是合法治喪場所（例如殯儀館）提供不足，及在醫院太平間就地治喪有其避免遺體輾轉遷移等便利。因此，雖多數中小型殯葬業者反對醫院附設殮、殯、奠、祭設施，但殯葬管理條例第七十一條仍授權規定：「醫院附設殮、殯、奠、祭設施，其管理辦法，由中央衛生主管機關定之。」（新修正第六十五條）

殯葬管理條例第五十一條第二項及第七十一條規定施行迄民國 100 年，爭議不斷，到底醫院附設殮、殯、奠、祭設施有無

存在之必要性或公益性？還是應該讓醫院太平間回歸到安置在醫院死亡者屍體之職責？宜否保留家屬依習俗為死亡者辦理助念或撫慰亡靈等行為的空間？醫院得否拒絕死亡者之家屬或其委託之殯葬禮儀服務業領回屍體？凡此，均須審慎研議定案並確立修法方向。

五、對環保永續之影響

環保多元葬是殯葬管理條例為配合綠色矽島之建設願景，追求環境之永續發展的主要作法之一。所謂環保多元葬是在傳統遺體土葬及火化進塔方式之外，再增加允許公墓內樹葬及公墓外拋灑植存方式之作法。經查殯葬管理條例有關公墓內樹葬之條文包括第八條第二項、第四項、第十七條第四項等（新修正第八條第二項、第十二條第四項、第十八條第四項、第五項），至於公墓外拋灑植存則規定於第十九條第一項、第二項（新修正條次不變）。

內政部自民國 92 年起推動舊墓更新與環保多元葬後，過去雜亂無章的老舊公墓變得不再陰森恐怖，且墓園經過大量植栽，平均每 1 株樹每年即可吸收 11～18 公斤的二氧化碳，對減緩全球暖化並利環境永續發展，亦具正面成效。樹葬或灑葬是將往生者骨灰裝入生物可分解的環保骨灰罐再埋入樹木根部，化身為樹；海葬則是將骨灰拋灑於縣市政府許可海域，回歸自然；公墓外植存，則是將骨灰灑在特定區域內，不立碑、不標誌，讓土地

可永續利用，像法鼓山聖嚴法師往生後即植存於金山環保生命園區（僅新北市金山鄉法鼓山 1 處，於 96 年啟用）[18]。

頃據報導，內政部統計截至民國 99 年 3 月為止，我國於公墓內實施樹灑葬者計有 2164 位，實施海葬者計 474 位，於公墓外植存多達 1257 位。此一數據乍看之下，似乎頗有成果，惟相對於近六年平均每年 14 萬死亡人數而言，環保多元葬的採行比率平均每年才占 0.5%，推動績效難謂顯著。隨著高齡化社會到來，世界先進國家均鼓勵以環保葬法來節省土地資源，推動「節葬」、「潔葬」成為新的殯葬文化，內政部表示未來除透過編列預算補助地方政府於公墓內闢建環保多元葬專區外，也將持續運用大眾媒體向國人宣導，希望經由觀念的轉化，加速推動革新葬俗[19]，惟如欲使環保多元葬之採行更普及，推動績效更顯著，現行作法包括執行面與制度面有些問題必須克服。

台灣截至民國 100 年提供樹葬服務的地點，包括台北市木柵富德公墓、新北市新店四十份公墓、高雄市深水山公墓、高雄市旗山公墓、宜蘭縣員山福園、台中市大坑歸思園、屏東縣林邊第六公墓等，其他縣市如新竹市、彰化市與南投縣也正進行規劃中。至於骨灰拋灑或植存概況，台北市政府自 92 年開始試辦海葬，95 年台北市、新北市首次合辦，97 年更擴大為北北桃縣市聯合海葬活動，至 98 年已舉辦過七次聯合海葬[20]，而許多民間禮

---

[18] 請參見內政部民政司網站，網址係 http://www.moi.gov.tw/dca/01news_001.aspx?sn=4008（2010.04.12 搜尋）

[19] 請參考中廣新聞網，網址係 http://tw.news.yahoo.com/article/url/d/a/100406/1/23d5p.html（2010.04.11 搜尋）

[20] 台北市政府為推廣多元葬法，民國 92 年開始試辦海葬共計 5 位參加，93 年 6 位，4 年 28 位，95 年台北市、新北市首次合辦共計 23 位參加，96 年 28 位，97 年擴大為北北桃縣市合辦共計 43 位參加，98 年 53 位，至

儀業者也接受承辦個人海葬。公園、綠地、森林或其他適當場所方面，金山環保生命園區是台灣當時唯一的骨灰植存專區。

伍、結論

殯葬管理條例施行雖僅十年時間，但總體而言，對於殯葬業發展的影響正負面皆有。在資源方面，對土地資源節約有助益，但對於利用秩序之提升不明顯；對人力資源之質量提升有明顯成效，但須注意者，專職人力有被派遣工取代的現象；對導正資金取得與運用，設立管理費專戶，專款專用，頗有成效，但公益信託設立成效不佳；生前殯葬服務契約預收費用交付信託造成預約市場閉鎖效果；公部門經營組織及人力均較以往健全且充沛，委託民間經營有不少成功案例。在技術方面，殯葬管理條例各條文，未見有直接誘導或特別鼓勵殯葬業技術提升之條文；移動式火化設施亦尚無申請使用案例。

在產業結構方面，許可立案家數較施行前大幅增加，但平均每家員工人數規模下降。經營行為方面，殯葬服務業欲提供或媒介合法殯葬設施供消費者使用，尚須具備不動產經紀業之資格，對殯葬業實務運作造成困擾；醫院附設殮、殯、奠、祭設施優缺點均有，須審慎研議定案並確立修法方向。環保永續方面，環保多元葬的採行比率平均每年才占 0.5%，推動績效難謂顯著；台灣目前提供樹葬服務的地點，約十處；至民國 98 年

---

98 年止海葬累計共 186 位亡者。

已舉辦過七次聯合海葬；公墓外骨灰植存專區僅金山環保生命園區一處。

殯葬管理條例施行至 100 年，雖已經針對變更殯儀館或火化場的設置地點授權地方政府得為決定；禮廳、靈堂允許單獨設置；及非法設置墳墓若妨礙公共建設進度，為減少政府支出成本，同時鼓勵人民自主遷葬，得發給遷葬救濟金等進行條文修正[21]。甚至 101 年 7 月 1 日為達殯葬設施之永續經營及殯葬消費權益之保障，包括殯葬設施管理費之規範、管理費以外之其他費用提撥百分之二設立公益信託、寺廟附設骨灰（骸）存放設施之處理、生前殯葬服務契約及醫院附設殮、殯、奠、祭設施之管理等，大幅修正發布施行相關條文[22]，然而，綜合本文研究發現，現有殯葬管理條例仍有很大改善空間。例如如何使殯葬設施能永續經營及如何對殯葬消費權益進行保障，包括殯葬設施管理費及管理費以外之其他費用之規範、殯葬設施經營管理之監督機制、寺廟附設骨灰（骸）存放設施後續問題之處理、公墓外骨灰拋灑植存專區劃設標準之具體化、直接誘導或特別鼓勵殯葬業技術提升，以及醫院附設殮、殯、奠、祭設施之退場機制等，都存在若干不利於殯葬業發展之制度設計缺失，有待未來廣徵各界意見，繼續修法改進。

---

[21] 殯葬管理條例於九十一年七月十七日公布，施行迄一百年，分別於九十六年七月四日、九十八年五月十三日及九十九年一月二十七日分別修正公布第九條、第三十五條及第十三條條文。（參見內政部（2012），殯葬管理條例法規彙編）

[22] 現行殯葬管理條例於中華民國 101 年 1 月 11 日總統華總一義字第 10100003021 號令修正公布全文 105 條；中華民國 101 年 2 月 7 日行政院院臺綜字第 1010003386 號令發布定自 101 年 7 月 1 日施行。（參見內政部（2012），殯葬管理條例新舊條文對照暨修正總說明，P.1）

參考文獻

一、中文部分

1. 一丁、雨露、洪涌（1999），中國風水與建築選址，台北：藝術家出版社。
2. 大木雅夫（2001），比較法，北京：法律出版社。
3. 于宗先（1989a），經濟學百科全書 4-財政學，台北：聯經出版公司。
4. 于宗先（1989b），經濟學百科全書 8-空間經濟學，台北：聯經出版公司。
5. 中國殯葬協會編印（2005），2005 年深圳龍華論壇論文集，深圳市：中國殯葬協會。
6. 中華人民共和國民政部 101 研究所編（2001），中華人民共和國殯葬工作文件匯編，北京：民政部 101 研究所。
7. 中華人民共和國民政部（1997），民電（97）231 號《關於禁止利用骨灰存放設施進行不當營銷活動的通知》（1997 年 12 月 2 日）。
8. 王小璘（1999），都市公園綠量視覺評估之研究，設計學報，第 4 期第 1 卷，頁 61-90。
9. 王上維（2002），殯葬管理法令之研究-兼論德國、日本、中國大陸制度之比較，臺灣師範大學三民主義所碩士論文。
10. 王士峰（1999），台灣殯葬業的發展趨勢與展望，發表於台灣殯葬二十一世紀生命禮儀學術研討會論文集，宜蘭：宜蘭縣政府。
11. 王士鋒、劉明德（2003），殯葬業經營管理之研究：全球化與 E 化之挑戰，發表於上海國際殯葬服務學術研討會論文集，上海：上海殯葬文化研究所。
12. 王士峰（2008），我國殯葬禮儀服務業動態研究，內政部委託研究報告，台北市：內政部。

13. 王夫子、蘇家興（2010），殯葬服務學，新北市：威士曼文化事業公司。

14. 王夫子（2003），湖南省殯葬改革的現狀與對策，湖南省民政廳委託研究。

15. 王夫子（1998），殯葬文化學—死亡文化的全方位解決（下），北京：中國社會出版社。

16. 王銘宗（2001），知識經濟新興產業與技術展望，台北市：公務人力中心。

17. 王計生（2002），事死如生-殯葬倫理與中國文化，上海：百家出版社。

18. 王躍生（1997），新制度主義，台北：揚智文化公司。

19. 王澤鑑（1999），債法原理(一)基本理論債之發生，自刊，頁305-309。

20. 內政部營建署（1985），台灣北部區域喪葬問題調查報告。

21. 內政部（1986），台灣北部區域喪葬設施綱要計畫。

22. 內政部（1997），內政部（86）內民字第8685238號函。

23. 內政部（1998），墳墓設置管理法規及解釋彙編，內政部92年3月3日台內民字第0920002902號函。

24. 內政部（2001），內政統計年報，http://www.moi.gov.tw/W3/stat/home.asp。

25. 內政部(2002)，內政部91年3月19日台內民字第0910070474號函。

26. 內政部（2003），殯葬管理法令彙編。

27. 內政部編印（2003），殯葬管理條例（暨解釋彙編），台北：內政部。

28. 內政部（2004），內政部2004.3.2研商規劃禮儀師證照制度暨職業訓練事宜會議紀錄。

29. 內政部（2004），內政部2004.5.11研商禮儀師證照事宜會議資料。

30. 內政部（2004），內政部2004.4.30禮儀師考試定位之分析與探討專案報告。

31. 內政部（2006），台閩地區殯葬消費行為調查研究。

32. 內政部（2008），殯葬管理法令彙編。

33. 內政部（2002），殯葬管理條例，總統府（民91.7.17）華總1義字第09100139490號令制定公布。

34. 內政部（2003），殯葬管理條例施行細則（民92.7.31）。

35. 內政部（2000），公葬條例（民89.11.08）。

36. 內政部（2003），私立公墓骨灰骸存放設施管理費專戶管理辦法（民92.06.30）。

37. 內政部（2003），喪葬設施示範計畫處理原則（民92.07.31）。

38. 內政部營建署（1985），台灣北部區域喪葬問題調查報告。

39. 內政部營建署（2007），鄰避性設施開發案之總量管制研究。

40. 左永仁（2004），殯葬系統論，北京：中國社會出版社。

41. 石滋宜、高希均（1997），競爭力手冊，台北：天下文化出版。

42. 司徒達賢（2001），策略管理新論：觀念架構與分析方法，台北：智勝文化。

43. 四川省都江堰市人民法院（2007），都江刑初字第70號刑事判決書。

44. 立法院（1983），立法院公報，第72卷，第1期，頁89-90。

45. 立法院（1983），立法院公報（院會紀錄），第72卷，第41期。

46. 立法院（2001），立法院議案關係文書，院總第1138號，2001年5月30日。

47. 立法院（2002），立法院公報，2002年6月8日，第五屆第一會期第六十九期。

48. 立法院（2002），立法院公報，2002年6月15日，第五屆第一會期第七十四期。

49. 立法院秘書處（1984），墳墓設置管理條例案，法律按專輯第64輯內政（23）。

50. 台北市政府（1994），管制非公墓地營葬作業要點（民83.40.12）。

51. 台北市政府（1993），殯葬管理自治條例（民82.01.04）。

52. 台北市殯葬管理處（1987），台北市未來殯葬設施之整體規劃。

53. 台北縣政府（1989），台北縣政府78年4月27日（78）北府社一字第121072號函。

54. 台北縣政府（1992），台北縣政府81年7月1日（81）北府社一字第172309號函。

55. 台北縣政府（1998），台北縣政府87年6月16日（87）北府工都字第169198號公告

56. 台北縣政府（2000），台北縣政府89年8月18日（89）北府民禮字第314915號函。

57. 台北縣政府（2004），臺北縣政府處理違規濫葬要點（民93.02.26）。

58. 台北縣政府（2003），臺北縣墳墓遷葬補償費查估基準（民 92.12.15）。

59. 台北縣政府城鄉發展局（2003），台北縣政府城鄉發展局 92 年 2 月 26 日北府城開字第 0920080477 函。

60. 台北縣五股鄉公所（1999），五股鄉獅子頭殯葬專用區之規劃。

61. 台灣省政府（1998），台灣省政府 87 年 10 月 13 日府法四字第 94496 號令修正【台灣省喪葬設施設置管理辦法】，台灣省政府公報 87 年 冬字第 9 期。

62. 台灣省政府交通處旅遊事業管理局（1993），觀音山風景區墓地整治 規劃。

63. 台灣省政府民政廳（1883），台灣地區現行喪葬禮俗研究報告。

64. 台灣省政府社會處（1995），台灣省喪葬設施申請設置手冊。

65. 台灣省政府社會處（1998），台灣省政府社會處 87 年 2 月 20 日（87） 社三字第 8672 號函。

66. 台灣大學建築與城鄉研究所規劃室（1994），台閩地區喪葬活動空間 研究，內政部委託研究。

67. 白鶴鳴（1995a），圖解《雪心賦》（上冊），香港：聚賢館文化公司。

68. 白鶴鳴（1995b），圖解《雪心賦》（下冊），香港：聚賢館文化公司。

69. 艾定增（1998），風水鉤沈－中國建築人類學發源，台北：田園城市 文化公司。

70. 多吉才讓編（1993），民政專業法規條文釋義，北京：中國政法大學。

71. 朱金龍（2003），中國殯葬服務發展趨勢芻議，發表於上海國際殯葬 服務學術研討會論文集，上海：上海殯葬文化研究所，頁 12-18。

72. 朱金龍、吳滿琳（2004），殯葬經濟學，北京：中國社會。

73. 朱勇主編（2010），中國殯葬事業發展報告，北京：社會科學文獻出 版社。

74. 朱國隆（2001），從台灣地區殯葬設施問題探討強制火化可行性，東 海大學公共事務研究所碩士論文。

75. 朱新軒（2006），觀念更新與殯葬習俗改革，殯葬文化研究，第 2 期， 上海：上海殯葬文化研究所，頁 51。

76. 行政院（1994），行政院 1994.5.5.第 2889 次會議紀錄。

77. 行政院勞工委員會（2007），技能檢定規範之 20300 喪禮服務。

78. 行政院勞工委員會職業訓練局（2000），中華民國職業分類典，台北：行政院勞工委員會職業訓練局。

79. 行政院研究發展考核委員會（2003），改善喪葬設施實地查證報告。

80. 江文雄、田振榮、林炎旦、張宗憲（1999），技職校院學生能力標準建構與能力分析式之規劃，技術及職業教育雙月刊，第 54 期，頁 2-8。

81. 吳定、張潤書、陳德禹、賴維堯、許立一（2007），行政學（下），台北：空中大學。

82. 吳庚（1995），行政法之理論與實用，台北：三民書局。

83. 吳育昇（2000），能力本位訓練的特色，人力培訓專刊，第 2 期，頁 25-32。

84. 吳清山、林天佑（2001），德懷術，教育研究月刊，第 92 期，頁 127。

85. 吳樹欉（1989），台灣地區墓地規劃與管理之研究，國立政治大學地政研究所碩士論文。

86. 杜異珍、陳瀅淳、吳麗芬（2002），比較使用呼吸器患者與護理人員對照護需求之感受認知，榮總護理，第 19 卷，第 3 期，頁 243-252。

87. 邱麗芬（2002），當前美國殯葬教育課程設計初探—兼論國內殯葬相關教育的實施現況，南華大學生死學研究所，未出版碩士論文。

88. 邱貴發（1996），情境學習理念與電腦輔助學習—學習社群理念探討，台北：師大書苑。

89. 李永展、陳柏廷（1996），從環境認知的觀點探討鄰避設施的再利用，國立台灣大學建築與城鄉研究學報，第 8 期。

90. 李永展（1997a），台北市鄰避型公共設施更新之研究，台北：台北市政府研究發展考核委員會。

91. 李永展（1997b），修訂台北市綜合發展計畫地區發展構想—文山區發展構想，台北：台北市政府都市發展局。

92. 李永展（1998），鄰避設施衝突管理之研究，國立台灣大學建築與城鄉研究學報，第 9 期。

93. 李永展、何紀芳（1999），環境正義與鄰避設施選址之探討，規劃學報，第 26 期，頁 91-107。

94. 李隆盛（2004），工程與技術學院學生的核心能力，2004 年大專校院工程及技術學院院長會議：台北。

95. 李承嘉（1998），台灣戰後（1949-1997）土地政策分析—「平均地權」下的土地改革與土地稅制變遷，台北：正揚出版社。
96. 李咸亨（1989），台北市山坡地濫墾濫葬善後處理之研究－大崙山區濫葬善後個案分析，台北：財團法人台灣營建研究中心。
97. 李咸亨（1997），台北市未來殯葬設施之整體規劃，台北市殯葬管理處。
98. 李佳穆（1997），苗栗大學，自印。
99. 李英弘（1999），文化景觀意象認知之探討－以大溪鎮為例，休閒遊憩觀光研究成果研討會論文集，台北市：中華民國戶外遊憩學會，頁 135-147。
100. 李素馨（1995），環境知覺和環境美質評估，規劃與設計學報，第 1 卷，第 4 期，頁 53-74。
101. 李自強（2002），台灣地區殯葬服務之消費行為分析，中央大學高階主管企管碩士班碩士論文。
102. 李健、陳茂福（2008），殯葬法律基礎，北京：中國社會出版社。
103. 何紀芳（1995），都市服務設施鄰避效果之研究，國立政治大學地政研究所碩士論文。
104. 宋韶光（1994），為你解風水，台北：時報文化公司。
105. 宋文娟、藍忠孚（1997），健保時期台灣地區醫師人力供需及其專科結構之政策研究，國立陽明大學醫務管理研究所，未出版碩士論文。
106. 岳彩申（2003），WTO 法律制度，成都：四川人民出版社。
107. 宜蘭縣政府（1992），宜蘭縣北區區域公墓計畫。
108. 宜蘭縣政府（2001），員山福園簡介。
109. 周談輝（1984），職業訓練實施能力本位教學之探討，中美技術季刊，第 29 卷，第 4 期，頁 35-53。
110. 林谷方（1998），台北市文化政策白皮書研究案，台北：台北市政府。
111. 林享博、陳志偉（1999），交易成本的分析與估算—以台南市成功保齡球館的模擬協商為例，住宅學報，第 8 期，頁 21-46。
112. 林英彥譯，金澤夏樹原著（1986），區位理論，台灣土地金融季刊，第 23 卷，第 2 期，頁 31-44。
113. 林英彥（1999），土地經濟學通論，文笙書局，台北。

114. 林惠瑕（1980），台灣地區墓地公園化之研究，文化大學實業計劃研究所碩士論文。

115. 林建元（1993），開發許可制之改進及影響費課徵方式之研究，台北：內政部營建署。

116. 林俊寬（1996），道家陽宅學新講，自印。

117. 林俊寬（1997），風水‧景觀‧藝術與科學，台北：國際道家學術基金會。

118. 林曉薇（2008），文化景觀保存與城鄉發展之研究—以英國世界文化遺產巴那文工業地景為例，都市與計劃，第 35 卷，第 3 期，頁205-225。

119. 林祖嘉（1995），台資企業大陸工廠與台灣母公司工廠之分工與產業升級：電子器材業與製鞋業之比較，收錄於饒美蛟主編，中國人地區經濟協作—華南與台、港、澳互動關係，香港：廣東出版社，頁 176-200。

120. 施清吉（1981），台北市墓地使用問題之研，台北市政府研究發展考核委員會。

121. 施邦興（1989），《葬書》中的風水理論－環境規範體系之研究，成功大學建築研究所碩士論文。

122. 施啟揚（1996），民法總則，台北：三民書局，頁 280。

123. 俞孔堅（1998），生物與文化基因上的圖式－風水與理想景觀的深層意義，台北：田園城市文化公司。

124. 俞孔堅（1988），風景資源評價的主要學派及方法，收錄於青年風景師（文集），城市設計情報資料，頁 31-41。

125. 俞孔堅（1991），景觀敏感度與閾值評價研究，地理研究，第 10 卷，第 2 期，頁 38-51。

126. 胡適（1991），胡適論學近著第一集，上海：上海書店。

127. 洪榮昭（1998），探究式模組化教學設計，泰山職訓學報，第 1 期，頁 35-42。

128. 徐福全（1992），台北縣因應都市生活改進喪葬禮儀研究，台北：台北縣政府。

129. 徐福全（2001），台灣殯葬禮俗的過去、現在與未來，社區發展季刊，第 96 期，頁 99-108。

130. 徐福全、陳繼成（2005），以台北市為例探討現代環保葬儀節，收錄於殯葬與環保，上海：上海殯葬文化研究所，頁 523-541。

131. 徐明福（2001），邁向一個具有地方風格的都市保存－以台南市孔廟文化園區為例，發表於古蹟活化再利用國際學術研討會（2001年 9 月 23 日），台北：內政部。

132. 殷章甫（1988），規劃區域公墓可行途徑，收錄於七十七年度全國改善民俗暨喪葬業務研討會資料彙編，台北：內政部，頁 176-181。

133. 殷章甫（1993），中外墓政法規之比較分析，內政部民政司委託研究。

134. 殷章甫（1995），土地經濟學，台北：五南出版公司。

135. 陳立夫（2003），學林分科六法－土地法規，台北：學林文化事業有限公司。

136. 陳志偉（1999），交易成本、Coase 定理與土地使用管制方法：兩個土地使用轉變協商案例的含意，國立成功大學都市計畫研究所碩士論文。

137. 陳坤宏（1991），都市及區域空間結構理論與研究資料之引介，規劃學報，第 18 期，頁 53-89。

138. 陳坤宏（1994），環境規劃與社會，空間雜誌，第 58 期。

139. 陳添枝、王文娟、蘇顯揚、劉碧珍（1987），推動對外投資的政策檢討，台北：中華經濟研究院。

140. 陳金德（2005），整合中的台灣殯葬產業經營模式研究，東吳大學會計學系碩士論文。

141. 陳金田譯（1990），臨時台灣舊慣調查會第一部調查第三回報告書，台灣私法第一卷，南投：台灣省文獻委員會。

142. 陳金田譯（1993），臨時台灣舊慣調查會第一部調查第三回報告書，台灣私法第二卷，南投：台灣省文獻委員會。

143. 陳惠美（1999），觀賞序列對視覺景觀資源評估作用之研究－兼論視覺資源之永續經營管理，台大園藝學研究所博士論文。

144. 陳宜清、林建任（2007），探討以生態指標應用於海岸油污染之環境敏感度的設定，發表於第 29 屆海洋工程研討會論文集，台南：國立成功大學，頁 469-474。

145. 陳宜清、張清波（2008），探討農田濕地化及其發展生態旅遊之環境衝擊因子，科學與工程技術期刊，第 4 卷，第 1 期，頁 19-34。

146. 陳川青（2002），台北市殯葬設施及其管理服務所面臨的困境之探討與因應對策之研究，南華大學生死所碩士論文。

147. 陳坤銘、李華夏譯（1995），Coase R.H.（1988）原著，廠商、市場與法律，台北：遠流出版公司。

148. 陳蓉霞（2006），從入土為安說起，殯葬文化研究，第 2 期，上海：上海殯葬文化研究所，頁 46-47。

149. 陳繼成（2003），台灣現代殯葬禮儀師角色之研究，南華大學生死學研究所，未出版碩士論文。

150. 高長（2001），兩岸加入 WTO 後產業可能的互動與競爭力變化，經濟情勢暨評論，第 7 卷，第 3 期，頁 1-20。

151. 高希均（1987），經濟學的世界，台北：經濟與生活出版公司。

152. 高長、季聲國、王文娟（1999），大陸經營環境變遷對台商投資影響之研究，台北：中華經濟研究院。

153. 曹日章（1996），金寶山景觀墓園簡介，台北：金山安樂園公司。

154. 曹聖宏（2003），台灣殯葬業企業化公司經營策略之個案研究，南華大學生死學研究所碩士論文。

155. 尉遲淦（2001），台灣喪葬禮俗改革的一個現代化嘗試，台灣文獻，第 52 卷，第 2 期，頁 235-253。

156. 張金鶚（1996），房地產投資與決策分析—理論與實務，台北：華泰文化。

157. 張捷夫（1995），中國喪葬史，台北：文津出版社。

158. 婁子匡主編（1988），國立北京大學中國民俗學會民俗叢書專號（3）堪輿篇，台北市：東方文化書局。

159. 康尚仁、房玉民、喬濟編（2004），最新殯葬、陵園、公墓制度改革及規範化管理實務全書（上冊），北京：中國當代音像出版社。

160. 康自立（1994），職業訓練教材的能力分析，就業與訓練，第 12 卷，第 3 期，頁 84-90。

161. 許士軍（1990），管理學，台北：台灣東華。

162. 湯京平（1999），鄰避性環境衝突管理的制度與策略，政治科學論叢，第 10 期，頁 355-382。

163. 黃世鑫（1979），殊價財最適供給之研究，國立政治大學財政研究所碩士論文。

164. 黃世鑫（2001），財政學概論，台北縣：國立空中大學。
165. 黃有志（1987），我國傳統喪葬俚俗與當前台灣喪葬問題研究-以北部區域喪葬問題為例之探討（上冊），政治大學三民主義研究所博士論文。
166. 黃有志（1988），我國傳統喪葬禮俗與當前台灣喪葬問題研究—以北部區域喪葬問題為例之探討（下冊），國立政治大學三民主義研究所博士論文。
167. 黃碩業（2006a），上海殯葬業發展歷史之最，殯葬文化研究，第 2 期，上海：上海殯葬文化研究所，頁 28-29。
168. 黃碩業（2006b），不經歷風雨難見得彩虹-上海推行遺體火化五十年回顧（第 2 期），殯葬文化研究，上海：上海殯葬文化研究所，頁 22-25。
169. 黃燕如（1988），污染性設施設置政策之研究—以環境經濟學與環境法律學之觀點，中興大學都市計畫研究所碩士論文。
170. 曾明遜（1992），不寧適設施對住宅價格影響之研究—以垃圾處理場為個案，中興大學都市計畫研究所碩士論文。
171. 曾煥棠等人（2007），喪葬教育與考照，台北：五南出版社。
172. 鈕則誠（2005），從殯葬學到殯葬教育，生命禮儀—喪葬教育研討會（2005 年 10 月 28 日），台北：國立台北護理學院。
173. 葉修文（2006），台灣與中國大陸殯葬法規之比較研究－以殯葬管理條例為中心，南華大學生死所碩士論文。
174. 楊寶祥（2005），城市園林公墓環境建設及其生態旅遊價值，河北林業科技，第 4 期，頁 138-140。
175. 楊國柱（1990），台灣地區墓地管理制度之研究，國立政治大學地政研究所碩士論文。
176. 楊國柱（1998），打造往生天堂－台灣墓地管理的公共選擇，台北：稻鄉出版社。
177. 楊國柱（1999），前往美國考察殯葬設施規劃與經營管理之心得筆記。
178. 楊國柱（2001），苗栗市大坪頂殯葬設施用地規劃選址鄰避衝突問題之解決，發表於「現代生死學理論建構」學術研討會論文集，嘉義：南華大學生死學研究所。

179. 楊國柱（2001），從促進產業發展觀點探討殯葬法規之修正，立法院院聞，頁65-83。

180. 楊國柱（2001），提昇殯葬產業發展暨殯葬法規修正評議，台北：台北市政府社會局福利社會雜誌社。

181. 楊國柱（2003），台灣殯葬用地區位之研究－土地使用競租模型的新制度觀點，國立政治大學地政研究所博士論文。

182. 楊國柱（2003），從風水理論觀點探討殯葬設施用地之規劃選址，生死學研究，創刊號，頁93-114。

183. 楊國柱（2003），美國國際殯儀服務集團（SCI）發展策略之研究，台北：龍巖人本服務股份有限公司。

184. 楊國柱（2003），殯葬政策與法規，台北：志遠書局。

185. 楊國柱（2005），禮儀師養成教育課程規劃之研究，發表於生命禮儀—喪葬教育研討會（2005年10月28日），台北：國立台北護理學院。

186. 楊國柱、王春源（1995），論台灣之墓地管理政策，中山人文社會科學期刊第4卷，第2期，頁37-72。

187. 楊國柱、鄭志明（2003），民俗、殯葬與宗教專論，台北：韋伯文化。

188. 楊國柱（2005），殯葬與環保，發表於2004年上海第二屆國際殯葬論壇論文集，上海：上海殯葬文化研究所編。

189. 楊國柱（2006），海峽兩岸殯葬制度變遷之比較研究－以葬俗改革為例，行政院國家科學委員會補助專題研究計畫成果報告，頁16。

190. 楊荊生（2006），殯葬服務中悲傷輔導的應用，收錄於邁向新世紀的華人生死文化探討，台北：中華生死學會。

191. 楊荊生、昝世偉（2005），中華生死學會實施喪葬服務教育的現況與發展困境，發表於生命禮儀—喪葬教育研討會（2005年10月28日），台北：國立台北護理學院。

192. 楊志賢（2005），台灣現行喪葬服務教育的現況與發展困境，發表於生命禮儀—喪葬教育研討會（2005年10月28日），台北：國立台北護理學院。

193. 臺灣省政府社會處編（1960），台灣省改善公墓火葬場殯儀館實況，南投縣：台灣省政府社會處。

194. 趙守博編（1986），台灣省改善喪葬設施實錄，南投：台灣省政府社會處。

195. 槇村久子（2001），日本的墓地、墓園的現狀和課題，人與地，第207期，頁 19-22。

196. 鄭志明（2005），台灣殯葬學術教育的現況與省思，發表於生命禮儀—喪葬教育研討會（2005年10月28日），台北：國立台北護理學院。

197. 鄭錫聰（2005），進修推廣部實施喪葬服務教育的現況與發展困境，發表於生命禮儀—喪葬教育研討會（2005年10月28日），台北：國立台北護理學院。

198. 劉瑞華譯，North D.C.原著（1994），制度、制度變遷與經濟成就（Institutions, InstitutionalChange and Economic Performance），台北：時報文化。

199. 劉寧顏（1995），重修台灣省通志卷三住民志同冑篇（第二冊），南投：台灣省文獻委員會。

200. 劉錦添（1989），污染性設施設置程序之研究，台北：行政院經濟建設委員會健全經社法規工作小組。

201. 蔡穗（1996），墓園選址與規劃之研究－以高雄市軍人示範公墓為分析案例，私立中國文化大學地學研究所博士論文。

202. 蔡穗（1996），墓園風水的理想結構，中國地理學會會刊，第24期，頁 75-104。

203. 蔡鴻儒、莊貴枝、邱文讚、朱怡貞（2009），成人參與喪禮服務員職業訓練移轉成效研究，發表於2009技職教育永續發展學術研討會（2009年6月3日），台北：國立臺北科技大學。

204. 蔣中正（1988），民生主義育樂兩篇補述，收錄於國父遺教（上），台北，海國書局。

205. 歐文‧E‧休斯（Hughes, Owen E.）著，張成福等譯（2007），公共管理導論，北京：中國人民大學出版社。

206. 錢志偉（1993），以競標方式決定污染性設施之區位及對居民補償的研究，成功大學都市計畫研究所碩士論文。

207. 賴仕堯（1993），風水：由論述構造與空間實踐的角度研究清代台灣區域與城市空間，台灣大學建築與城鄉研究所碩士論文。

208. 賴源河、王志誠（2002），現代信託法論，台北，五南，頁 169-194。
209. 盧春田（2003），澎湖地區墓地規劃與管理策略之研究，國立中山大學公共事務管理研究所碩士在職專班碩士論文。
210. 鍾福山（1994），從墓地使用管理談今後墓政工作方向，收錄於禮儀民俗論述專輯（第四輯），台北：內政部，頁 265-297。
211. 總統府（2002），總統府（91）華總 1 義字第 09100139490 號令制定公布殯葬管理條例。
212. 韓恒（2003），規則的演變－對豫南 G 村喪葬改革的實證研究，中國人民大學社會學碩士論文。
213. 顏愛靜、楊國柱（1999），五股鄉獅子頭殯葬專用區之研究，台北縣五股鄉公所委託。
214. 顏愛靜（2001），殯葬改革路上你和我—如何超越殯葬改革的困境與迷思？，收錄於 20e 世紀殯葬改革研討會大會手冊，台北：內政部，頁 30-35。
215. 顏家芝（2002），玉山國家公園塔塔加、東埔、梅山地區遊憩衝擊暨經營管理策略之研究，玉山國家公園管理處委託研究報告。
216. 邊泰明、賴宗裕（1999），台北都會區殯葬設施供需分析與課題對策之探討，發表於殯葬文化與設施用地永續發展學術研討會論文集，台北：中國土地經濟學會。
217. 聶嫄媛（2006a），50 年風雨歷程鑄就輝煌今朝-全國推行火化情況概述，殯葬文化研究，第 2 期，上海：上海殯葬文化研究所，頁 15-19。
218. 聶嫄媛（2006b），我國火化事業發展的五大特性，殯葬文化研究，第 2 期，上海：上海殯葬文化研究所，頁 20-21。
219. 譙喜斌（2003），殯葬服務業產業化制度研究，發表於上海國際殯葬服務學術研討會論文集，上海：上海殯葬文化研究所，頁 26-36。
220. 蘇哲毅（1994），桃園縣觀音鄉墓地的地理研究，國立台灣師範大學地理研究所碩士論文。
221. 蘇永欽（1994），經濟法的挑戰，台北：五南圖書出版公司。
222. 耀興輝（1990），台北市殯葬管理處業務簡報。
223. 顧陵岡彙集，徐試可重編（1969），地理天機會元，台中：瑞成書局。

二、英文部分

1. Armour, A., ed. (1984), The not-in-my-backyard syndrome, Downsview, Ontario, Canada: York University Press.
2. Alonso, W. (1970), Location and Land Use- Toward a General Theory of Land Rent, Cambridge: Harvard University.
3. Arnstein, Sherry R. (1969), A ladder of citizen participation, Journal of American Institute of Planners, XXXV: 216-224.
4. Brion, D. (1991), Essential Industry and the Nimby Phenomenon, New York: Quorum.
5. Barlowe, R. (1986), Land Resource Economics- The Economics of Real Estate. New Jersey: Prentice-Hall Inc.
6. Brueggeman, William B. and Jeffry D. Fisher (1997), Real Estate Finance and Investments, Tenth Edition, The McGraw-Hill Companies Inc.
7. Coase, R. H. (1937), The Nature of the Firm, Economica, 4: 386-405.
8. Coase, R. H. (1960), The Problem of Social Cost, Journal of Law and Economics, 3: 1-44.
9. Council on Environmental Quality (1997), Environmental Justice Guidance Under the National Environmental Policy Act,下載日期：2009/07/08，取自： http://ceq.hss.doe.gov/nepa/regs/ej/justice.pdf.
10. Craig, Jame C. and Robert M Grant (1994), Strategic Management, Kogan Page Ltd.
11. Dahlman, C. J. (1979), The Problem of Externality, Journal of Law and Economics, 22: 41-62.
12. Faherty, V. (1979), Continuing Social Work Education: results of a Delphi Survey, Journal of Education for Social Work, 15(1): 12-19.
13. Forester, John (1998), Creating public value in planning and urban design: the three abiding problems of negotiation, participation and deliberation, Urban Design International, 3 (1): 5-12.
14. Furubotn , E.G. and Richter, R. (1997), Institutions and Economic Theory: The Contribution of the New Institutional Economics, Michigan University.

15. Furubotn , E. G. and Richter, R. (2000), Institutions and Economic Theory: The Contribution of the New Institutional Economics, Michigan University.

16. Gifford, R. (1987), Environmental psychology: principles and practice, Newton: Allyn and Bacon Inc..

17. Hardin, G. (1968), The tragedy of commons, Science, 162(3859): 1243-1248.

18. Howarth, Glennys. (1996), Last rites: the work of the modern funeral director, New York : Baywood Publishing Company Inc.

19. Hayami,Y. and Ruttan,V.W. (1985), Agriculture Development: An International Perspective , Rev. ed. Baltimore: Johns Hopkins University Press.

20. Hayami, Y.(1997), Development Economics: from the Poverty to the Wealth of Nations, New York: Oxford University Press.

21. Joroff, Michael (1992), Corporate Real Estate (2000), Management Strategies for the Next Decade, Industrial Development, Industrial Development Research Foundation.

22. Jones,G.R., George J.M. and Hill C.W.L. (2000), Contemporary Management, (2nd Ed), Boston: irwin McGraw-Hill.

23. Kaplan, S., and Kaplan, R. (1982), Cognition and environment: Functioning in an uncertain world, New York: Praeger.

24. Kasper, W. and Streit, M. E. (1998), Institutional Economics, Social Order and Public Policy, Cheltenham: Edward Elgar.

25. Kaplan, R. (1985),The Analysis of Perception via Preference：A Strategy for Studying How The Environment Is Experienced, Landscape Planning, 12: 161-176.

26. Luloff , A. E. and Albrecht, Stan L. (1998), NIMBY and the hazardous and toxic waste siting dilemma: The need for concept clarification, Society ＆Natural Resources, 11 (1): 81-89.

27. Landscape Research Group for the Countryside Commission (1988), A review of recent practice and research in landscape assessment, Countryside Commission, CCD.

28. Lowental, D. (1975), Past time, present place: landscape and memory, Geogr. Rev., 65: 1-36.
29. Linderman, C. A. (1975), Delphi survey of priorities in clinical research, Nursing Research, 24(6): 434-449.
30. Lyon, B, L. and Boland, D. L. (2002), Demonstration of Continued Competence: A Complex Challenge, Clinical Nurse Specialist, 16(3): 155-156.
31. Morell, D. (1984), Siting and the Politics of Equity, Hazardous Waste, 1: 555-571.
32. Manning, Chris and Stephen E. Roulac (1996), Structuring the Corporate Real Property Function for Greater 'Bottom Line' Impact, Journal of Real Estate Research, 12(3): 233-96.
33. Mintzberg, H. (1990), The Design School: Reconsidering the Basic Premises of Strategic Management, Strategic Management Journal, 11: 171-95.
34. Nasar, J. L. (1988), Preface; xxi- xxvii in J. L. Nasar (Eds.), Environmental Aesthetics, Cambridge: Cambridge University Press.
35. Nasar, J. L. (1998), The Evaluative Image of The City, Thousand Oaks, C.A.: Sage Publication.
36. Nourse, H. O. and S. E. Roulac (1993), Linking Real Estate Decision to Corporate Strategy, Journal of Real Estate Research, 3: 475-94.
37. Ostrom, E., Schroeder, L. and Wynne, S. (1993), Institutional Incentives and Sustainable Development: Infrastructure Policies in Perspective, Boulder San Francisco and Oxford: Westview Press.
38. Oster, Sharon M. (1994), Modern Competitive Analysis, Oxford University Press Inc.
39. Pill, J. (1971), The Delphi method：Substance, context, a critique and an annotated bibliography, Socio-Econ. Planning Science, 5: 57-71.
40. Platt, I. (1973), Social Traps, American Psychologist, 28: 641-651.
41. Portney, K. E. (1991), Siting hazardous waste treatment facilities: The NIMBY syndrome, New York: Auburn House.

42. Porter Michael E. (1985), Competitive advantage: creating and sustaining superior performance, New York: Free Press.

43. Porter Michael E. (1990), The competitive advantage of nations, New York: Free Press.

44. Parsons, B. (1999), yesterday, today and tomorrow: the life-cycle of the UK funeral industry, Mortality, 4(2): 127-146.

45. Riseberg, Michael D. (1994), Exhuming the funeral homes cases: Proposing a private nuisance action based on the mental anguish caused by pollution, Boston College Environmental Affairs Law Review, 21(3): 557-586.

46. Rowe, G, G Wright and F. Bolger(1991), Delphi: Areevaluation of research and theory, Technological Forecasting and Social Change, 39, 235-251.

47. Rapoport, A. (1977), Human Aspects of Urban Form. New York: Pergamon Press. p.p. 8-47.

48. Ramiritu,P.L. and Barnard,A. (2001), New nurse graduates' understanding of competence, International Nursing Review, 48(1): 47.

49. Salmond, S. W. (1994), Orthpadic nursing research priorities: a Delphi study, Orthpaedic Nursing ,13(2): 31-45.

50. Smith, A. (1976), An Inquiry into the Nature and Causes of the Wealth of Nations. General editors R. H. Campbell and A. S. Skinner, Textual editor W.B. Todd. Oxford: Clarendon Press.

51. Shefer, D. and Stroumas (1981), The Delphi method : A planning, socio-econ, Planning Science , 15: 236-276.

52. Sheppard, S. R.J. (1989), Visual Simulation; A user's guide for architects, Engineers and Planning, New York: Van Nostrand Reinhold, 142-143.

53. Stevens, C. B. (1988), Toward a theory of landscape aesthetics, Landscape and Urban Planning, 15(3-4): 241-252.

54. Stevens, R. D., and Jabara, C.L. (1988), Agricultural Development Principles: Economic Theory and Empirical Evidence. Baltimore: Johns Hopkins University Press.

55. Stiglitz, J.E. (1988), Economics of the Public Sector, W.W. Norton & Company.

56. Stigler, G. J. (1972), The Law and Economicsof Public Policy: A Plea to Scholars, Journal of Legal Studies, 1(1), Article 2. http://chicagounbound. uchicago.edu/jls/vol1/iss1/2.
57. Tuan, Yi-Fu(1974), Topophilia: A Study of Environmental Perception, Attitude and Value, Englewood Cliffs, N.J.: Prentice-Hall Inc..
58. Tullock, G. (1993), Rent Seeking, University of Cambridge.
59. The Illinois General Assembly (2009)[Online]. Professions and Occupations (225 ILCS 41/) Funeral Directors and Embalmers Licensing Code. December 15, 2009, from the World Wide Web: http:// ilga.gov/legislation/ ilcs/ilcs2.asp?ChapterID=24.
60. Vining, J. and Stevens, J. J. (1986), The assessment of landscape quality major methodological considerations, In R. C. Smardon, J. F. Palmar, J. P. Fellemen (eds.) Foundations for Visual Project Analysis, pp.167-186. New York: John Wiley & Sons.
61. Williamson, O. E. (1985), The Economic Institutions of Capitalism. New York: Free Press.
62. Weiberg, B. (1993), One City's Approach to NIMBY: How New York City Developed a Fair Share Siting Process, Journal of the American Planning Association, 59: 93-97.
63. Yarzebinski, J. A. (1992), Handling the not in my backard syndrome: A role for the economic developer, Economic Development Review, 10 (3): 35-40.
64. Zube, E.H., Shell, J.L. and Taylor, J.G. (1982), Landscape perception: research, application and theory, Landscape Planning, 9: 1-33.

三、網站資料

1. 上海年鑑，http://www.shtong.gov.cn/node2/node2245/node65977/node66002/ index.html，檢索日：2005 年 8 月 24 日。
2. 上海市人民政府，http://www.shanghai.gov.cn/shanghai/node2314/node3766/ node3783/node3784/index.html，檢索日：2006 年 7 月 9 日。

3. 上海市地方誌辦公室，http://www.shtong.gov.cn/node2/node2245/node65977/node66002/index.html，檢索日：2005 年 8 月 24 日。

4. 大陸地區《第三次全國殯葬理論研討會議》，http://www.chinafi-web.com/disanciyantaohui/index.htm，檢索日：2004 年 11 月 14 日。

5. 大陸地區民政部規劃財務司，(2008 年民政事業發展統計報告)：http://cws.mca.gov.cn/article/tjbg/200906/20090600031762.shtml，檢索日：2009 年 9 月 2 日。

6. 內政部統計處，http://www.moi.gov.tw/stat/，檢索日：2005 年 12 月 14 日。

7. 內政部民政司網站，http://www.moi.gov.tw/dca/news_list.asp，檢索日：2010 年 6 月 12 日。

8. 內政部民政司民政網，http://www.moi.gov.tw/div1/law/law_1.asp?subject_id=5，檢索日：2004 年 5 月 30 日。

9. 內政部統計資訊服務網站，http://www.moi.gov.tw/stat/index.asp，檢索日：2010 年 7 月 1 日。

10. 中華人民共和國民政部網站：http://www.mca.gov.cn/artical/content/200431210146/20063291807.html，檢索日：2006 年 9 月 24 日。

11. 中華人民共和國民政部，http://www.mca.gov.cn/artical/content/WBZ_ZCWJ/20051230100706.html，檢索日：2006 年 7 月 10 日。

12. 中華人民共和國民政部，http://www.mca.gov.cn/artical/content/200431210146/20063291807.html，檢索日：2006 年 7 月 10 日。

13. 台北市殯葬管理處網站，http://www.mso.taipei.gov.tw/，檢索日：2012 年 6 月 12 日。

14. 台北縣殯葬資訊服務網網站，http://www.funeral.tpc.gov.tw/，檢索日：2011 年 6 月 12 日。

15. 台灣大百科全書網頁，http://taiwanpedia.culture.tw/web/fprint?ID=1670，檢索日：2010 年 3 月 12 日。

16. 台灣地區內政部統計處，http://sowf.moi.gov.tw/stat/week/week9821.doc，檢索日：2009 年 9 月 2 日。

17. 台灣地區內政統計年報，http://sowf.moi.gov.tw/stat/year/y01-07.xls，檢索日：2009 年 9 月 2 日。

18. 行政院主計處網站，http://www.dgbas.gov.tw/mp.asp，檢索日：2011年3月12日。
19. 行政院經濟建設委員會網頁，http://www.cepd.gov.tw/m1.aspx?sNo=0000455，檢索日：2012年7月12日。
20. 行政院經濟建設委員會人力規劃處，http://www.cepd.gov.tw/upload/news/2002/台灣銀髮產業之展望.doc，檢索日：2004年9月18日。
21. 行政院主計總處，http://win.dgbas.gov.tw/dgbas03/bs8/city/default.htm，檢索日：2006年7月8日。
22. 行政院主計處，「中華民國行業分類標準」，民國95年5月第八次修訂，http://www.stat.gov.tw/ct.asp?xItem=16333&ctNode=1309，檢索日：2012年2月10日。
23. 吳昭儀撰，殯葬服務業現況與發展趨勢，內政部全國殯葬資訊入口網，http://mort.moi.gov.tw/frontsite/cms/downAction.do?method=viewDownLoadList&siteId=MTAx&subMenuId=603，檢索日：2012年12月16日。
24. 縣市綜合計畫資訊系統：http://www.bp.ntu.edu.tw/cpis/index.1thm，檢索日：2011年12月21日。
25. SCI相關財務報表，www.yahoo.com，檢索日：2010年4月11日。
26. 行政院衛生署衛生統計資訊網，http://www.doh.gov.tw/statistic/index.htm，檢索日：2004年9月16日。
27. 南華大學數位論文全文系統，http://www.longhoo.net/big5/longhoo/news2004/society/userobject1ai439638.html，檢索日：2006年4月25日。
28. MBA智庫百科，產業成長，http://wiki.mbalib.com/zh-tw/%E4%BA%A7%E4%B8%9A%E6%88%90%E9%95%BF，檢索日：2012年2月16日。
29. MBA智庫百科，產業發展，http://wiki.mbalib.com/zh-tw/%E4%BA%A7%E4%B8%9A%E5%8F%91%E5%B1%95，檢索日：2012年1月10日。
30. Roulac, Stephen E., 2000, www.roulac.com.檢索日：2011年3月16日。

Do觀點23　PF0157

殯葬管理與殯葬產業發展

作　　者／楊國柱
責任編輯／鄭伊庭
圖文排版／姚宜婷
封面設計／楊廣榕

出版策劃／獨立作家
發 行 人／宋政坤
法律顧問／毛國樑　律師
製作發行／秀威資訊科技股份有限公司
　　　　　地址：114 台北市內湖區瑞光路76巷65號1樓
　　　　　電話：+886-2-2796-3638　傳真：+886-2-2796-1377
　　　　　服務信箱：service@showwe.com.tw
展售門市／國家書店【松江門市】
　　　　　地址：104 台北市中山區松江路209號1樓
　　　　　電話：+886-2-2518-0207　傳真：+886-2-2518-0778
網路訂購／秀威網路書店：https://store.showwe.tw
　　　　　國家網路書店：https://www.govbooks.com.tw

出版日期／2015年4月　BOD一版　定價／560元

|獨立|作家|
Independent Author

寫自己的故事，唱自己的歌

殯葬管理與殯葬產業發展 / 楊國柱著. -- 一版. -- 臺北
市：獨立作家, 2015.04
　　面；　公分. -- (; PF0157)
BOD版
ISBN 978-986-5729-64-6 (平裝)

1. 殯葬業　2. 服務業管理

489.67　　　　　　　　　　　　　　104002129

國家圖書館出版品預行編目

讀者回函卡

感謝您購買本書，為提升服務品質，請填妥以下資料，將讀者回函卡直接寄回或傳真本公司，收到您的寶貴意見後，我們會收藏記錄及檢討，謝謝！
如您需要了解本公司最新出版書目、購書優惠或企劃活動，歡迎您上網查詢或下載相關資料：http:// www.showwe.com.tw

您購買的書名：＿＿＿＿＿＿＿＿＿＿＿＿＿＿＿＿＿＿＿＿＿＿

出生日期：＿＿＿＿年＿＿＿＿月＿＿＿＿日

學歷：□高中 (含) 以下　　□大專　　□研究所 (含) 以上

職業：□製造業　□金融業　□資訊業　□軍警　□傳播業　□自由業
　　　□服務業　□公務員　□教職　　□學生　□家管　　□其它＿＿＿

購書地點：□網路書店　□實體書店　□書展　□郵購　□贈閱　□其他

您從何得知本書的消息？

　　□網路書店　□實體書店　□網路搜尋　□電子報　□書訊　□雜誌

　　□傳播媒體　□親友推薦　□網站推薦　□部落格　□其他＿＿＿＿＿

您對本書的評價：(請填代號　1.非常滿意　2.滿意　3.尚可　4.再改進)

　　封面設計＿＿＿　版面編排＿＿＿　內容＿＿＿　文／譯筆＿＿＿　價格＿＿＿

讀完書後您覺得：

　　□很有收穫　□有收穫　□收穫不多　□沒收穫

對我們的建議：＿＿＿＿＿＿＿＿＿＿＿＿＿＿＿＿＿＿＿＿＿＿

11466
台北市內湖區瑞光路 76 巷 65 號 1 樓
獨立作家讀者服務部　　　　收

....

（請沿線對折寄回，謝謝！）

姓　　名：_____　年齡：_____　性別：□女　□男

郵遞區號：□□□□□

地　　址：_____

聯絡電話：(日) _____　(夜) _____

E-mail：_____